Transformational Structure and Evolutional Motivation
of Urban Space Development

城市空间发展的
转型结构和演变动因

江 泓 著

东南大学出版社
SOUTHEAST UNIVERSITY PRESS
南京 · 2019

内 容 提 要

本书通过对西方城市空间发展历史的深入考察,分析了社会结构、城市空间和思想理论之间的互动过程。认为城市空间发展过程中具有常态时期和转换时期交替演进、城市发展理论有限合理性、城市空间发展路径依赖效应、范式转换的门槛效应等特征和规律。随后,利用新制度经济学的理论工具和基本概念,提出了不同制度安排下城市空间发展方式不一样的基本命题。通过把城市空间定义为一组空间产权关系的集合,指出空间的形成和变迁过程是一系列的空间交易行为,进而对作为一项制度的城市规划行为进行了规范的经济分析,建立了城市规划制度绩效分析框架。最后,本书对我国城市规划的转型问题进行了深入剖析,从内部动力和外部制度环境两个方面论证了规划转型的目标、途径和潜在矛盾,从而系统性地对我国城市规划转型问题进行了论述。

本书可供城市规划、建筑学、经济地理及相关领域专业人员和建设管理者阅读,也可作为大专院校有关专业的参考教材。

图书在版编目(CIP)数据

城市空间发展的转型结构和演变动因 / 江泓著.
南京:东南大学出版社,2019.8
ISBN 978-7-5641-6677-9

Ⅰ.①城⋯ Ⅱ.①江⋯ Ⅲ.①城市空间-研究
Ⅳ.①TU984.11

中国版本图书馆 CIP 数据核字(2016)第 198736 号

城市空间发展的转型结构和演变动因
Chengshi Kongjian Fazhan De Zhuanxing Jiegou He Yanbian Dongyin

著　　者	江　泓
出版发行	东南大学出版社
社　　址	南京市四牌楼 2 号　邮编:210096
出 版 人	江建中
责任编辑	丁　丁
网　　址	http://www.seupress.com
电子邮箱	press@seupress.com
经　　销	全国各地新华书店
印　　刷	江苏凤凰数码印务有限公司
开　　本	889mm×1194mm　1/16
印　　张	13.5
字　　数	355 千
版　　次	2019 年 8 月第 1 版
印　　次	2019 年 8 月第 1 次印刷
书　　号	ISBN 978-7-5641-6677-9
定　　价	68.00 元

前　言

　　"这是最好的时代,这也是最坏的时代。"狄更斯在《双城记》的开篇写道。处于快速发展和转型期的当代中国,面临着前所未有的重大机遇和挑战——这是城市发展高歌猛进的时代,也是城市问题层出不穷的时代。在这样一个时代,繁荣与危机、乐观与怀疑、歌颂与批判共存——这构成了黑格尔所谓的"时代精神"。身处波澜壮阔的历史图景之中,技术性的解决方案固然有其价值,但其背后深远的社会选择则更具有决定性的力量。城市规划无可避免地处于特定的制度背景下,并借此发生作用,其能力范围和实施功效与特定的社会现实息息相关。对于研究城市的人们而言,时代赋予了我们思考和实践的广阔舞台。我庆幸自己身处其中。

　　首先要感谢我的硕士生和博士生导师吴明伟教授。在我看来,先生理论联系实际、知行合一的治学方法是对城市规划这一实践性学科的生动阐述。而先生高瞻远瞩的视野、系统深入的方法、严谨务实的作风、平易近人的态度,则使我受益终身。作为先生招收的最后一位博士生,从内心希望能够以更大的成绩回报导师长期以来的关心和培养。同时,感谢阳建强教授,他在本书选题、写作、修改过程中都给予了我深入的指导和热情的鼓励,付出了很大心血。

　　感谢段进、董卫、孔令龙、刘博敏、吴晓、孙世界、王兴平、杨俊宴、王承慧等老师在写作过程中对我进行的指导,特别感谢齐康院士给我提出的许多有益启示。

　　在苏黎世联邦理工学院(ETH－Zurich)留学期间,指导教授 Sacha Menz 热情地支持了我的研究,提供了大量苏黎世的城市发展和规划资料,并引荐我走访了苏黎世规划局、开发单位的相关人员;Axel Paulus, Andreas Loscher, Dominik Bastianello 等同事多次与我深入交流讨论,并向我提供了大量的资料,在此深表谢意。

　　最后,感谢我的妻子张四维,她既忍受了我沉溺于抽象理论时的不可理喻,又成了本文的最初阅读者和评论者,她的意见不留情面却不乏真知灼见。感谢岳父母多年来对我无微不至的关照,使我得以轻装前行。感谢我的父母,他们默默的支持是我前进的最大动力。

笔　者

目 录

1 绪论

1.1 研究意义

1.1.1 拓展对城市空间演变的思考范畴

对于城市而言,任何一个空间形成的过程都不是抽象的或概念的,而是在特定条件下空间塑造者意图和能力的体现。如芒福德所说,如果城市是一种容器的话,那么对城市的关注就不仅在容器本身,也包括容器的塑造者。因此,关于空间问题的讨论实际上集中于两个方面,即"空间的物质性"和"空间的社会性",它们分别代表了对空间的物理属性和社会属性的思考,这种思考往往既是理论研究的基础,也是实践的目标。

"物质性"是对城市空间本身的思考,因而也是具体的,这也是大多数建筑学、城市设计和空间形态研究讨论的焦点。城市空间的物质要素包括土地、建筑、交通系统、自然环境等,在不同地域层次,这些物质性要素所形成的城市空间形态存在较大差异。

而"社会性"则是对于社会问题的思考,是城市之所以发展和扩张的基础。空间的社会性要素既包括具体的政府、经济组织、社会利益群体、个体等主体要素,也包括抽象的经济结构、政治结构、文化传统、风俗习惯等在内的制度性要素。不同历史阶段的政治结构、经济条件和文化发展水平等因素构成了城市空间的社会性,并深刻地影响了具体的物理空间形态的演变发展。

空间的这两种属性是紧密地联系在一起的。首先,城市空间形态的"物质性"这一研究角度本身便蕴含着一个内在的要求,即需要发现和界定一种空间形态区别于另一种空间形态的特质。而这就必然涉及"特定空间形态产生的原因和目的",亦即"社会性"的问题。其次,就城市空间形态的"社会性"而言,它源于包括政治、经济等因素在内的社会结构,并且通过受这种社会结构制约的空间思想和理论得以呈现。这种思想和理论是在对具体城市空间的批判、反思过程中产生的,并最终反映在了物质空间的实践上。

然而,城市空间的物理特征恰恰又是在历史和社会中形成的,这使得要厘清它们各自的内涵更为困难。规划师、建筑师和艺术家们从美学和功能角度出发,对城市空间的形态塑造方式进行了一系列的探索。而与此同时,社会学家们也勾勒出心目中"理想国"或"乌托邦"的蓝图,成为理想社会结构在空间上的一种表现。"二战"后的西方哲学和社会学发展中出现了所谓的"空间转向",这从理论上表明,对于空间的认识远不仅仅是一个单纯物理化或几何化的思考,空间和社会的研究在哲学层面开始结合到了一起。空间的社会属性使得空间概念的内涵和外延迅速扩大,也使原本具体的空间概念抽象化。

与此同时,以城市空间作为研究主体的城市规划学科,也面临了一个研究范围急剧扩大的问题,对于空间的认识从原本的狭窄而僵化,发展到现在的广泛却庞杂。城市空间和城市规划的研究需要将社会结构分析和城市空间研究融为一体,既能体现物质性特征,又能适应复杂多元的社会系统,从而使主客体统一的整体性研究得以实现。

1.1.2 归纳城市空间发展历史演变结构

瑞士学者皮亚杰(J. Piaget)指出:"结构是一种关系的组合。事物各成分之间的相互依赖是以它们对全体的关系为特征的,即一个具体事物的意义并不完全取决于该事物本身,而取决于各个事物之间的联系,即该事物的整个结构。"[1]从城市空间形态的发展演变历史来看,每一个不同时期的空间形态特征都对应着特定的政治和经济结构。构成空间社会属性的多种因素,在不同时期表现出来的强弱程度,影响了人们对城市和社会的基本思考,并形成了物质空间形态在不同历史时期的不同特征。因此,在城市空间研究中,外部制度条件构成了类似科学研究中的应用条件和适用范围。必须结合历史社会环境,并通过特定的形态案例,来总结两者互动的规律。这也使得对于空间社会性的思考脱离了单纯的理论堆砌和抽象的个人经验,而依赖于一个相对具体客观的基础。

然而长期以来,关于城市发展和规划史的研究,一直局限于对史料和理论文献的收集、整理和考证。对于城市发展过程的描述,无论是采取编年史还是主题叙述的方式,都往往用一种描述性的方式对材料进行分类和断代。这样的划分方式展现了大量的历史细节,对于深入研究一定时期内的思想演变是重要的。但是,试图从这种长篇的叙述中把握城市空间和思想理论演进的总体脉络,却尤为困难。也有的学者从"理论转向"的角度出发,对一定时期内城市规划理论家的思想和主张进行了归纳、总结和对比,提出并证实了西方城市规划思想出现理论转向的事实和可能趋势。这样的研究对于在总体上观察和把握城市规划的理论动向,无疑具有十分积极的意义。然而,转型为何发生? 转型的意义和目的何在? 转型背后的动力和条件是什么? 这些问题显然不是仅仅提出"转向"这一事实就能够回答的,需要对这种现象作出结构性的分析。

本书认为,城市空间发展历史的结构,一言以蔽之,就是范式转换。具体而言,就是一种常态时期和危机时期交替演进的历史过程。城市空间发展范式的意义,不在于描述城市中发生的变化本身,而在于阐述一种理论和实践互动的关系;不在于对某一种特定的理论进行细致分析,而在于描述理论演进的结构性特征;不在于仅仅描述一段"城市应该怎样发展"的城市理论历史,而在于发掘一段"城市实际如何发展"的城市空间历史。

1.1.3 寻找城市空间演变发展深层动力

武进曾指出:"尽管在 50 年代初我国就已开始对城市进行规划,但其中绝大多数城市,并未能按照规划的形态发展,而是根据各地区的环境条件,沿着自身的社会经济结构所形成的固有规律发展。"[2]无数类似的研究表明,城市空间的发展并不完全受刻意的人工干预影响,存在自身发展的客观规律。城市空间研究中的经济学派曾经对城市的分布特征进行了模拟和讨论,其出发点就是城市空间的基本价值取决于其先天的资源禀赋,物质性要素的制约决定了不同功能主体对其的需求状况,从而形成了复杂的城市空间分布。然而这种做法就等于用智商去判断一个儿童的前途一样——虽然有一定道理,却总是与事实相悖。

---

① 皮亚杰. 结构主义[M]. 倪连生,王琳,译. 北京:商务印书馆,2009:5-6.
② 武进. 中国城市形态:类型、特征及其演变规律的研究[D]. 南京:南京大学,1988:1-4.

有这样一些事实值得关注:"城市形态不是静止不变的,而是随着历史的发展而变更,但相对来说在一个历史阶段,也有一定的格式。"①我们发现,社会结构出现巨大变动和革新的时代,往往也是城市空间形态出现显著转型的时期,在城市空间形态上引起了"突变",这种"突变"难以用空间自身发展的逻辑和规律去解释。同时,即便是同一个城市,在历史发展的不同时期也会表现出不同的空间形态特征,以至于形成了一种显著的"拼贴"效应。并且,城市空间的发展不仅包括一种不断增长进步的状态,也包含着明显的停滞和衰退——而后者在历史的长河中,往往占据着更长的时间。如果已被观察到的事实得不到有效的解释,那么原有的理论也就面临着危机。因此用一种"线性增长"的眼光看待城市空间发展,并不能完整地概括城市空间发展的根本动力。

传统的以建筑学、地理学为基础的城市空间研究关注城市空间本身。外部制度因素不是被作为一种研究的基本前提,就是因为难以规范分析而有意被忽略。而以哲学、社会学等人文学科为基础的城市空间研究更关注空间背后的社会结构,将物质空间简单视为社会的投影,其分析却往往陷入庞杂术语和抽象辨析构成的智力游戏中。本书强调从现实的制度条件出发来研究城市空间发展,更注重外部制度与城市空间和城市理论的互动关系,提出了"不同制度安排下城市空间发展方式不一样"的基本命题,从而将经济规律与城市空间发展规律有机结合在了一起,在城市空间"物质性"和"社会性"这两种属性之间建立了一座桥梁,有助于深化对城市空间发展客观规律的认识。

1.1.4 深化对城市规划自身规律的认知

关于城市规划本体的研究一直是理论研究的薄弱点。

一方面,受理论平台的制约,城市规划行为难以被规范分析。传统古典经济学和福利经济学,认为城市中由于市场配置空间资源而导致的一系列问题是"市场失效",并将其定义为"外部性"问题。现代城市规划与福利经济学具有一定的渊源,其最早就是作为一种政府调控行为出现的,目的就是解决市场失效的问题。这样,城市规划就一直被视为是市场机制的补充,也就自然而然地成了市场的对立面。在福利经济学的思维范式影响下,城市规划的行为机制无法纳入以市场为主体的经济框架之中,始终难以通过一个规范化的经济分析进行严格的界定和研究,导致城市规划的本质规律始终无法得到有效归纳。

另一方面,城市规划的内涵外延混淆,难以有效应对现实。张兵曾提到:"近一个阶段以来,在中国社会重要的转型过程中,尽管有大量的实践机会和思想的感悟,但关于什么是城市规划的问题,在国内规划刊物上几乎销声匿迹了,或许真的没人敢说城市规划是什么了,虽然从日常工作中常常听到各种各样对规划的说法,但规划理论工作者保持了令人奇怪的集体静默。"②近年来,关于城市规划的本体问题讨论有所升温,"什么是城市规划"的问题成为理论界争论和探讨的热点。但是在讨论中,许多学者往往混淆了"城市规划应然"与"城市规划实然"的概念,用城市规划的外延取代城市规划的内涵,导致价值判断和科学分析混为一谈。"统筹兼顾、以人为本、公平导向、维护公共利益,代表弱势群体利益"等一系列的提法,使城市规划的含义与"外部性"概念一样,日益庞杂却始终无法规范。政策性、口号性的结论居多,客观性、规律性的认识较少。城市规划"美好的、积极的、价值导向的"定义,面对现实建设中发生的种种问题显得苍白空洞,理论和实践出现了巨

---

① 齐康. 城市的形态(研究提纲初稿)[J]. 南京工学院学报,1982(3):14-27.
② 张兵. 城市规划理论发展的规范化问题——对规划发展现状的思考[J]. 城市规划学刊,2005(2):21-24.

大的脱节。

这种情况表明,理论界对于城市规划本体的认知还很不完善,进行的讨论还很不充分,城市规划本体理论的研究远远落后于城市规划的实践。如果我们不知道城市规划实际是怎么回事,那么我们又怎么可能知道"好的城市规划"该是什么样的呢?因此,有必要完善对城市规划本质内涵和自身基本规律的认知,使之更好地发挥应有的作用。

1.1.5 完善对我国城市规划转型的认识

我国正处于城市化高速发展时期,同时面临着深刻的社会变革,城市规划所处的外部制度环境正发生着巨大的变化。城市规划从理论到实践都面临着挑战,需要通过不断地变革和创新,以适应日益变化的社会需求。

然而作为一个外生现代化的社会,我国城市规划的转型既受到内部发展的实际需求,也受到西方城市规划发展经验和规律的启示。面对现实的社会背景,寻找"如何转型"比呼吁"应该转型"重要得多。如何参考国外优秀经验使之结合中国实际,是城市规划理论界关注的核心问题之一。何利建、杨宁娜[1]曾提到:"城市规划具有很强的实践性、地方性及社会属性。了解国内外城市规划理论发展动态很重要,但必须要与中国城市规划相结合。城市规划要加强研究工作。现在各规划设计单位都冠有研究二字,实际上都在忙于做项目,极少有专人从事研究工作。"崔功豪[2]指出:"我们不得不承认,改革开放二十多年来,就整体而言,我们在城市规划和建设中真正能正确、成功地运用国外经验,切实有效地指导实践而值得称颂的还属凤毛麟角。这其中的原因当然是多种多样的,但有一点应该是共识,那就是我们对国外城市发展的时代背景、社会整体精神缺乏系统了解,对指导和影响国外城市规划实践的理论、思想演变缺乏系统性的考察、思索以及正确的借鉴。"段进[3]则认为:"由于理论研究长期以来处于含混矛盾的局面,缺乏内在系统的研究,特别是缺少对西方现代城市规划理论的理念、概念与方法的社会、经济、政治的应用背景和发展阶段性的研究。应该说,尽管了解了最新的理念、概念,掌握了理论发展大的趋势,但由于缺少背景和原因的研究,无法很好地解析和消化,更没有很好地结合国情本土化,所以全盘引入和实用主义都不能形成符合中国国情的价值体系和理论体系。这种局面造成了既没有切实可行的理论与方法,也没有切实可行的制度创新,而与此同时城市建设又在迅速进行,因此建设中产生问题并非偶然。"

这些问题说明,需要对城市规划转型问题进行系统性的研究。目前,国内研究更多的是将国外理论和实践发展的趋势与我国城市规划的发展进行对比,或对转型期城市规划运行的一些突出问题进行批判和反思,尚缺乏系统性、深入化的研究成果。因此,既需要总结历史经验、寻找客观规律,又需要结合现实国情、理论结合实际,从而合理而有针对性地提出转型的路径和策略。本书通过分析历史上规划转型的结构、空间发展客观规律,以及城市规划的自身规律,对我国城市规划中出现的问题和正在发生的社会变革进行了深入分析,并在此基础上尝试提出快速城市化背景下城市规划转型的基本目的、具体路径、潜在冲突和创新方向,从而系统性地回答了关于城市规划转型的一系列问题。

① 何利建,杨宁娜.用科学发展观指导城市规划——访吴明伟[J].建筑与文化,2004(11):14-15.
② 张京祥.西方城市规划思想史纲[M].南京:东南大学出版社,2005.
③ 段进.中国城市规划的理论与实践问题思考[J].城市规划学刊,2005(1):24-27.

1.2 研究内容

1.2.1 研究的方法

1) 空间与社会相结合,统一研究对象主客体性

本书突破了通常仅从城市空间的物质属性或仅从城市空间的社会属性进行的研究取向。研究紧紧围绕"社会—空间"互动这一基本认识,避免了"就空间谈空间"的物质空间决定论,也避免了"就社会谈社会"的纯粹抽象辨析。坚持从社会结构出发最终回到物质空间,关注寻找"社会—空间"互动过程中存在的客观规律,从而将社会结构分析和城市空间研究有机地融为一体(见图1-1)。同时,采用经济学前沿的理论工具,从传统的规范分析走向历史实证分析,从而增加了理论的解释能力,达到了研究主客体的统一,更容易从本质上揭示城市空间和城市规划的实际规律,并开辟了新的研究角度。

图1-1 本书研究对象的互动
图片来源:自绘

城市发展是一个历史的连续过程,需要对城市空间、社会结构和城市理论的发展历程进行比较全面的考察;同时城市发展又存在相对稳定的时期,呈现出一定的阶段性,需要通过结构性的分析更深入地总结和描述城市发展的真实进程。本书特别借助托马斯·库恩提出的范式理论,对历史空间及其社会背景、指导思想进行结构分析。在描述历史过程中,本书无意于详细描述各种政治势力和经济因素的消长过程,而主要关注各种力量与城市形态演变之间的互动关系,即弗里德曼所谓的"社会—空间"过程。

2) 利用经济分析工具,完善理论规律适用范围

本书将新制度经济学作为分析城市空间发展的基本平台。这是因为,经济学包含了对人类行为最为深刻的假设,追求利益最大化是人类行为最本质的一面;而制度经济学通过其开创性的研究将制度问题纳入了规范分析的框架之中。这个平台既能对城市物质性特征有所体现,又能适应复杂多元的社会结构系统,从而使主客体统一的整体性研究得以实现。

产权、制度和交易成本问题是新制度经济学的核心概念,构成了一个基本的分析框架,因此这种框架也成为在城市空间研究中进行制度分析的基础。制度因素的引入,在现有的城市空间发展的研究基础上增加了外在的新约束。制度经济学在城市空间研究中的介入,有助于城市规划和城市空间的研究走上一条规范化的道路,可以校正或弥补传统城市研究中的不足。从这个意义上而言,新制度经济学的分析方法和理论框架为城市空间的研究提供了一个全新的理论平台。

在本书中,最重要的概念是科斯提出的"交易成本"理论、诺思的"制度变迁理论"以及威廉姆森的"合约理论"中的交易成本分类概念。通过这些概念的引入,将建立基于制度分析的城市空间发展范式体系,寻找城市空间形态变迁的交易成本,挖掘城市规划行为的经济本质,从而为改善我国城市空间的发展提供理论基础。

3) 理论与实证相结合,增强理论解释问题能力

城市空间发展和城市规划机制的研究是跨学科的范畴,研究方法存在多元性,种种研究方法都有其合理性和局限性。本书从城市规划学科的角度出发,以城市规划学科的理论和方法为主,

结合哲学、城市地理学、城市经济学、城市社会学、政策分析等研究方法来探求城市空间形态发展与城市规划思想发展的规律特征。

理论研究主要用于文献整理以及理论的分析、归纳、演绎,实证研究既是理论的佐证,又是理论研究的应用和深化。本书核心内容的构建以制度经济学相关理论为指导,资料的收集和分析整理来源主要有文献阅读、实地调研、专家访谈等第一手资料,以及各种研究报告、规划成果、政府文件等第二手资料。在本书的基本概念和框架确立方面,是以理论研究为主。实证研究主要应用于对于历史和现实案例的调查分析,一方面是通过历史分析和案例研究总结客观规律,另一方面是对已形成的理论进行验证、应用和深化,使理论与现实相结合,增强理论解释现实问题的能力。

1.2.2 研究的框架

本书首先对西方城市发展历史进行了详尽的回顾,对不同时期城市空间形态、社会结构以及城市发展理论思潮进行了分析和解读。通过各个时期具有代表性的案例来论述空间和社会的互动关系。尤其关注分析了一些沦为纸上方案的规划方案或思想,寻找其之所以难以付诸实践的原因,从而寻找城市空间发展演变的深层制约因素。

然后,本书利用范式理论对西方城市空间发展过程中的转型进行了归纳总结和分析,通过规范的界定条件,建立了西方城市空间的历史演变的范式体系,并且对范式转换过程中的规律和特征进行了描述,认为城市空间发展存在这一系列的规律,从而完成了城市空间历史发展的结构化。

继而,本书通过新制度经济学的理论工具和基本概念,对城市空间发展中的客观规律进行了分析,寻找之所以产生上述变化结构的根本动因。一方面对城市空间发展过程中的经济规律进行了新的阐述和解释,另一方面对城市规划行为进行了规范的经济分析,从而合理地解释并论证了空间发展和城市规划发展的实际进程和客观规律。

随后,将理论应用于实际,对我国快速城市化发展中出现的一系列问题进行了深入的分析和解释,不仅对产生问题的本质具有了全新的认识,也同时有力地支撑了理论本身。

最后,本书对我国城市规划的转型问题进行了深入剖析。从内部动力和外部制度两个方面论证了规划转型的目标、途径和潜在矛盾,并提出了具有针对性的规划创新方向,从而系统性地对我国城市规划转型问题进行了论述(见图1-2)。

图1-2 本书的研究线索
图片来源:自绘

具体章节内容如下(见图1-3):

第1章,绪论。交代了本书的选题依据和研究意义、本书整体理论与方法的思路,并构建了全书的研究框架。

第2章,起点与回顾。主要回顾了中外城市规划与城市研究界对城市空间研究的流派分类,归纳诸多城市空间研究的类型特点与所存在的不足;同时,根据近年来城市空间研究的宏观背景以及理论与方法走向,对城市空间研究进行了展望,主要从空间发展机制研究、规划作用机制研究、城市规划转型研究和新制度经济学研究四个方面展开。

第3章,权力与信仰。对从城市起源到19世纪以前的西方古代城市空间发展进行了全景式的描绘。分析了社会结构、空间形态和思想理论的互动过程。针对一些代表性的案例进行了详细剖析,成为建构理论的基本论据。

第4章,发展与控制。分析了产业革命以后西方现代城市空间的社会结构、空间形态和思想理论的互动过程。对各种规划理论产生的背景和影响进行了解读,对各种规划实践的效果和影响进行了评判。

第5章,范式与结构。在前两章分析历史资料的基础上,利用范式理论概括和描述城市空间、城市规划思想以及社会结构发展互动的历史,从而完成了对城市空间发展的历史范式体系建构。提出判断城市空间发展范式转换的依据,并总结出城市空间发展过程中具有常态时期和转换时期交替演进、城市发展理论有限合理性、城市空间发展路径依赖效应、范式转换的门槛效应等特征和规律。

第6章,机制与动因。首先,从微观的经济角度把城市空间形态定义为一组空间产权关系的集合,以经济角度对城市空间形态的演变进行了历史实证的分析,从而发现并证实了城市空间发展在经济规律支配下存在的客观规律。然后,对城市规划的有效性和合理性进行了讨论,并在此基础上提出并建构了基于制度成本—收益分析的城市规划制度绩效分析框架。进而对历史上出现的规划转型进行了绩效分析,指出城市规划制度绩效的长期变化决定了城市空间发展范

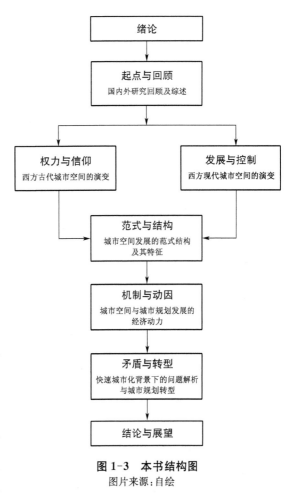

图1-3 本书结构图
图片来源:自绘

式的演变过程,从经济学的角度揭示了城市规划转型得以发生的根本动因。

第7章,矛盾与转型。首先对我国快速城市化过程中出现的具体问题进行剖析,在空间发展成本、城市规划制度绩效的理论基础上,提出规划转型的基本目的。通过对我国正在发生的社会变革进行分析,从经济和政治结构转型两方面指出城市规划制度成本不断上升的趋势。在此基础上,针对我国改革过程中渐进过渡的经验和特征,提出了快速城市化背景下城市规划转型的具体路径和潜在冲突,并有针对性地提出了规划理论、规划技术、规划管理、规划教育创新的相关对策建议。

第8章,结论与展望。综合了前面章节的研究结果,对本书的研究结论与创新内容进行了总结,阐述了本书的创新点。同时,针对研究所存在的缺陷进行相关讨论,并对下一步的研究进行了展望。

2 起点与回顾

一旦我们与昔日伟大思想家之间的联系纽带被割断,纵使我们沉醉于哲学的冥思苦想中,也是无济于事。

——罗素

2.1 国内外研究综述

2.1.1 空间发展机制研究

1) 国外研究

对于城市空间发展的空间形态、动力机制、结构特征、演变规律的研究和讨论,是城市空间研究的主要内容,涵盖了社会生态学、经济学、人文地理学、政治学多个领域。不同的学者从不同的研究视角并基于不同的理论基础,对城市空间发展的特征和规律进行了总结。

20 世纪初,芝加哥学派(人文区位学派)从人口与地域空间互动的社会生态学角度,在对美国若干城市的实证研究基础上,提出了著名的"同心圆模式""扇形模式""多核心模式"理论,在城市功能分布结构模式的研究中形成了三大经典模式(见图 2-1)。该学派从古典社会生态学的研究视角,认为城市区位布局与人口居住方式是个体或群体竞争的结果。由于城市空间区位存在着不同的进入门槛,而各社会阶层由于社会地位或经济地位不同,产生了不同的空间选择倾向和能力,从而形成了不同的生态空间地位(Ecological Position),最终将社会结构与空间结构联系在了一起。

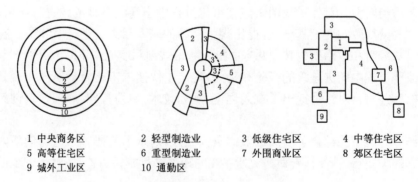

1 中央商务区	2 轻型制造业	3 低级住宅区	4 中等住宅区
5 高等住宅区	6 重型制造业	7 外围商业区	8 郊区住宅区
9 城外工业区	10 通勤区		

图 2-1 芝加哥学派三大经典模式

图片来源:许学强,朱剑如. 现代城市地理学[M]. 北京:中国建筑工业出版社,1988.

20 世纪 60 年代，William Alonso[①] 用新古典经济理论分析了区位、地租和土地利用之间的关系，提出了"级差地租—空间竞争"理论。他认为城市空间结构变迁源于不同类型用地的市场竞争，并通过不同土地使用者的竞租曲线（Bid-Rent Curves），表示土地成本和交通成本之间的关系，从而建立了城市土地使用空间分布模式的均衡模型，揭示了城市土地利用的经济学规律（见图 2-2，图 2-3）。由于市场经济下价格机制决定了空间资源的分配，这种方法具有很强的现实性，并获得广泛的支持，成为城市空间发展的重要分析工具。但是，新古典主义经济学的分析是建立在一系列理想状态（理性人、完全竞争等）的前提之下的。这些假设条件在现实中过于理想化，忽略了城市空间演变过程中的社会结构和行为主体因素。

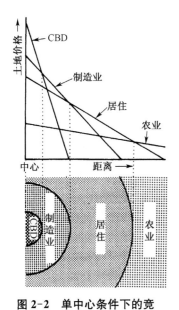

图 2-2 单中心条件下的竞租理论的表现

图片来源：孙施文. 现代城市规划理论[M]. 北京：中国建筑工业出版社,2007.

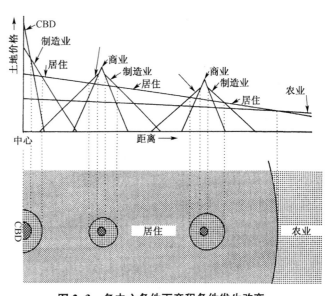

图 2-3 多中心条件下竞租条件发生改变，并形成了不同的空间形态

图片来源：孙施文. 现代城市规划理论[M]. 北京：中国建筑工业出版社,2007.

20 世纪 70 年代以后，以新马克思主义（Neo-Marxism）为代表的政治经济学派认为不应脱离现实的社会结构讨论抽象问题，许多学者开始从政治经济学角度关注城市空间的外部作用机制。Foucault 认为城市空间是社会权力控制分配的产物，同时空间也成为社会集团的权力资源。Henri Lefebvre[②] 在 20 世纪 70 年代末提出了"空间生产"（The Production of Space）的概念，其基本内容是：随着资本主义再生产的扩大，城市空间已经成为一种生产资料，加入了资本进行商品生产的过程中。城市发展不仅仅是一个单纯的自然或者技术过程，而是资本利用城市空间实现再生产的一个过程，其中贯穿着资本的逻辑。在这一过程中，城市空间的发展实际也表现了资本对于空间占有、分配、流通和消费的循环，城市空间就是资本主义生产关系发展的产物，并指出："这种过程是资本主义过度生产和过度积累的必然结果，为了追求最大的剩余价值，过剩的资本就需要转化为新的流通形式或寻求新的投资方式，即资本转向了对建成环境的投资，从而为生产、流通、交换和消费营造出一个更为完整的物质环境。"城市化的进程本质上就是资本主义不断扩大再生产的

---

①　William A. Location and land use[M]. Cambridge, MA：Harvard University Press，1965.

②　Henri L. The production of space[M]. Oxford：Blackwell，1991.

过程。David Harvey[1]继承了这一观点,分析了城市形态的变化和资本主义发展动力之间的矛盾关系,在此基础上建立了"资本循环"理论,认为资本主义的城市化具有特定的意义,是通过积累和阶级斗争引起的、与资本积累规律相关。

而20世纪80年代以后的后现代主义城市研究认为,在城市空间形成过程中空间本身比时间要素更重要,而后现代城市空间不存在固定的规律与模式,空间现象只存在于人的有限理性认识之中。吴缚龙和A. Gar-On Yeh认为西方城市正在经历从福特主义(Fordist)经济到后福特主义(Post-Fordist)经济,从现代主义(Modernism)到后现代主义(Post-Modernism)的转变过程。这种转变带给城市空间发展的一个重要特征是多中心的城市结构。Knox and Pinch研究了洛杉矶城市空间形态的演变历程,描述了洛杉矶"经典工业城市—大工业城市—后工业城市"的演变历程,提出后工业城市在形态上更为碎片化,在结构上更为混乱,这是城市化进程的各个阶段留下的痕迹叠加。C. Matthew讨论了西方城市形态从产业时期的核心城市,到后工业—信息时代的多元中心城市和连绵城市区域的演变。一项由加利福尼亚的学者进行的扩展性研究将洛杉矶定义为后工业城市或"后现代"城市的原型。

与此同时,传统的城市形态学也有所发展。比较有代表性的如凯文·林奇[2]对城市形态的认知进行了行为学解释,提出了城市形态的认知五要素:道路、边界、区域、节点和标志,认为这是城市规划设计的重要依据(见图2-4)。他[3]进而认为,好的城市形态(Good City Form)首先取决于人本身,而不是技术、经济和生产方式。城市形态的历史形成取决于统治集团的心理动机:稳定和秩序、控制人民和展示权力、融合与隔离、高效率的经济功能、控制资源的能力等。好的城市形态是可读的,其要素指标应该包括活力、感受、适宜、可及性、管理、效率与公平等。

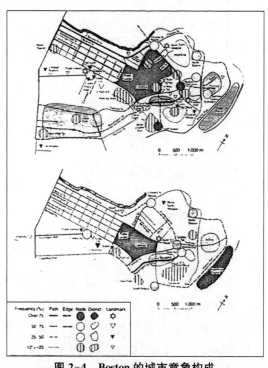

图2-4 Boston 的城市意象构成
图片来源:凯文·林奇. 城市形态[M]. 林庆怡,陈朝晖,邓华,译. 北京:华夏出版社,2001.

而M. R. G. Conzen[4]则认为城市空间演变具有周期性演变特征,是"加速期—减速期—静止期"的轮回。每完成一个周期循环,城市空间系统本身经历了一次从平衡态向不平衡态的过渡。他发展了城市"边缘地带"(Fringe Belt)、"固结界线"(Fixation Line)和"土地权轮转"(Burgage Cycle)等概念。"边缘地带"是城市已建成区域向外拓展时,处于缓慢移动或静止状态的物质界面。"固结界线"是城市物质空间发展的障碍,包括自然因素、人工因素和无形因素。城市物质空间在"遇到障碍—克服障碍—遇到新的障碍"的发展循环中,不断

---

① David H. The urbanization of capital: studies in the history and theory of capitalist urbanization[M]. Baltimore: John Hopkins University Press,1985.

② 凯文·林奇. 城市意象[M]. 方益萍,何晓军,译. 北京:华夏出版社,2001.

③ 凯文·林奇. 城市形态[M]. 林庆怡,陈朝晖,邓华,译. 北京:华夏出版社,2001.

④ Conzen M R G. Alnwick, Northumberland: a study in townplan analysis[J]. Institute of British Geographers,1960(27): iii, ix-xi,1,3-122.

产生新的边缘地带。而"土地权轮转"则解释了微观城市形态的演变,地块内部经历着"开始建造—完成填充—地块清理"的循环过程。这一理论至今在城市物质空间形态的研究中发挥着影响力。

2)国内研究

齐康①指出城市的发展是沿着自身的社会结构和经济力量,规划的(计划的)与无规划的(无计划的)交错、交替发展的结果。"城市形态是构成城市所表现的发展变化着的空间形式的特征,这种变化是城市这个'有机体'内外矛盾的结果。在历史的长河中,由于生产水平的不同,不同的经济结构、社会结构、自然环境,以及人民生活、科技、民族、心理和交通等构成了城市在某一时期特定的形态特征。"城市空间形态是社会经济系统作用下城市表现出的物质与精神形态,具有综合性。

武进②将城市形态定义为:由结构(要素的空间布置)、形状(城市的外部轮廓)和相互关系(要素之间的相互作用和组织)所组成的一个空间系统。认为城市及其形态的演变是受多种因素综合影响的,其中社会经济的发展是导致其变化的决定性因素。城市形态演变的内在机制使其形态不断地适应功能变化要求的演变过程,这一过程一般要经历以下四个阶段:(1)旧的形态与新的功能发生矛盾或不适应,从而形成城市演变的内应力;(2)旧的形态逐步瓦解,大量新的结构要素从原有形态中游离出来;(3)新的形态在旧的形态尚未解体时就已发展成为一种潜在的形式,并不断吸收这些游离出来的新要素,此时城市空间结构呈现混沌现象,这是新旧形态相互叠加、相互影响的表现;(4)新的形态不断发展,最后取代旧的形态而占据主导地位,并与新的功能重新建立适应性关系。因此得出结论,城市形态的演变过程实质上是"功能—形态"的"适应—不适应—重新适应—再次不适应"的过程。

段进③认为空间形态是城市空间的深层结构和发展规律的显相特征,城市空间演变源于空间系统背后的社会经济等深层机制作用,并总结了城市空间形态演变的四个基本规律:(1)规模门槛律认为,城市在规模扩张过程中存在着多层级的门槛限制,城市空间形态的扩张一般呈阶段性特征;(2)区位择优律认为,城市由于与区域间其他城市间的关系而形成不同方向区位的密切关系,并由此影响到城市空间形态的扩展方向。在城市内部,区位优劣随城市发展在时间和空间轴线上演替和变换,而不同类型的空间因为要求不同,导致城市空间内部形态的复杂性;(3)不平衡发展律认为,集聚和分散是城市空间不平衡发展的一种运动过程,而空间差异既是城市空间不平衡发展的原因,也是城市空间不平衡发展的结果;(4)自组织演化律认为,城市具有耗散结构的特征,具有自组织现象和进化功能。

张京祥、崔功豪④从城市结构增长、空间组织、增长过程三个方面深入探讨了城市空间结构的形成机制,分析了城市空间演变的形成过程,使得城市空间演变规律研究走向了结构、过程和内在机理的统一。朱喜钢⑤对城市集中性布局还是分散性布局,是大集中背景下的分散布局还是大分散背景下的集中布局等结构形态问题进行了研究,提出有机集中空间结构的理想模式。孙施文、

---

① 齐康. 城市的形态(研究提纲初稿)[J]. 南京工学院学报,1982(3):14-27.
② 武进. 中国城市形态:类型、特征及其演变规律的研究[D]. 南京:南京大学,1988:1-4.
③ 段进. 城市空间发展论[M]. 南京:江苏科学技术出版社,1999.
④ 张京祥,崔功豪. 城市空间结构增长原理[J]. 人文地理,2000,15(2):15-18.
⑤ 朱喜钢. 集中与分散——城市空间结构演化与机制研究(以南京为例)[D]. 南京:南京大学,2000.

王富海[①]认为现代城市规划及其相关制度政策(土地政策、户籍政策、财政政策、产业政策等)的调整对城市空间演变产生相当重要的影响,政策(包括规划)实施与调控是引导城市空间理性发展的重要手段和动力机制。张勇强[②]对城市空间的自组织与他组织现象进行了研究,认为城市空间演变是系统自组织和他组织过程的结合。由于系统内部和外部环境的差异,有些城市更多体现了自组织特征,而另一些城市则表现出一些他组织特征。

此外,从城市利益和空间主体的角度,国内学者也进行了分类研究和讨论。齐康将城市利益主体分为四种类型:政府、开发商、市民和学者。宁越敏认为20世纪90年代以来的中国城市化是以政府、企业、个人联合推动的新城市化过程。张庭伟[③]认为政府力、市场力和社区力这三种力量的交织,构成了20世纪90年代中国城市空间结构变化的动力机制。张兵[④]认为推动城市空间结构发展的动力主体有政府、城市经济组织和居民三种类型。石崧[⑤]认为城市空间结构是在自然资源条件的制约下,由政府、企业和居民三个利益主体推动城市经济、技术过程、政治权力和社会组织四种力量相互作用而构成的。而且它们间的作用会随着时代变迁此消彼长,在不同的社会阶段形成由特定的主导空间引导的城市空间结构。

3)研究述评

城市空间的演变发展受到多种因素的综合影响,是城市内部与外部力量共同作用的结果。关于这一点,国内外学者都从各自的研究角度作出了充分的论述,这些研究成果也表现了人们对城市空间"物质性"与"社会性"的认识差异。

这种认识差异表现在研究对象出现了明显的主客体分离趋势:关注城市空间"社会性"的研究偏向基于不同主体的城市空间,在研究中强调城市空间发展过程中外部社会因素的认知和干预作用,却往往完全进入了社会学科的研究领域,脱离了对物质空间的基本关注;而关注城市空间"物质性"的研究则偏向于寻找城市空间客体特征和规律,在强调理性和普遍性的同时,难以对不同时代、不同制度背景、不同认知主体进行有效的整合,具有明显的局限性。这种研究对象分离的局面是由于学科背景、技术平台和研究方法差异造成的,在极大丰富了城市空间研究的同时,也为认识城市空间带来了困惑。

因此,笔者认为城市空间发展研究需要寻找一个适宜有效,同时相对简单通用的平台。这个平台既能对城市物质性特征有所体现,又能适应复杂多元的社会结构系统,从而使主客体统一的整体性研究得以实现。

2.1.2 规划作用机制研究

1)国外研究

对城市规划作用机制的研究,实际上是问答两方面的问题。其一是城市规划的作用是什么,涉及对城市规划行为本体的认知;其二是城市规划(应当)如何实现,是对城市规划方法论的探索。

---

① 孙施文,王富海. 城市公共政策与城市规划政策概论——城市总体规划实施政策研究[J]. 城市规划汇刊,2000(6):1-6+79.

② 张勇强. 城市空间自组织研究——深圳为例[D]. 南京:东南大学,2003.

③ 张庭伟. 1990年代中国城市空间结构的变化及其动力机制[J]. 城市规划汇刊,2001(7):7-14.

④ 张兵. 城市规划实效论[M]. 北京:中国人民大学出版社,1998.

⑤ 石崧. 城市空间结构演变的动力机制分析[J]. 城市规划汇刊,2004(1):50-52+96.

对于这两个问题的讨论自现代城市规划出现以来一直没有停止过,特别是 20 世纪 60 年代以后,关于这两方面问题的讨论开始进入了白热化的状态。

早期城市规划被普遍认为是一个理性的过程。例如,C. E. Merriam[1] 认为规划是运用社会智慧来决定城市政策的行为,它立足于对资源的考虑,仔细综合,彻底分析,同时兼顾其他必须包含在内的各种要素,来避免政策的失败或失去统一的方向。同时向前展望,向后回顾,尽可能地充分利用资源。C. Touretzki[2] 认为规划是在对经济发展趋势的科学预测指导下,和对社会发展规律的认真观察下,最合理、最理性地运用所有社会劳动和物质资源。

20 世纪 60 年代末,将城市规划视为理性过程的认知达到了最高峰。J. B. 麦克劳林[3]通过系统论、控制论思想方法,认为规划研究对象是物质及非物质要素及其相互关系组成的人类活动系统,城市规划就是从系统角度出发,通过分类、预测、决策、调控各相关因素及其相互关系,对城市及区域进行系统分析、决策和控制。这样,一个涵盖土地利用、经济、社会、管理等多领域的综合理性规划方法已经完全成熟。当然,在达到最高峰后,系统理性的规划方法也开始受到越来越多的批评。综合的结果是城市规划日趋复杂,规划师对于庞大复杂的系统分析系统根本无法有效响应。城市问题的复杂性也绝非通过一系列"完善"的分析模型能够涵盖和顾及的。

C. E. Lindblom[4] 提出了渐进规划的思想。他认为由于人类认知力的限制,难以"完全理性"地去处理复杂的社会问题。他提出了一种"非连续渐进主义"(Disjointed Incrementalism)的规划思想,类似于"摸着石头过河",通过逐步的、小量的进展,比较分析和评价的行动过程,以完成一个个近期目标,来取代"终极目标"的完成。因此,规划师无需过于复杂的分析,也无需过于庞大的知识领域,可以分步骤进行规划研究和实施。由于重点解决的是局部性的问题,而不涉及结构性的系统调整,决策实施的难度较小,具有可操作性。这表明渐进规划思想是一种理性主义和实用主义的结合,放弃了实现"终极目标"的想法,而是立足近期需要解决的实际问题采取适宜的行动。但这一理论也引起了批评,观点包括:"渐进"的特征阻碍了创新;"满意"原则在稳定环境中可行,但在变动环境下,导致的结果可能有害;"满意"的准则因为占有资料、分析能力、选择程序等原因也很难具体地运作。

P. Davidoff[5] 认为规划包含不同主体的不同价值,是一系列价值判断与选择的政治过程,应为多种价值观的体现提供可能,并在此基础上提出了"倡导式规划"的概念。他认为在传统的规划中,规划师既是技术专家又负责价值判断和政治选择,导致规划的垄断性与不民主,无法代表社会中的多元利益。因此,规划师需要转变技术专家的角色,成为一个倡导者,在规划过程中代表弱势群体利益,来达成公正的多元主义。"倡导式规划"为城市规划过程论和"公众参与"理念奠定了基础。

D. Harvey 指出城市规划实际上就是为了维护资本主义社会的再生产和资本积累。Fogelsong 则认为理解资本主义社会中规划的关键是财产矛盾,因此规划并不是应对市场失效的手段。由于资本主义社会中公私部门之间存在冲突与矛盾(土地私有制与土地的社会属性),规划的

---

① Charles E M. The national resources planning board[J]. Public Administration Review, 1941, 1(2):116-121.

② Touretzki C. Regional planning of the national economy in the O. SS. R. and its bearing on regionalism[J]. International Social Science Journal, 1959(3):1,3.

③ J. B. 麦克劳林. 系统方法在城市和区域规划中的应用[M]. 王凤武,译. 北京:中国建筑工业出版社,1988.

④ Lindblom C E. The science of "muddling through"[J]. Public Administration Review, 1959, 19(2):79-88.

⑤ Paul D. Advocacy and pluralism in planning[J]. Journal of the American Institute of Planners, 1965, 31 (4):331-338.

作用就是在土地控制社会化、私人部门反对干涉其事务范围之间进行平衡。

Friedmann[1]认为"社会—空间"(Socio-Spatial Process)方面的知识构成了城市规划独特的知识领域(Unique Competence),可大致分为六类:城市化、区域经济增长和变化、城市建设、文化差异和变化、自然变化、城市政治和授权。同时强调指出规划理论研究需要关注四个问题,即规划定义、规划与实际制度和政治环境的关系、规划理论模式及其选择、规划中的权力关系。这表明他在规划理论的研究中开始摆脱了抽象的概念演绎,表现出了一种务实的态度。

2) 国内研究

孙施文[2]认为规划既不是单纯的决策过程,也不单是一种特殊的实施行动,而是跨越决策过程与实施过程的特殊媒介,并把规划过程理解为"编制—实施"连续过程。同时从哲学角度将城市规划的运行机制整体分为四个组成部分:动力机制、激励机制、控制机制和保障机制。此后,孙施文[3]又通过对现代城市规划理论和实践的分析,提出市场运行的准则是效率,城市规划的核心价值应该是公正与公平,这是现代城市规划在市场经济体制中生存和发挥作用的前提条件。他认为如果把城市建设的效率作为城市规划的价值标准,那么城市规划就不具有存在和发挥作用的合法性,城市规划效率和公平问题的错位是我国城市化快速时期的城市规划所面临的困境的根本性原因。

张兵[4]较早地对城市规划的实效进行了系统分析,认为城市规划是一种服务于城市整体利益和公共利益,为了实现一套社会、经济、环境的综合长远目标,提供未来城市空间发展的战略,并借助合法权威通过对城市土地使用及其变化的控制,来调整和解决城市发展复杂背景中特定问题的职业的社会活动过程,是城市管理的一种形式。他认为,城市规划有效作用至少需要具备四个条件:(1)城市规划仍旧需要发展合理的专业理论与技术,重点面向对规划理论和实践问题的解决;(2)采取灵活的政治运作,在多变的政治环境中通过规划权力的有效应用和管理技巧的发挥来实现规划的意图;(3)营造广泛的社会基础,通过多种方式的交往,把职业的观点宣传给公众,让他们了解规划背后的意图,同时充分地采集和听取各种利益主体的意见,寻找价值标准的契合点;(4)必须保持独立的职业道德标准。

此外,童明[5]提出新形势下,政府在城市建设中的角色、地位、作用都应发生相应的转变,城市规划也应摆脱物质空间为主的传统思维模式,注重运用政策手段来引导城市发展。熊尪[6]通过对20世纪90年代上海城市规划制度与实践的分析研究,认为政治制度和权力结构对规划的过程具有深刻的作用,城市规划实际上是为了在城市空间利用上的公共利益而建立的一项社会机制,它是一个技术性过程,更是一个有关利益分配的政治过程,是特定社会共同体就未来空间的生产方式进行公共决策并达成一致的过程,提出城市规划需要从现在的"行政管理过程"向利益主体互动的"公共选择过程"转变。杨帆[7]认为城市规划不仅仅是一种专业活动,更是一种社会活动,掌握政治知识对城市规划专业实践和社会活动都有着重要的意义。政治对规划理论、规划制度以及规划组织和个体行为都产生了重要影响。

① John F. Planning theory revisited[J]. European Planning Studies,1998,6(3):245-253.
② 孙施文. 城市规划哲学[M]. 北京:中国建筑工业出版社,1997.
③ 孙施文. 城市规划不能承受之重:城市规划的价值观之辨[J]. 城市规划学刊,2006(1):11-17.
④ 张兵. 城市规划实效论[M]. 北京:中国人民大学出版社,1998.
⑤ 童明. 政府视角的城市规划[M]. 北京:中国建筑工业出版社,2005.
⑥ 熊尪. 城市规划过程中权力结构的政治分析[D]. 上海:同济大学,2005.
⑦ 杨帆. 从政治视角理解和研究城市规划[J]. 规划师,2007(3):65-69.

3）研究述评

从国内外学者对城市规划的定义和作用机制的研究来看，城市规划的概念、定义和作用一直处于变化之中。西方早期认为现代城市规划是一种对物质空间的理性决策过程，此后认为是一种对社会系统的有限理性的渐进过程，60年代以后逐渐认为是一种社会过程和政治过程。在国内，计划经济时代城市规划普遍被认为是一种技术手段，近年来随着西方理论的引入，也开始强调其社会过程和公共政策属性。

总的来说，城市规划的外延在不断扩大，并且这一方面的讨论也从未停止过，但城市规划的基本内涵及其作用机制却很少被讨论。2005年《城市规划》杂志进行了一次关于"什么是城市规划"的讨论，讨论中多位学者各抒己见，对城市规划的认识进行了阐述。讨论总体上认为不同时期对于城市规划的理解不同，所以定义本身也在不断变化之中，所以有必要从基本定位上研究城市规划的内涵问题。石楠[1]指出："需要强调的是，变是必然的，不变是不可能的，但是一方面有些东西是不变的。同时，我们不能，也不应该因为某一时期的工作而彻底改变城市规划的基本概念。难点在于从科学的角度界定城市规划的准确内涵。"

由此可见，城市规划作用机制研究在我国尚处于初步探讨阶段，城市规划本体理论的研究远远落后于城市规划的实践。因此，有必要从不同的角度归纳出城市规划内涵的不同方面，完善对城市空间和城市规划自身基本规律的认知，使之更好地发挥应有的作用。

2.1.3　城市规划转型研究

1）国外研究

关于现代城市规划的理论转型问题，不同的学者从不同角度进行了归纳和划分。

Faludi[2]对城市规划理论类型进行了二元划分：规划中的理论（TIP，Theory in Planning），即在规划中运用到的理论；规划的理论（TOP，Theory of Planning），即规划本身的理论。这样的分类尽管因为较为简单而遭到一些质疑，但基本被规划理论界所接受，产生了重要的影响。他认为城市规划作为人类思想和行动的理性过程是为政策制定提供科学方法，其目的在于增加目前和未来政策的有效性，从而推动人类的进步和发展。同时规划又是一个决策过程，包括建议者和决策者，以及他们之间的互动。他主张规划师必须从关注自身的规划中的实质理论（TIP）转变为关注过程理论（TOP）。总体而言，这种研究客体的变化表现了现代城市规划发展历程中的一个重要转折。

Healey[3]认为城市规划理论从"二战"后到20世纪60年代以前是城市设计传统的主导，之后则是程序规划理论。而到了70年代则形成了理论多元化的局面，包括：（1）程序规划理论（Procedural Planning Theory）；（2）渐进主义规划（Incrementalism Planning）；（3）实施与政策规划（Implementation & Policy Planning）；（4）社会规划和倡导规划（Social Planning & Advocacy Planning）；（5）政治经济学规划（Political Economy Planning）；（6）新人文主义（New Humanism）；（7）实用主义规划（Pragmatism Planning）。它们分别代表了程序规划理论的发展和

---

[1]　转引自：邹德慈，石楠，张兵，等. 什么是城市规划？[J]. 城市规划，2005(11)：6.

[2]　Faludi A. Planning theory[M]. Oxford：Pergamon Press，1973.

[3]　Healey P，McDougall G. Thomas M J. Planning theory：prospects for the 1980s[M]. Oxford：Pergamon Press，1979.

对立流派(见图 2-5)。

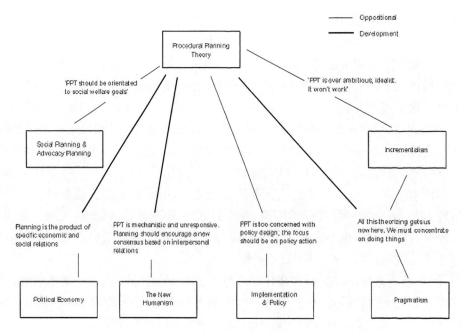

图 2-5 P. Healey 对 20 世纪 70 年代各理论流派的归类分析

图片来源:Healey P, McDougall G, Thomas M J. Planning theory: prospects for the 1980s[M]. Oxford:Pergamon Press, 1979.

泰勒①认为战后规划理论发生过两次范式转换:(1)20 世纪 60 年代的从"设计"转变为"科学";(2)20 世纪七八十年代的规划师角色从"技术专家"转变为"沟通者"。

Donald Kruekeberg②将过去 100 多年城市规划发展历史划分为三个阶段:①1880—1910 年,没有固定规划师的非职业时期;②1910—1945 年,规划活动的机构化、职业化时期;③1945—2000 年,标准化(Standardization)、多元化(Diversification)时期。

P. Hall③则将现代城市规划理论的发展划分为七个阶段:①1890—1901 年:病理学地观察城市;②1901—1915 年:美学地观察城市;③1916—1939 年:从功能观察城市;④1923—1936 年:幻想地观察城市;⑤1937—1964 年:更新地观察城市;⑥1975—1989 年:纯理论地观察城市;⑦1980—1989 年:以企业眼光观察城市,生态地观察城市,再从病理学角度观察城市。

J. Friedmann④对规划理论中的思想传统进行了归纳和总结,按照时间顺序提出了四种规划思想传统:(1)社会改革(Social Reform);(2)社会动员(Social Mobilization);(3)政策分析(Policy Analysis);(4)社会学习(Social Learning)。总的趋势是规划和社会生活越来越接近。同时,他明确提出城市规划要从过去以国家直接行动为基础的欧几里得式的规划(Euclidian Planning)转化为多元的后欧几里得规划(Post-Euclidian Planning)。

---

① 尼格尔·泰勒. 1945 年后西方城市规划理论的流变[M]. 李白玉,陈贞,译. 北京:中国建筑工业出版社,2006.

② 吴志强.《百年西方城市规划理论史纲》导论[J]. 城市规划汇刊,2000(2):9-18+63-79.

③ 吴志强.《百年西方城市规划理论史纲》导论[J]. 城市规划汇刊,2000(2):9-18+53-79.

④ John F. Planning in the public domain: from knowledge to action[M]. Princeton:Princeton University Press, 1987.

在 Sandercock① 看来,20 世纪 40 年代以来出现了六种规划理论:(1)理性综合模式;(2)倡导规划模式;(3)激进的政治经济模式;(4)平等规划模式;(5)社会学习和沟通行为模式;(6)激进规划模式。其中(2)是对(1)的第一个严肃挑战,(4)、(5)和(6)是(2)的继承、修正和深化。至于(3)只是停留在批判层次上,没有为问题提供新的答案。

2) 国内研究

国内学者也对西方城市规划的理论动向予以关注,并形成了自己的看法。具有代表性的有:

胡俊② 将西方近现代城市空间结构理论模式的研究大体分为三个阶段:(1)19 世纪末以前的形体化模式发展阶段。城市发展以强烈的几何图形为主要特征。(2)20 世纪初至 50 年代的功能化模式发展阶段。城市空间形态的功能化规划思想和体系逐渐成熟,并在实践中得到广泛应用和发展。(3)60 年代以后的人文化、连续化发展阶段。开始倡导对社会文化价值、经济价值、生态耦合和人类体验的发掘,从而进入强调城市形态适应人类情感的发展阶段。

吴志强③ 将现代城市规划的理论发展划分为六个阶段:(1)1890—1915 年,核心思想词:田园城市理论,城市艺术设计,市政工程设计;(2)1916—1945 年,核心思想词:城市发展空间理论,当代城市,广亩城,基础调查理论,邻里单元,新城理论,历史中的城市,法西斯思想,城市社会生态理论;(3)1946—1960 年,核心思想词:战后的重建,历史城市的社会与人,都市形象设计,规划的意识形态,综合规划及其批判;(4)1961—1980 年,核心思想词:城市规划批判,公民参与,规划与人民,社会公正,文化遗产保护,环境意识,规划的标准理论,系统理论,数理分析,控制理论,理性主义;(5)1981—1990 年,核心思想词:理性批判,新马克思主义,开发区理论,现代主义之后理论,都市社会空间前沿理论,积极城市设计理论,规划职业精神,女权运动与规划,生态规划理论,可持续发展;(6)1991—2000 年,核心思想词:全球城,全球化理论,信息城市理论,社区规划,社会机制的城市设计理论。

张京祥④ 在吴志强的划分体系基础上进一步整合,将 20 世纪西方城市规划思想史的发展划分为四个时期:(1)20 世纪初至"二战"前,这是一些精英分子对现代城市规划思想进行各种探索实践的时期,为战后功能主义思想的垄断地位的确立奠定了基础;(2)"二战"后至 20 世纪 60 年代末,以现代建筑运动为支撑的功能主义规划思想在战后西方城市的重建和快速发展过程中,发挥了积极而重要的作用,从而最终完成了现代城市规划思想体系的确立并达到其认知的顶峰;(3)20 世纪七八十年代,西方社会在这个时期经历了巨大的社会转型,也就是进入了通常所说的"后现代社会",社会价值观体系处于混沌交织的过程中,社会文化论在城市规划思想中占据了主导地位;(4)90 年代以后,西方社会基本恢复了平静和秩序,但是随着经济、政治、全球化的深入,人们不得不深刻地思考一些人类未来发展的重大问题,例如全球化的影响、可持续发展、增长与发展、以人为本和管治等,城市规划思想的探索也因此面对着一幅崭新的社会图景。

何明俊⑤ 借用范式理论,分析和认识"市场—政府—公民"在城市发展的关系演变,提出现代城市规划理论可分为结构与功能、理性与参与、合作与沟通三个范式,对应于自由市场(一元结构)、

① Leonie S. Towards cosmopolis: planning for multicultural cities[M]. New York: John Wiley & Sons, 1998.
② 胡俊. 重构城市规划基础理论体系初探[J]. 城市规划汇刊,1994(3):12-16+64.
③ 吴志强.《百年西方城市规划理论史纲》导论[J]. 城市规划汇刊,2000(2):9-18+53-79.
④ 张京祥. 西方城市规划思想史纲[M]. 南京:东南大学出版社,2005.
⑤ 何明俊. 西方城市规划理论范式的转换及对中国的启示[J]. 城市规划,2008(2):71-77.

福利社会(二元结构)以及公民社会(三元结构)。

除此之外,国内学者也结合国外城市规划发展的趋势,对我国城市规划转型和创新进行了广泛的讨论和研究。周岚[①]归纳了西方城市规划理论的发展历程,指出我国规划应注意4个方面的内容:(1)中国城市规划需要在社会主义市场经济体制下,探求达成社会公正与效率的手段和方法;(2)随着社会的转轨,个体利益多元化的倾向将日趋明显,公众对空间资源分配的导向性也将会日趋重视;(3)在宏观政治经济架构下,寻找兼顾效率和公平的具体可行的操作方案和手段;(4)规划师需要了解市场经济运行的规律、了解变革引发的社会变化,掌握规划作为政府干预的手段。仇保兴[②]基于城市经营和管治认为城市规划需要以下变革:(1)城市规划的调控目标从城市性质和规模转向控制合理的环境容量、建设标准和相互之间的协调发展;(2)规划编制和管理的重点从确定开发建设项目,转向各类脆弱资源的有效保护利用和关键基础设施的合理布局;(3)城市规划调控的范围要从局限于传统的城市规划区内转向城市群或城乡一体化协调发展;(4)规划审批、管理和调控的过程要从行政手段为主,转向依法治理、相互制约和全民参与,并认为在城市化高速发展时期,要发挥好城市规划的三大功能,即综合性的工程技术功能、政府有效管治的功能和社会运动群众参与的功能。陈锋[③]认为我国当前城市规划转型的实质,是作为政府实现经济发展目标的技术工具,向完善市场经济条件下政府公共政策的转变,并对城市规划转型的某些要素和规划行业的某些现象进行了评析。马武定[④]用"四个转型"概括中国城市规划未来发展的趋势:(1)从精英的理想模式规划到公众实践模式规划;(2)由高雅艺术型、技术型规划到大众文化型和公共政策型规划;(3)由经典的法令型规划转向通俗的契约型规划;(4)由功能评判型规划转向价值评判和导向型规划。张兵[⑤]在剖析了规划界内部在理论建设和价值准则方面面临的问题后,指出城市规划理论发展内在的价值危机,提出在理论发展的规范化过程中,重点重建中国城市规划的价值体系。

王凯[⑥]认为城市规划理论不能像自然科学那样,新的理论一产生旧的理论就自然淘汰,而是更多地具有社会科学理论的特性,即多种表述同时存在。所以其理论是不同理论不同程度的叠加,在不同的实践中要求灵活运用不同的理论。理性主义在当今中国的规划实践中仍有其合理性的一面,用"过时"去评价并不准确。段进[⑦]分析了中国城市规划的理论与实践问题,强调理论只有生根于实践才能开花结果。认为空间发展具有自身的规律性和科学性,空间规划不是完全被动行为,好的空间规划可以促进社会经济发展,不应在僵化和概念化下谈对空间规划的认识。目前,中国城市规划理论研究的重点应是现代空间理论和相应的城市规划设计方法论。吴志强、于泓[⑧]从西方城市规划学科和行业面临的严重困境出发,讨论了中国城市规划学科潜伏的危机。指出目前中国的城市规划学科的核心理论的空心化,理论创新的惰性化以及理论研究阵地的孤立化问题,提出城市规划学科面临着从相关学科引入"规划中的理论"为主导的发展阶段,进入建构新一代"规划本位理论"为主线的历史时期。

---

① 周岚.西方城市规划理论发展对中国之启迪[J].国外城市规划,2001(1):34-37.

② 仇保兴.城市经营、管治和城市规划的变革[J].城市规划,2004(2):8-22.

③ 陈锋.转型时期的城市规划与城市规划的转型[J].城市规划,2004(8):9-19.

④ 马武定.城市规划本质的回归[J].城市规划学刊,2005(1):16-20.

⑤ 张兵.城市规划理论发展的规范化问题:对规划发展现状的思考[J].城市规划学刊,2005(2):21-24.

⑥ 王凯.从西方规划理论看我国规划理论建设之不足[J].国外规划研究,2003(6):66-71.

⑦ 段进.中国城市规划的理论与实践问题思考[J].城市规划学刊,2005(1):24-27.

⑧ 吴志强,于泓.城市规划学科的发展方向[J].城市规划学刊,2005(6):2-10.

张庭伟①认为每个时期的理论只有相对的正确性,即只能对一定时期的规划工作有指导意义而不可能永远正确。因此,规划理论研究应该大大增加对所在社会背景和社会变迁的分析,理解不同时期、不同城市中规划应该并且可能扮演的角色。规划理论的变迁,其本质是在特定社会中一种不断的制度创新。真正属于中国的规划理论必须反映当代中国社会的特点,从中国自己制度创新的高度去理解。此后,张庭伟②又提出把规划理论分成规划范式理论、规划程序理论和规划机制理论三部分。讨论了转型时期中国城市规划的改革问题,认为可以把规划改革分成职能范围的改革和行政能力的改革两方面。现阶段的规划改革首先应该分清规划的基本职能、中等职能和积极职能,规划工作应该集中于基本职能,减少其他职能的内容,同时改进、加强在执行基本职能时的规划行政能力。2009 年,他与 Richard LeGates③ 又提出世界的经济危机已经引导人们进入"后新自由主义"时代,并列出了后新自由主义时代中国规划理论框架的一些要点,认为集权和分权的平衡、政府力和市场力的平衡、经济增长和社会发展的平衡是后新自由主义时代规划理论范式的中心问题。吴志城、钱晨佳④认为城市规划理论研究中存在种种问题,根本的原因是城市规划理论研究的逻择基础出现了问题。借鉴科学哲学中范式理论的概念,认为规划理论研究中的范式混乱是导致问题出现的根本原因,并讨论了建立主流范式的可能性和必要性。

3) 研究述评

西方理论家们普遍认为城市规划理论在 20 世纪 60 年代出现了明显的转型,并衍生出了许多不同的流派。这些流派虽然理论形态和主张不尽相同,但都是在对传统的理性综合模式的反思和批判基础上建立并发展起来的。国内的学者更多的是将国外理论和实践发展的趋势与我国城市规划的发展进行了对比,对转型期城市规划运行的一些突出问题进行了批判和反思,但有关研究仍不够系统和全面,主要表现在:

一是强调了内因而忽视了外因。许多研究在归纳西方理论发展的趋势后,认为这种趋势是一种普遍规律,由此得出我国城市规划也需要转型。但由于缺乏对理论变迁的背景分析,缺乏对城市规划本身作用机制的关注,导致与我国实际社会背景的结合不够。部分讨论仅限于理论层面,结论较为口号化和原则化,难以有效应用于实践。

二是强调了外因而忽视了内因。这一类的探讨对于目前我国城市规划中出现的突出问题进行了归纳和总结,结合改革的进程对规划转型提出了具体方面和框架。转型的探讨主要集中在市场经济体制下城市规划的作用和定位上,往往表现得较为实用,从外部环境变化的角度认为城市规划应该"与时俱进",缺乏从城市规划本体角度对其内涵进行深入的系统分析和研究,导致结论的政策性很强而科学性不够。

总体而言,目前对于城市规划转型的研究尚缺乏系统性、结构化的研究成果。需要在进一步厘清城市规划作用机制的基础上,对转型的原因、目的和意义进行深入分析。

---

① 张庭伟.规划理论作为一种制度创新——论规划理论的多向性和理论发展轨迹的非线性[J].城市规划,2006(8):9-18.

② 张庭伟.转型时期中国的规划理论和规划改革[J].城市规划,2008(3):15-25+66.

③ 转引自:张庭伟.后新自由主义时代中国规划理论的范式转变[J].城市规划学刊,2009(5):1-13.

④ 吴志城,钱晨佳.城市规划研究中的范式理论探讨[J].城市规划学刊,2009(5):28-35.

2.1.4　新制度经济学研究

1）国外研究

制度问题在传统的经济学研究中,一直是一个极为重要,却令人头疼的问题。在古典经济学框架中,制度因素是分析的基础和前提。马克思的政治经济学原理就建立在财产所有制变迁的基础上。近代制度学派的主要人物康芒斯认为,制度是集体行动控制个人的一系列行为准则或规则,是每个人都必须遵守的,制度的作用体现在对行为加以规范。

而在福利经济学的研究框架之下,"外部性"的概念部分解释了制度因素的影响。福利经济学创始人庇古(Pigou)提出了"边际私人纯产值"和"边际社会纯产值"两个概念,并因此引出了外部性概念,其含义是指一定的经济行为对外部的影响,造成私人或企业成本与社会成本、私人收益相偏离的现象。外部性有正负之分:正外部性是指某种经济行为给外部造成积极影响;负外部性是指某种经济行为在追求自身利益的过程中,损害他人或社会的利益,导致市场配置资源不能达到最大效率。

但是传统的研究一直将制度问题视为市场以外的因素。正是由于制度问题的存在,导致市场在真实的世界中往往无法达到理论上的作用,并导致了一系列的混乱。"外部性"的问题越来越多,范围越来越大,并且永远以一种"例外"的状态出现在经济分析中。这就使制度因素长期停留在归纳和宏观的层次,无法被有效、规范化地加以分析。

新制度经济学(The New Institutions Economics)在制度研究方面取得了重大的理论突破。其理论的基本方法就是运用正统经济理论去分析制度的构成和运行,并去发现这些制度在经济体系运行中的地位和作用。由于在传统经济学的平台上充分考虑了制度因素的作用,新制度经济学更接近真实世界的经济学,具有强大的解释现实的能力。20世纪60年代以后,制度分析逐渐成为经济学研究的中心议题之一。以布坎南为代表的宪政经济学,以诺斯和福格尔为代表的新经济史学派,以及阿罗、鲍恩、蒂伯特、森对投票制度和公共选择的研究等都取得了重大的突破。20世纪90年代以后,新制度经济学的主要代表人物科斯、诺斯、威廉姆森等被授予诺贝尔经济学奖。新制度经济学的理论体系主要包括:(1)制度构成与制度起源;(2)制度变迁与制度创新;(3)产权与国家理论;(4)制度与经济发展的相互关系。

本书对新制度经济学概念的引用和分析框架的建立,主要建立在以下三位经济学家的研究成果上。

首先是科斯(R. Coase,1991年获诺贝尔经济学奖)。科斯是新制度经济学的开创者,他的杰出贡献是发现并阐明了交易成本和产权在经济组织和制度结构中的重要性及其在经济活动中的作用,并形成了被称为"科斯定理"(Coase Theorem)的经济规律,概括而言就是:当交易成本为零时,无论初始产权如何定义,都能够通过谈判自动形成最有效率的安排;而在交易成本不为零的情况下,不同的初始产权配置,将会导致不同的资源配置结果。"科斯定理"表明,在交易费用大于零时,制度安排不仅对分配有影响,而且对资源配置及其对产出的构成等产生着极为重要的影响。科斯的研究成果为通过市场机制解决外部性问题提供了一种新的思路和方法。

其次是诺斯(D. C. North,1993年获诺贝尔经济学奖)[①]。诺斯是新制度经济学的代表人物,制度经济史的先驱者和开拓者,建立了包括产权理论、国家理论和意识形态理论在内的"制度变迁

---

① 道格拉斯·C.诺斯.经济史上的结构和变革[M].厉以平,译.北京:商务印书馆,2007.

理论"。诺斯认为,制度是社会的博弈规则,并且会提供特定的激励框架,从而形成各种经济、政治、社会组织。制度由正式规则(法律、宪法、规则)、非正式规则(习惯、道德、行为准则)及其实施效果构成。在进行理论分析的过程中,诺斯以成本—收益为分析工具论证产权结构选择的合理性、国家存在的必要性以及意识形态的重要性,这种分析使得诺斯的制度变迁理论具有巨大的说服力。

最后是威廉姆森(O. Williamson,2009 年获诺贝尔经济学奖)①,他是新制度经济学理论的完善者和集大成者。在科斯那里,交易费用应包括度量、界定和保障产权的费用,发现交易对象和交易价格的费用,讨价还价、订立合同的费用,督促契约条款严格履行的费用等。但是这样的分类仍非常模糊,只能说明一些原理性的问题,难以有效地进行规范分析。威廉姆森则系统构建了整个理论体系的分析框架,并将新制度经济学称为"交易费用经济学"(Transaction Cost Economics, TCE)。他把交易行为视为一个合约结构,进一步将交易成本区分为事前与事后两大类,并进行了详细的进一步分类。这样,一个系统性的合约分析框架就得以建立。

2) 国内研究

在国内,许多学者已经开始利用制度经济学的一些基本概念,将城市规划转型上升到制度创新的高度,对城市规划体制改革进行了许多有益的探索,并提出了很多意见和建议。

张京祥②从外部环境与内部环境两个角度,剖析了中国城市规划发展中的种种体制性矛盾,预测了 21 世纪中国制度环境发展的总体趋势,并概述了对中国城市规划制度环境创新的总体建议,指出城市规划制度创新需要社会整体环境的改良。周建军③分析了当前城市规划的"失败"与"失灵",从宏观层面提出城市规划制度创新与管理创新的思路、方向与对策。王洪④研究和分析了新中国城市规划制度体系与制度安排的现状、特征、发展历史与主要思想理论渊源及其变革与演进,提出了近中期中国城市规划制度创新的若干选择和新的思路。赵民、吴志城⑤则从物权法的角度,对物权概念的法律认可对于土地权利制度及城市规划的思维体系、操作模式等产生的影响开展了讨论。蒋荣、胡同泽⑥运用制度变迁理论从制度角度分析城市、城市经营的本质,然后重点分析城市经营制度变迁的环境以及推动这种制度变迁的行动集团。马武定⑦从制度变迁的角度讨论了城市规划改革的必要性,以及在不同的制度安排条件下时规划师职业道德的不同要求,认为在现有制度安排下,规划师只是充当了绘图工具和"阐述者"的角色,他们所秉有的只能是以工具理性为主导的价值观。因此,不能奢望靠规划师们个人的"道德魅力"来解决,只有制度安排的根本改革才能解决问题。城市规划的改革需要走向公共选择的公共决策过程。

但是,大多数的讨论还只是在认识到制度、产权重要性的基础上,对城市规划进行反思。真正利用新制度经济学原理对城市规划行为进行深入分析和探讨的研究凤毛麟角。

赵燕菁在国内率先对新制度经济学原理进行系统阐述,并用于结合城市规划进行分析和解释。他认为制度因素一直是城市规划中无法规范分析的一个领域。许多规划实际上都是建立在

---

①　奥利弗·E. 威廉姆森. 资本主义经济制度[M]. 段毅才,王伟,译. 北京:商务印书馆,2002.
②　张京祥. 论中国城市规划的制度环境及其创新[J]. 城市规划,2001(9):21-25.
③　周建军. 论新城市时代城市规划制度与管理创新[J]. 城市规划,2004(12):33-36.
④　王洪. 中国城市规划制度创新试析[J]. 城市规划,2004(12):37-40.
⑤　赵民,吴志城. 关于物权法与土地制度及城市规划的若干讨论[J]. 城市规划学刊,2005(3):52-58.
⑥　蒋荣,胡同泽. 中国城市经营动因的制度变迁分析[J]. 重庆大学学报(社会科学版),2005(5):12-15.
⑦　马武定. 制度变迁与规划师的职业道德[J]. 城市规划学刊,2006(1):45-48.

制度影响为零的假设之上的。制度经济学方法可以成为理解规划中制度因素的有用工具。他首先对制度经济学的基本原理进行了系统阐述,然后从三个视角对城市规划中的问题进行了分析:(1)政府的市场角色问题。政府不过是市场上众多参与者中的普通一员。政府是一种通过空间提供服务并收费(税)的企业。政府间的竞争同市场上普通企业的竞争没有任何不同。(2)公众参与和集体决策问题。通过对经济学中民主机制和投票制度研究的梳理,认为民主制度的本质不是为了获得道德上的"公正",而是产权分配的一种机制。如果增加民主所带来的交易成本小于信用缺失导致交易失败的潜在损失,民主就是合理的;反之,民主就是一种"社会冗余"。最优的民主程度,就是民主带来的交易收益减去民主运行带来的交易成本最大化时的民主程度。不同的制度下,最优的"民主"程度是不同的,不能脱离经济发展的制度环境,孤立地谈论民主的优劣。(3)最优空间布局问题。用制度经济学的原理分析了何以规划理论上"合理"的空间布局,却无法在实践中得到采纳的问题,认为城市规划的学科领域需要大大拓展,退回传统的"空间建筑师"和转向成为"道德裁判者"都不应是城市规划专业的方向。[1]

此后赵燕菁又在政府市场角色问题的研究基础上,通过制度经济学的原理(主要是 Olson 的政府理论和模型),对城市的制度属性进行了深入分析[2],认为从制度的角度,城市是一组通过空间途径盈利的公共产品和服务。从这个定义出发,作为城市公共产品的提供者,城市政府就具有了企业的性质,其核心工作就是发现并设计最优的商业模式。不同商业模式的选择,决定了城市的成长路径。显然,赵燕菁的研究兴趣主要集中在政府定位与城市经营的制度原理以及制度设计上,与他此前对"经营城市"理念的研究有着一脉相承的关系。对城市空间演化规律以及城市规划本体属性和特征并没有进一步的研究。

此外,部分学者也对新制度经济学原理的应用进行了探讨。有代表性的包括:田莉[3]借助新制度经济学的产权分析视角,认为控制性详细规划的本质是土地发展权,指出控规是土地利益分配的重要工具。提出转型期我国控规改进的思路,不应是成果形式上的法定化,而应是尊重土地发展权基础上的市场化。周国艳[4]对新制度经济学理论进行了详细介绍,认为城市规划是一种政策和制度安排。通过分析西方新制度经济学理论在城市规划领域中的运用,揭示其合理内核及其对于我国城市规划理论与实践的启示。吴远翔[5]运用新制度经济学理论,对我国城市设计的制度变迁、博弈格局、产权制度、交易制度的发展情况和整体特征进行解析,探讨了转型背景下制度建设对我国城市设计发展的重大意义。

3) 研究述评

在城市规划领域,以传统古典经济学和福利经济学为基础的城市规划经济学研究,传统上认为城市规划就是为了克服市场外部性而出现的。这样,对于城市规划的理解也就自然而然地认为其是为了应对"市场失效"而出现的政府调控手段,成为市场的对立面。城市规划的行为和机制,也因此无法纳入以市场为主题的经济分析框架之中。芝加哥学派、Alonso 等人以古典经济学为基

① 赵燕菁. 制度经济学视角下的城市规划(上)[J]. 城市规划,2005(6):40-47;赵燕菁. 制度经济学视角下的城市规划(下)[J]. 城市规划,2005(7):17-27.
② 赵燕菁. 城市的制度原型[J]. 城市规划,2009(10):9-18.
③ 田莉. 我国控制性详细规划的困惑与出路:一个新制度经济学的产权分析视角[J]. 城市规划,2007(1):16-20.
④ 周国艳. 西方新制度经济学理论在城市规划中的运用和启示[J]. 城市规划,2009(8):9-17+25.
⑤ 吴远翔. 基于新制度经济学理论的当代中国城市设计制度研究[D]. 哈尔滨:哈尔滨工业大学,2009.

础的空间分析方式,正是在这一点上,才无法更有效地与真实世界相结合,并遭到了重视社会政治过程研究者们的非议。从这个意义上而言,新制度经济学的分析方法和理论框架为城市空间的研究提供了一个全新的理论平台。

在体制转型的背景下,新制度经济学发挥了重大的影响力。从近些年我国经济学界和理论界的动向来看,新制度经济学日趋成为讨论的热点,与相关学科的结合也日渐紧密。国内经济和社会学科的学者们结合改革过程对制度问题进行了深入研究,但是基于制度经济学理论对城市空间和城市规划的研究分析尚处于起步阶段。现有的研究和分析仍停留在借鉴制度经济学概念和术语的层面,未能揭示城市空间和城市规划发展演变过程中的深层次规律。借鉴制度经济学的新进展,建立起城市规划的制度分析框架,是一个对未来规划理论具有重大意义的学术方向,有必要进行深入研究。

2.2 本章小结

1) 在空间发展机制研究方面

国内外学者的学科背景、技术平台和研究方法的差异带来了对城市空间"物质性"与"社会性"的认识差异,导致研究对象出现了明显的主客体分离趋势,为认识城市空间带来了困惑。城市空间发展研究需要寻找一个适宜有效,同时相对简单通用的平台,使主客体统一的整体性研究得以实现。

2) 在规划作用机制研究方面

国内外学者对城市规划的概念、定义和作用一直处于变化之中。城市规划的外延在不断扩大,但基本内涵及其作用机制却日渐模糊。城市规划本体理论的研究远远落后于城市规划的实践,有必要从不同的角度归纳出城市规划内涵的不同方面,完善对城市空间和城市规划自身基本规律的认知。

3) 在城市规划转型研究方面

现有研究一强调了内因而忽视了外因,由于缺乏对理论变迁的背景分析,缺乏对城市规划本身作用机制的关注,导致与我国实际社会背景的结合不够。现有研究二强调了外因而忽视了内因,缺乏从城市规划本体角度对其内涵进行深入的系统分析和研究。目前对于城市规划转型的研究尚缺乏系统性、结构化的研究成果,需要在进一步厘清城市规划作用机制的基础上,对转型的原因、目的和意义进行深入分析。

4) 在新制度经济学研究方面

以传统古典经济学和福利经济学为平台的城市规划经济学研究,无法对城市规划的行为机制进行规范研究,也无法纳入市场框架之中。新制度经济学为城市研究提供了一个全新的理论平台。现有的研究和分析仍停留在借鉴制度经济学概念和术语的层面,未能揭示城市空间和城市规划发展演变过程中的深层次规律。有必要借鉴制度经济学的新进展,建立起城市空间和城市规划的分析框架,实现理论突破。

3 权力与信仰
——西方古代城市空间的演变

"历史总是重要的。它的重要性不仅仅在于我们可以向过去取经,而且还因为现在和未来是通过一个社会制度的连续性与过去连接起来。今天和明天的选择是由过去决定的。"

——道格拉斯·C.诺斯

"主要的问题并不是要认识这些力量本身,而是要首先知道他们的作用,其次了解它们的作用所产生的不同变化:对于这些变化的认识,一方面取决于这些力量的性质,另一方面取决于地方的情况和城市的类型。"

——阿尔多·罗西

"空间性质产生的哲学问题不能从哲学角度来回答——答案来源于人类的实践。因此'什么是空间'的问题就被另一个问题所取代,即'人类不同的实践活动是怎样产生和利用明确的空间概念的。'"

——大卫·哈维

本章意在通过一个回顾性的论述来展开一些特定的分析,即社会结构如何产生了空间的意识形态,空间的意识形态如何影响了空间的实践,并最终完成了空间的形态塑造。本章以此为切入点,对城市空间社会属性和物质属性之间的关联进行考察,从而建立后续思考的平台,也使得本书所讨论问题的意义得以凸显。在这里,社会、思想和城市三条演变的线索交织在了一起。

3.1 中心与边界——早期文明中的社会结构与城市空间

权力对城市空间产生影响,进而形成了城市空间中的某种特定形态特征。如果要讨论权力对城市及其形态的影响,我们需要首先将目光投向城市的形成之初。

3.1.1 结构的形成

1)阶层的分化

在原始社会发展的晚期,人类逐渐开始了第一次社会大分工。随着原始人类逐渐掌握播种的技能,并且成功地驯化了野生动物,种植和放牧活动开始逐渐从原始的狩猎和采集活动中分离。随着农业、畜牧业与狩猎活动这一系列技术分工的固定化,人类社会也逐渐分化产生了不同的群体——从事农业和畜牧业的农牧民以及从事狩猎活动的猎户。人类对野生动植物的驯化,使得人类的生产效率大大提高,并因此产生了相对稳定和充足的食物来源。在这种条件下,永久定居点的产生成为可能,人类告别了居无定所的生产生活方式,开始了定居生活(见图3-1)。原始人类的繁衍和文明的发展进入了一个新的阶段。

然而这一阶段的人类依然是脆弱的。一方面,农业活动的开展使原始人类更加需要对抗严酷的自然条件,新的生产生活方式也意味着新的信仰开始出现。出于对神灵的敬畏和崇拜,他们在村落中建立了祭祀的圣祠,并开始祈求神灵以获得适宜的气候、充足的雨水、肥沃的土地。祭司阶层凭借着充当人类与神灵之间的媒介,具有了解释自然世界的权力。他们观测日月星辰的运动,掌握节气变化的规律,记载洪水泛滥的情景,计算河水灌溉的时间等,这种积累下来的知识和能力保障了农耕生产的顺利进行。并且,他们通过星象、占卜等活动发展出了文字,是当时对知识具有垄断地位的一个特殊群体。

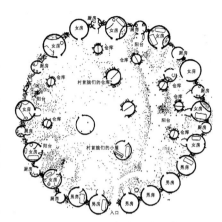

图 3-1 喀麦隆的原始村落
图片来源:贝纳沃罗.世界城市史[M].
薛钟灵,译.北京:科学出版社,2000.

另一方面,原始人类需要对抗凶猛野兽的侵扰,或者其他部落可能的进攻和掠夺。以狩猎为生的猎户们拥有武器,体格健壮,具有猎杀和格斗的技能。随着社会分工的细化和持续,这种使用暴力的技能在从事农牧业和手工业的人类群体中已经生疏了。然而当他们面临着豺狼虎豹和其他强敌的威胁,或者在收成不好的年景,会作出一种极端的选择——需要通过对其他部族的暴力劫掠,保障自身的生存。于是,自然而然的,耕种者通过向猎户们提供剩余食物和其他产品,获得他们的保护,免于野兽或敌人的袭击。而猎人们也因此不必从事农耕或其他的手工劳动,成为部落或者村庄的保卫者。"而社会不平等源于这一事实:所有文明都建立在纳贡关系而不是血亲关系的基础上。"[①]这大概是最初的统治阶层的雏形。

猎户和祭司阶层,逐渐演化成世俗和宗教的领袖,成为未来人类社会的实际统治者。因此,世俗权力的形成来源于一种交易行为:统治者提供一种安全保障上的服务,以换取被统治者的供奉(税收)。

2) 原始的结构

当然,这种原始的定居村落还不能够被称为是真正意义上的城市。但是,随着物质生产条件的提高和生活方式的改变,这些小小的村落已经开始孕育着一系列新的变革。生产分工的发展和剩余产品的增多,交换和贸易随之出现。手工业与农牧业的分化,标志着第二次社会大分工的产生。一般认为,城市在这一时期开始真正形成了。[②] 城市的起源表明,政治因素在人类进入城市文明的过程中,扮演了至关重要的角色。权力的产生和作用催生了城市,成为城市文明的显著特征。对此,芒福德评价道:"人类文明第一次大发展中,社会权力不是向外扩散,而是向内聚合……城市便是促成这种聚合过程的巨大容器,这种容器通过自身那种封闭形式将各种新兴力量聚拢到一起,强化它们之间的相互作用,从而使总的成就提高到新水平。"[③]

---

① 斯塔夫里阿诺斯. 全球通史:从史前史到 21 世纪[M]. 7 版. 吴象婴,梁赤民,董书慧,等译. 北京:北京大学出版社,2005:56.

② 考古学者柴德尔曾经列举出城市的十个特征:(1)范围和人口均有一定规模;(2)分工专业化;(3)生产剩余物资能够集中;(4)社会阶级分化明显,上层阶级成员(包括宗教、政治、军事)组织并且统治社会;(5)国家和政府组织成型;(6)有公共建筑物,如神庙、宫殿、仓库、灌溉沟渠等;(7)有远程的贸易活动,所交易的货品无论在数量和专业化程度上均增加;(8)具有纪念性质的大型工艺品开始出现,并且这种工艺品具有一定的形制;(9)文字出现,使得组织和管理的工作比较容易进行;(10)算术、天文、几何等较抽象的科学开始萌芽。

③ 刘易斯·芒福德. 城市发展史:起源、演变和前景[M]. 刘俊岭,倪文彦,译. 北京:中国建筑工业出版社,2005:40.

早期人类社会中猎户和祭司阶层的分化和出现,形成了一种最原始也是最基本的政治结构。权力的产生,完成了人类社会的组织化和结构化。一种基于武力的能力,和一种基于知识的能力构成了权力的最原始形态,并且随着文明的发展结合形成了一种稳定的权力结构。这种权力结构形成于城市的起源之初,并随着人类文明的发展而不断演变。征服自然的能力和解释自然的能力,通过各种形式的组合在城市的发展中留下了鲜明的印记。宗教权力和世俗权力,在此后的历史发展中交织在了一起。

尽管权力出现了分散和集中的变化,但是政治的基本结构并未受到明显的冲击。人类的活动和社会实践,并非完全处于理性的指导之下,而是受到了宗教、迷信等非理性因素的明显影响。换句话说,这是一个追求"意义"的时代,这种"意义"是坚定而神圣的,超越了工具理性所能够达到的程度。在其后相当长一段时间内的历史发展中,这样的基本结构扮演了主导角色,它们或互相依赖,或互相争斗,或合二为一,直到科学的曙光穿透了神灵的面纱。

3.1.2　边界与权利

1) 边界的形成

早期人类社会中的权力组织结构也鲜明地表现在了原始城市的空间和布局上。猎户和祭司,由于他们的社会分工不同,产生了对空间的特殊需求。祭祀和防卫的需求使早期的村落或城镇出现了明显的边界,具体表现为圣地和城墙开始逐步出现。边界的产生可以有两个来源:

一方面,是出于祭祀的需要。人们通过垦荒、耕种等活动,将原本均质的自然空间进行了人为的分割,形成了神灵的空间和自然的空间。拉丁人把翻土板称为"urbs",城市"urban"就是从那里来的。开垦的过程往往带有祭祀活动,古代人类相信,开垦的土地需要得到神灵的保佑和庇护。古代日耳曼人崇拜天神的圣地就是指森林中一片铲平的空地,最初的崇拜就是树立祭坛,以此确定土地的疆界。圣地的出现就是这种空间分野的明显标志物,人们在城墙围绕的空间内,得到了神灵的庇护。因此,确定城市的范围,划定城墙,成为早期建城活动最重要的祭祀活动之一(见图3-2)。

图3-2　耶路撒冷的圣地边界,与周边的城市形成明显的对比

图片来源:斯皮罗·科斯托夫. 城市的形成[M]. 单皓,译. 北京:中国建筑工业出版社,2005.

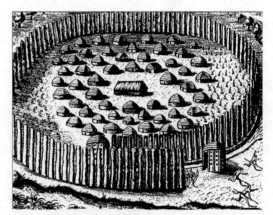

图3-3　铜版画中的一座美国佛罗里达州印第安村落,具有明显的防御边界

图片来源:贝纳沃罗. 世界城市史[M]. 薛钟灵,译. 北京:科学出版社,2000.

另一方面,是出于防卫和安全的考虑。早期,人们在聚居点周围设置篱笆、围墙,以抵御野兽的侵袭,这种原始的边界可以视作城墙的原型。英文中的城镇"town"一词源自日耳曼语,就是指围合起来的树篱。而当城市逐步形成,并成为各种资源和财富的集聚地以后,这种防卫的需求进一步增强(见图 3-3)。这种需求很大程度上需要依靠新兴的统治阶层,战争和日渐扩大的生产建设活动使这些世俗统治者的力量逐渐增大。权力的天平向世俗统治者的逐渐倾斜使大规模的建设行动成为可能。在中国,城墙也是古代城市的基本元素,并且形成了"城郭之制",有"筑城以卫君,造郭以守民"的说法。据考古测量,春秋时期的城墙厚度已达 5 米,战国时期增至 10～15 米。许多城墙还附加护城坡,并修筑壕沟。

2) 边界的意义

祭祀和防御的双重需求,促成了城市边界的形成。而城墙、祭坛、壕沟这些大规模边界的产生,则反映出城市中权力关系的变化,也标志着城市中权力结构的确定。原先的祭司和猎户们,已经成为城市的实际统治者,他们使用各自的能力确定并建造了城市的边界。从上面的例子中可以看出,城市边界的形成,是知识和力量相结合的产物。拥有强大社会组织能力的权力结构一旦确立,就完成了在原始社会难以想象的浩大工程,这也预示着少数人对多数人的统治由此拉开了序幕。因此,恩格斯在《家庭、私有制和国家的起源》中提到由城墙围绕起来的城市,是从野蛮时代进入文明时代的主要遗产。"在新的设防城市的周围屹立着高峻的城墙并非无故:它们的深壕宽堑成了氏族制度的墓穴,而它们的城楼已经高耸入文明时代了。"[1] 在某些文明中,王冠被制成了城墙的式样,这并非仅仅是巧合(见图 3-4)。作为权力标志的王冠采用城墙的形式,暗示了边界这一空间元素所具有的明确政治含义。

而在此后,边界这一元素又在宫殿和庙宇中反复被强化,并且演化为不同的形式,用以隔绝以不同标准划分的人群。边界的产生过程试图令人相信,这是一处神圣的领域,是一处受到庇护的空间。或者更直白地说,权力利用边界在空间上划定了自己的势力范围。然而,汤因比敏锐地指出:"边界的建立引发了各种社会力量的运动,最终势必导致边界制造者的灭亡。"[2] 这种力量之间的对抗,将在以后的城市形态演变过程中不断地被验证。

图 3-4　堤卡女神(其王冠式样是明显的城墙形式)

图片来源:斯皮罗·科斯托夫.城市的形成[M].单皓,译.北京:中国建筑工业出版社,2005.

3.2　民主与城邦——希腊时期的社会与城市空间

古希腊的城市形态经历了从灵活走向规整的过程,是理性思维发展和实践的过程,这与社会权力由分散趋于集中的过程是相对应的。

古代希腊在社会结构和制度上最为人所知的就是其民主政治,这样一种鲜明的社会结构之下,会产生什么样的城市空间形态?在古希腊的城市空间形态中,广场和卫城是最具有代表性的,这两种截然不同的城市空间究竟反映出了什么样的社会结构呢?

3.2.1　民主的曙光

1) 各自为政的城邦

古代希腊的许多城邦规模都较小,许多不过数千人,雅典的鼎盛时期人口也不超过 10 万人。

---

①　恩格斯.家庭、私有制和国家的起源:马克思恩格斯选集(第四卷)[M].北京:人民出版社,1995:164.
②　阿诺德·汤因比.历史研究[M].刘北成,郭小凌,译.上海:上海世纪出版集团,2005:325.

希腊半岛的各个城邦各自为政,征战不休,处于一种分散的自治状态。这在很大程度上受制于自然地理条件,希腊半岛多山地、丘陵、海岛,山地面积占 80%,形成了许多相互隔绝的空间,因此并不具备建立完整帝国的地缘政治基础。仅仅在面临强大的异族外敌威胁时,各个城邦才建立短暂的同盟。希波战争结束后,同盟便逐渐瓦解,希腊半岛的两个最强的城邦——雅典和斯巴达之间又爆发了旷日持久的伯罗奔尼撒战争。

而另一方面,政治的分裂与信仰的差异也不无关系。尽管处于同一个神灵系统之中,但希腊各邦却各自崇拜不同的保护神,例如雅典娜之于雅典,阿芙罗狄忒之于科林斯,阿波罗兄妹之于斯巴达。结果就是,希腊的诸神彼此间的猜忌和争斗,丝毫不亚于世俗社会中的普通人。

2) 民主政治的出现

这种小国寡民的状态,使早期民主政治的出现成为可能。公元前 594 年,梭伦(Solon)出任雅典的首席执政官,并开始施行一系列的经济政治改革,赋予没有财产的平民参加公民大会的权利。尽管公民大会的权力有限,但却在组织结构上为雅典民主奠定了基础。直到克里斯提尼(Kleisthenes)进一步政治改革以后,雅典的民主政体才逐渐成熟。到伯里克利担任执政官(公元前 443—429 年)的黄金时期,那些拥有公民权的民众,已经把政治作为了日常生活中的重要内容,几乎全体公民都参与了城邦的公共生活,雅典的民主政治达到最高潮。因此,伯里克利在悼念公元前 431 年因与斯巴达人作战而倒下的雅典英雄的葬礼演说中自豪地宣称:"我们的制度之所以被称为民主政治,是因为政权是在全体公民手中,而不是在少数人手中。……在我们这里,每个人不仅关心个人事务,而且关心国家事务。即使那些总是忙于自己事务的人也熟知一般的政治生活——这是我们的特点:一个不关心政治的人,我们不说他是一个注意自己事务的人,而说他根本没有事务。我们雅典人自己决定我们的政策,或者把决议提交适当的讨论。因为我们认为语言和行为间是没有矛盾的;最坏的是没有适当地讨论其后果,就冒失地付诸行动。"[①]

这样的话语多少有一点自我夸耀的成分,事实上只有雅典公民才具有上述的政治权利。而获得公民权的人数,实际上是拥有特殊权利的一小部分人,根据各种统计只占雅典总人口的 15%左右。城邦中绝大部分的人,包括妇女、奴隶、外国人等并不包括在民主制度之内。而在经济上,雅典的直接民主政体是与奴隶制联系在一起的。正是因为奴隶承担了相当大一部分经济生产职能,才能使雅典的公民们有充裕的时间参与政治、司法和军事活动。

3.2.2 广场与卫城

1) 广场的内涵

古希腊的广场(Agora)是民主制度在空间上的集中体现。

公共的生活方式促进了古希腊城市公共空间的繁荣,城市的结构以此为基础,造型与装饰完全为了一个目的:表达集体利益。在市民经常出没的地方,公共建筑便充满了空间。围绕广场通常布置着许多象征城市集体的最华丽的设施:突出的柱廊长厅、存放国家圣火的议会大厦、体操竞技场以及各种神庙和体育设施,它们共同构成城市以及城市生活的中心。在那里,法律被讨论并得到通过,国家机器的行为得到实施,政治领袖的决策得以宣布。

希腊的集市广场早在荷马时代就是集会的场所,它同时也是庭审之处。而在专制时代,为了避免人们长时间的逗留,在公共集会场所配以艺术装饰并不常见。直到民主体制形成,当梭伦将

① 修昔底德. 伯罗奔尼撒战争史[M]. 谢德风,译. 北京:商务印书馆,1960;147-150.

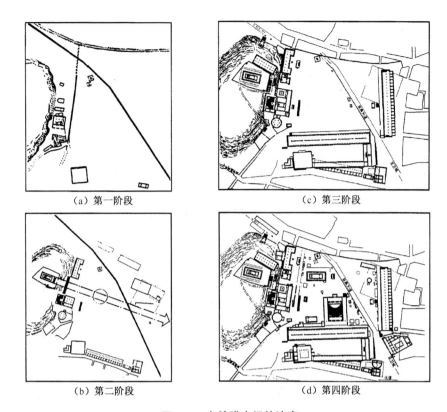

（a）第一阶段 （c）第三阶段

（b）第二阶段 （d）第四阶段

图 3-5 古希腊广场的演变
图片来源:沈玉麟.外国城市建设史[M].北京:中国建筑工业出版社,2005.

法律和权力赋予人民议会时,对集会场所的装饰才逐步发展起来。而在克里斯提尼赋予所有雅典人以公民权并引入了在广场上定期集会的制度后,古希腊的广场才真正成为城市的核心,同时也成了市场。

实例说明,古希腊城市广场不规则的广场空间形成鲜明有机的空间形态。广场的空间没有轴线,也不存在明确的控制性建筑物,多个重要的公共设施共同控制着城市的整体形象,显示出活动的多元特征(见图 3-5)。

2）卫城的意义

卫城的建造是具有深刻的政治意图的。

一方面是出于宗教信仰和祭祀活动的需求。宗教信仰在希腊城邦中,占据了极其重要的地位。古希腊人信奉泛神论,拥有一个庞大复杂的神谱。雅典卫城上的帕提农神庙(Parthenon)始建于公元前447 年,至公元前 438 年基本建成,是用于祭祀城邦的保护神雅典娜的。神庙周围还有敬拜其他神、半神及英雄的祭祀设施。祭祀活动是古希腊人最重要的公共活动,人们在卫城举行盛大的宗教仪式,朝拜他们信仰和崇拜的神灵。人口不多的雅典建造了如此宏伟的神庙,无疑说明了宗教的显赫地位(见图 3-6)。

另一方面卫城作为雅典人的精神寄托,也被赋予了浓厚的政治象征。在波希战争以后,卫城向所有其他城

图 3-6 卫城平面图
图片来源:沈玉麟.外国城市建设史[M].北京:中国建筑工业出版社,2005.

邦显示着雅典的强大力量;而在伯罗奔尼撒战争时期,这里又成为雅典面对威胁时展现其合法性的场所。卫城所表现的不是雅典内部的民主制度,而是雅典在希腊半岛的霸权。城市空间在这里充分地发挥了象征的作用,它把看不见的国家权力转变成了多立克柱式环绕的宏伟神庙,它把雅典的意志塑造成了手持兵戈的巨大雅典娜铜像;而人民的万众一心则使得声势浩大的宗教仪式在这里上演。伯里克利当政期间,曾大规模地兴建雅典卫城、帕提农神庙、海神庙、大剧场、音乐厅、大型雕塑像等一大批规模宏大的公共建筑,竭力使雅典成为"全希腊的学校"。"由伯里克利设计用以演奏音乐、排练新悲剧的大剧场可以说是艺术对野蛮取得胜利的庞大纪念碑,因为这里的主要结构所用木料几乎全是波斯船上的船桅。"①

卫城所体现出的空间特征并不能说是民主政治的产物,它从一个角度明确地指出了雅典权力的合法性基础——神圣的信仰——不论是执政官还是普通公民都必须遵循。在宗教的光环下,卫城成功地实现了一个政治上的目标,就是使全体公民团结一心,增强城邦公民的自豪感和凝聚力。

3.2.3 雅典的困境

1) 瘟疫的冲击

公元前 430 年,一场瘟疫袭击了雅典,其影响是灾难性的——雅典不仅在一年前爆发的伯罗奔尼撒战争中失去了先机,而且"黄金时代"的领袖伯里克利也受到质疑并最终死于这场灾难,雅典从此走向了衰败。修昔底德在陈述这段历史时疑惑于这样一个问题,为什么瘟疫偏偏对雅典造成了重大的伤害? 他描述道:"这种瘟疫过去曾在雷姆诺斯与许多地区和其他地方流行过,但是在记载上从来没有哪个地方的瘟疫像雅典的瘟疫一样厉害,或者伤害这么多人的。……而且对于伯罗奔尼撒人完全没有影响,或者不严重;瘟疫流行最厉害的是在雅典;雅典之后,就在人口最密的其他城市中流行。"②当时的人们也因此对古老的神谶深信不疑:"和多利亚人的战争一旦发生,死亡与之俱来。"瘟疫的传播与人口的密集是紧密相关的,战争中伯里克利采取了坚壁清野的政策,使大量难民涌入雅典,这进一步加剧了疫情的恶化。

有这样一个事实不能被忽视:即便是鼎盛时期的雅典,其城市建设和规划在某些方面还停留在相当原始的阶段(见图 3-7)。据考证,希腊城市直到公元前 4 世纪甚至更晚的时期,依旧保留着原始的住房形式和卫生设施。雅典人的住宅普遍局促狭小,总体上成组地围绕着卫城、公共建筑物和广场而建,并没有经过总体的规划(见图 3-8)。雅典的道路更是曲折狭小,缺乏必要的铺装和排水系统。而公共卫生设施也非常不足,这使得疾病和瘟疫有了滋长的空间,与罗马时期大力兴建的输排水管和人工路面相比,市政工程显得非常简陋。即便与同一时期或者更早期其他文明中的城市相比,其卫生和排污系统也是比较落后的。"据此两千年以前乌尔城和哈拉巴城所拥有的各种卫生设施,在公元 5 世纪的雅典却根本没有,甚至连其退化形式也没有。"③这种空间上的局促和混乱终于带来了严重的后果。

---

① 爱德华·吉本. 罗马帝国衰亡史[M]. 黄宜思,黄雨石,译. 北京:商务印书馆,1997:45.
② 修昔底德. 伯罗奔尼撒战争史[M]. 谢德风,译. 北京:商务印书馆,1960:155-161.
③ 刘易斯·芒福德. 城市发展史:起源、演变和前景[M]. 刘俊岭,倪文彦,译. 北京:中国建筑工业出版社,2005:137.

图 3-7　雅典城市总平面（广场和卫城形成明显的中心，住宅区布局相对散乱）

图片来源：贝纳沃罗. 世界城市史[M]. 薛钟灵，译. 北京：科学出版社，2000.

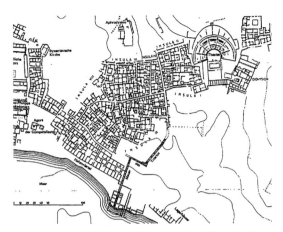

图 3-8　提洛斯岛港口区，住宅形式是公元前 4 世纪以后典型的希腊住宅区

图片来源：贝纳沃罗. 世界城市史[M]. 薛钟灵，译. 北京：科学出版社，2000.

芒福德认为希腊城市简陋的环境"看似一种不幸的缺陷，其实在一定意义上正是雅典的伟大之处"，并且他为希腊人辩解道："他们削减了自己那些纯物质性要求，而扩展自己的精神世界。如果说他们看不到自己身旁那些污秽的话，那是因为有更美好的事物吸引了他们的眼睛，愉悦了他们的耳朵。"[①]这种说法不无道理，否则无法解释雅典人为何能够建造卫城这样举世无双的大型公共设施。但是这似乎也表明，相对孱弱的公共权力在面对事关城市长远利益的大规模基础设施建设问题时，显得缺乏必要的执行能力。雅典的这场厄运在某种程度上暴露出了其城市建设上的缺陷。虽然瘟疫的原因来自多方面，但可以肯定的是：落后的城市公共设施和居住环境加剧了疫情的恶化。

2）民主的危机

"长期的城市活动要求委以相应长期的权力，否则不足以完成一些长期计划。"[②]在雅典的民主政治环境下，执政者在施政中必须考虑群众的喜好，而及时满足这种喜好，则能够获得最大的民众支持和拥戴。伯里克利大量兴建了神庙、剧院、雕塑等重要的建筑物和公共设施，这样的建设迎合了普通公众对于神圣崇拜的需求，满足了当时人们自我欣赏和陶醉的欲望。而在当时看来，重视眼前的政治利益，而有意无意地漠视并回避了事关城市长远利益的建设行为——尽管这样的建设为后世留下了难以超越的经典。如果卫城能够成为雅典和伯里克利的纪念碑，谁又会在乎费力不讨好的路面和下水道呢？

崇尚理性的柏拉图对这种混乱的状况，显然是无法忍受的。事实上柏拉图对于整个雅典的民主制度已经产生了巨大的动摇和强烈的反感。这种不满一方面来自伯罗奔尼撒战争中雅典的失败；另一方面，柏拉图的老师苏格拉底直接死于民主政治的审判。如果说前一种原因还只是对民主政体的效率产生了怀疑，那么苏格拉底之死则彻底地让柏拉图对雅典和普通大众失望。他认为大众无法超越个人的眼前利益而达到对真理的认知，而这种基于大众的民主制所做出的决定是与

---

① 刘易斯·芒福德. 城市发展史：起源、演变和前景[M]. 刘俊岭，倪文彦，译. 北京：中国建筑工业出版社，2005：137.

② 刘易斯·芒福德. 城市发展史：起源、演变和前景[M]. 刘俊岭，倪文彦，译. 北京：中国建筑工业出版社，2005：168.

理性原则不相符的。亚里士多德在这一问题上与他的老师保持了一致,他认为直接民主无异于暴民统治。

柏拉图在"理想国"中把人分为四等:护国者、哲学家、士兵和普通群众。根据神话,这种等级划分是神用金、银、铜、铁四种金属创造出来的。柏拉图在《法律篇》中描绘的城市在某种程度上是一个几何学的作品:"城市中心是卫城,并在其周围建起一圈城墙,城市其他部分从这一中心呈辐射状分布,并进一步细分为若干地块并相互取平,占好地的面积稍小一些,占次地的面积稍大一些。全城共含 5 040 个地块,居民 5 040 人。城市中心的庙宇应摆放在广场四周,整个城市则应建在城邦圆周中心的高地上,以利防守和清洁,城市中心还布置有体育场、剧场和讲习地等。"

柏拉图对于理性的追求是人类对于自身能力的一次系统性认识。这种理性的思辨,为此后的哲学发展奠定了基础。希腊先贤们的这些思想无意中为其后连绵不绝的精英政治提供了理论基础,也是城市空间发展的"自上而下"思维的最早理论化成果,城市规划中的理性主义传统也由此而生。

3.2.4 理性的实践

在西方城市建设史中,希波丹姆(Hippodamus)被誉为"城市规划之父",他开创的米利都城(Miletus)的重建规划被认为是理性城市思维最早,也是最具代表性的系统化实践。在古代西方世界城市化大发展的年代,希波丹姆式的规划成为一种主要的城市建设模式。如果城市规划具有某种特有的属性,那么它当然也存在于这种最早的实践中。

1) 米利都与雅典的选择

理性城市的思维得以在米利都进行完整的实践,并非偶然。

有这样一个事实值得关注,那就是米利都和雅典在希波战争中都受到了严重的损坏——公元前 494 年,波斯人将米利都夷为了平地;而雅典在希波战争中则两次遭到了破坏:第一次是在公元前 480 年,由国王薛西斯(Xerxes)亲自率领的波斯军队攻占了卫城,经过一番劫掠后,把整个卫城放火烧掉了。第二次是在公元前 479 年,马尔多纽斯(Mardonius)统帅的波斯军队再一次攻入了雅典,"在撤退之前,他首先把雅典用火点着,并且把还留在那里的任何城壁或家宅或神殿完全摧毁破坏。"①而当两个城市面临战后重建时,他们却选择了不同的方式:米利都选择了全新的正交方格网系统,而雅典却按照传统的方式开始对卫城进行修复。那么,是什么原因导致了两个城市选择了截然不同的方式来重建城市呢?

雅典在被攻陷时,留给波斯人的是一座空城。雅典人采取了放弃城池的策略,将全体公民暂时撤离到了安全的地方,扑空的波斯人在盛怒之下将城市付之一炬。米利都遭到的破坏则更为彻底。波斯大军不仅把米利都破坏殆尽,而且屠杀并驱逐了原有的居民。希罗多德记载道:"他们的大部分男子都给留着长发的波斯人杀死了,他们的妇女和小孩子也被变成了奴隶……在这之后,米利都人作为俘虏便被押解到苏撒去了。"②米利都城遭到的破坏程度由此可见一斑。

也就是说,同样是城市受到了破坏,但雅典仅仅是损失了城市的物质形态,其社会和经济结构

---

① 希罗多德. 历史[M]. 王敦书,译. 北京:商务印书馆,1959:627.
② 希罗多德. 历史[M]. 王敦书,译. 北京:商务印书馆,1959:409-410.

都得到了保存,而米利都的物质形态和社会结构都遭到了彻底的破坏。这一点在战后重建时得到了充分的反映——雅典的重建仍然受到了原有社会和经济关系的制约,而米利都城的规划相当于在一片空地上进行建设(见图 3-9、图 3-10)。米利都的摧毁对于城市而言,是一场彻底的悲剧,但却给了理想城市一个实践的绝好机会。在原有的物质结构和社会结构都不复存在的背景下,米利都的战后重建更类似于建设一个新城。这样,殖民地建设的经验和模式就有了用武之地。也正是在这一片废墟上,哲学家头脑中酝酿已久的理想城市开始变为现实。因此,这样的规划往往能够清晰地反映规划者和决策者的意图。

重建后的米利都与自发形成的传统希腊城市相比,表现出一种全新的空间格局。城市路网采用棋盘式的正交网格,四周根据地形以不规则的城墙加以环绕。两条主要垂直大街从城市中心通过。由一系列的广场以及公共建筑所形成的城市中心呈"L"形,沟通联系了西北角的两个港湾。城市中心的功能包括宗教、商业和其他主要的公共建筑。从规划中可以看出,集会广场处于城市的中心位置,这与其在社会生活中的重要地位是相一致的。南北两个广场是规整的长方形,与以往广场不规则的形态相比,呈现出一种崭新的风貌(见图 3-11)。而住宅区则形根据工匠、农民和公职人员的阶层划分,形成了三个较为明显的分区。最大的住宅街区仅为 100 英尺×175 英尺(1 英尺=0.304 8 米),约合 30 米×52 米。

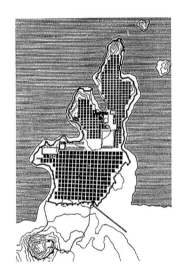

图 3-9 米利都城平面图,公元前 5 世纪波斯战争后由希波丹姆规划(一)
图片来源:贝纳沃罗.世界城市史[M].薛钟灵,译.北京:科学出版社,2000.

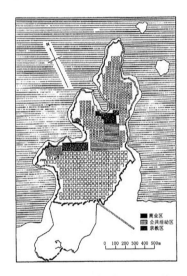

图 3-10 米利都城平面图,公元前 5 世纪波斯战争后由希波丹姆规划(二)
图片来源:贝纳沃罗.世界城市史[M].薛钟灵,译.北京:科学出版社,2000.

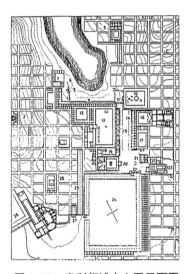

图 3-11 米利都城中心区平面图
图片来源:沈玉麟.外国城市建设史[M].北京:中国建筑工业出版社,2005.

理性城市整洁有序的街道和规整的城市空间,一扫原本杂乱无章的城市面貌。而其在建设中所体现的高效率,更是得到了人们的认可。因此,伯里克利时期的雅典也接受了这种方式,聘请希波丹姆对比雷埃夫斯(Piraeus)进行了规划(见图 3-12)。比雷埃夫斯的规划能够得以实现,大概出于以下原因:一方面,直到希波战争之前,米利都仍然是领一时风气之先的文化中心,而雅典所在的阿提卡地区则相对较为保守。希腊本土的城市多为自发形成,而雅典并没有殖民的传统,缺乏快速兴建城市的经验,所以也没有发展出一种规划城市的技术方法。因此在当时看来,方格网式的城市布局被认为是一种先进的规划方式。而另一方面,比雷埃夫斯是一个用于商业和军事目的的港口,主要面向外邦移民、商贩和士兵,没有雅典城内那些复杂的社会关系所带来的制约,因此有条件进行整体的系统化建设。此外,还有一个重要的因素就是,当时伯里克利的声望正处于如日中天的地位,掌握着实际的城邦权力,以至于他经常会被人攻击成一个专制的"独裁者"。修昔底德对这位领袖评价道:"他能够尊重人民的自由,同时又能够控制他们。是他领导他们,而不是他们领导他。……所以虽然雅典在名义上是民主政治,但事实上权力是在第一个公民手中。"[①]这种政治状况,实际上成为规划得以实施的重要保障。

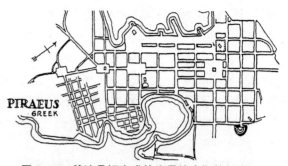

图 3-12　希波丹姆完成的比雷埃夫斯的规划

图片来源:Werner H, Elbert P. The American Vitruvius: an architectures' handbook of civic art [M]. New York: Princeton Architecture Press, 1988.

2) 希腊化时代的应用和传播

伯罗奔尼撒战争结束之后,希腊的城邦制度逐渐瓦解。马其顿帝国的兴起使希腊半岛获得了统一,并由此进入了"希腊化"时期。亚历山大大帝的东征西讨使欧亚大陆出现了一个强大统一的帝国,并且在这一过程中,希腊的文明成果也通过大量的城市建设散布到了整个地中海和小亚细亚地区。强大而集中的权力,以及殖民化的建设需求,使希波丹姆式规划有了大规模实践传播的机会。普南城(Priene)就是这样一个具有代表性的案例。普南城背山面水,建在四个不同高程的宽阔台地上。城内有 7 条 7.5 米宽的东西向街道,与之垂直相交的有 15 条宽 3～4 米的南北向台阶式步行街。市中心广场居于显著位置,是商业、政治活动中心。广场东、西、南三面都有敞廊,廊后为店铺和庙宇。广场北面是 125 米长的主敞廊。全城约有 80 个街坊,街坊面积很小,每个街坊约有 4～5 座住房。全城可供 4 000 人居住。尽管普南城在地形上受到自然条件的制约,存在很大的高差,但仍然采用了方格网式的城市布局形态(见图 3-13)。

图 3-13　普南城平面图

图片来源:沈玉麟. 外国城市建设史[M]. 北京:中国建筑工业出版社,2005.

继承了马其顿帝国衣钵的罗马帝国更是推广了这种设计方法。在希腊世界衰落以后的数个世纪中,地中海沿岸的城市化水平在罗马帝国时期得到了快速的发展。希腊化时代的美学秩序,对其后的城市设计产生了巨大的影响,开创了理性主义城市思维的先河。精准、严格的空间秩序的产生,使这一时期的城市充满了"现代"的意味。值得强调的是,理性主义的城市思维在权力分散的雅典是缺乏实施机会的,只有权力的扩大和集中才能为"理性的城市"创造产生的条件。这一点在雅典的殖民领地和希腊化时期的城市建设中都得到了证明。对此,芒福德敏锐地提出:"这种美学秩序,我们最初曾在古埃及神庙前仪仗队经过的道路上见到过,以后还会在 17 世纪的欧洲再次发现,而这种美学秩序竟然在历史上与专制君

---

①　修昔底德. 伯罗奔尼撒战争史[M]. 谢德风,译. 北京:商务印书馆,1960:170.

主制度和大规模的官僚监督同时存在,这是偶然吗?"①如果说权力在某种程度上体现为一种实现意图的能力,那么在希腊化时期,这种能力得到了充分的发挥。头脑中想象的城市,能够在现实中不折不扣地得到实现,并且体现了极高的效率。对于统治者而言,还有什么能比这样的结果更令人满意吗?

理性城市的实践也是新兴的知识阶层的胜利。希腊先贤们关于理性城市的思想,无意中为其后连绵不绝的精英政治提供了理论基础,也是城市空间发展的"自上而下"思维的最早理论化成果。自此,理性有序的城市形态与集中强大的社会权力就形成了一种稳定的共生关系。马其顿帝国的殖民城市、罗马的营寨城以及17世纪的巴洛克城市就充分地证明了这一点。雅典城市中灵活、随机、自由的空间特色,在希腊化以后的城市空间发展中逐渐丧失了。这种规划思想上的转变,是社会思想变化的组成部分,也是社会结构本身发展的必然结果。

3.3　统治与颂扬——罗马帝国时期的社会结构与城市空间

1818年,诗人拜伦来到了罗马,对着满眼的残垣断壁,他感慨道:"请看这昔日帝国的心脏,伟大已经逝去!"爱德华·吉本显然也具有同样的想法,正是在罗马的废墟上,吉本萌发了他的兴亡之叹:"我踏上罗马广场的废墟,走过每一块值得怀念的——罗慕洛站立过的,西塞罗演讲过的,恺撒倒下去的——地方,这些景象顷刻间都来到眼前。"如果城市的遗存仍然能够唤起对伟大时代的追忆,那么有理由相信这些石头堆成的城市空间蕴藏着某种信息,这种信息以一种直观的方式表达着城市曾经拥有的光荣和辉煌。这个时代正是西方历史上政治统一、权力空前集中的时期。难怪文艺复兴晚期的意大利思想家乔万尼·波特罗(Giovanni Botero)会认为"使一个城市人口富庶和强大的最好方式乃是拥有至高的权威和权力;那将引起对它的从属,从属则集合,集合则强大。"②

3.3.1　权威的树立

1) 世俗权力的集中

罗马早期的伊特鲁里亚时期,也被称为王政时代,国王拥有绝对的权力。他是大立法官、军队的首领、大法官和大祭祀长,只有贵族组成的元老院和公民大会能对国王具有一定约束力。此后,罗马人废除了君主政体,建立了共和政体。两名由贵族担当的执政官掌握最高权力,任期一年,由选举产生。由于相对较短的执政时间和较为严格的权力制衡,执政官的行政权力受到了较大的限制。这样,共和时期的罗马执政官们往往趋向于谨慎和保守,贵族成为社会的实际统治者。在共和时代,平民和贵族之间的冲突连续不断。执政官盖尤斯·马略和独裁官科内利乌斯·苏拉之间的对立,直接动摇了共和的基础。公元前46年,恺撒成为终身执政官,并被授予统治国家的绝对权力,可以不受法律和宪法的约束。至此,罗马的共和政体已经名存实亡了。

亚克兴海战之后,屋大维击败了安东尼成为罗马的唯一主宰,后来逐渐取得了实质上的君主地位,被尊为"奥古斯都",即威严的或最高的。奥古斯都不仅仅把持了执政官的行政权力,还身兼

---

① 刘易斯·芒福德. 城市发展史:起源、演变和前景[M]. 刘俊岭,倪文彦,译. 北京:中国建筑工业出版社,2005:211.

② G. 波特若. 论城市伟大至尊之因由[M]. 刘晨光,译. 上海:华东师范大学出版社,2006:57.

最高祭司长和监察官,这意味着原本独立的宗教权力和经济监察权力已经完全集中于一人之手了。尽管"奥古斯都"名义上仍然需要由元老院选举出来,但此时的元老院已经成为傀儡,帝国的继承人是皇帝生前就指定下的。因此,尽管保留了共和的体制,罗马实际上已经是君主政体,并由此进入了帝国时代。

2) 宗教势力的衰落

与此同时,宗教的约束力和影响力也被大大削弱了。一方面,祭司阶层往往只是帝王的傀儡,其政治上的权力显得微不足道。这与埃及神权和王权两者共存甚至对立的情况是完全不同的。另一方面,罗马是世俗的。与希腊人注重的精神追求不同,罗马人更关心现实的物质利益。在特定的政治背景之下,追逐感官享受和肉体放纵但又缺乏信仰,对于帝国的统治者而言,显然是无害的。

就城市形态而言,罗马城最初是建立在宗教规则的基础之上的,其原始的轮廓和布局都渗透着各种神秘的宗教化元素。但在强大的世俗权力面前,宗教对城市形态所起到的影响开始日渐无力。宗教建筑在城市中所占据的主导地位发生了改变——不仅在地位上逊色于以帝王命名的广场,并且在规模上远远小于斗兽场、浴场等世俗建筑。宗教建筑的神圣地位也受到了削弱,在罗马的内战时期,为了达到特定的政治或军事目的,神庙被罗马人自己毫无顾忌地破坏和摧毁了。[1]

权力的高度统一和集中,扫除了来自内部的权力挑战,构成了罗马帝国政治上的显著特征。这种权力结构,与其说这是罗马的原创,不如说是继承了希腊化时代马其顿帝国的政治遗产。在马其顿帝国迅速崩溃之后,罗马填补了地中海沿岸权力的真空,通过漫长的调适抛弃了共和体制,并建立起了帝国。这种社会权力结构的形成,使希腊化时代所形成的建筑风格和城市建设思想,在罗马得到了继承和发扬。罗马帝国的城市与希腊化时代的城市,无论在其发展过程还是形态演变上,都体现出了许多相似的特征。但这种继承只是一种表面上的结果,而非结构性的原因。采取相似城市建设思想的原因,除了历史的传承,更重要的乃是来自政治和社会结构上的相似性。

3.3.2 城市的发展

进入帝国时代的罗马开始了快速的城市化过程。大规模的城市建设始于共和末期,当时的罗马通过战争和征服已经积累了足够的资源和财力,并且执政官的个人权威已经屡屡凌驾于元老院之上了。奥古斯都以后,城市化运动得到了皇帝们的全力支持,开始大大加速。城市建设的热潮随着帝国的强盛和扩张一直持续到了"五贤帝"[2]的末期。自公元3世纪,随着帝国的危机四起,大规模的城市建设也开始逐渐停滞了。

这一时期是西方世界城市化迅速发展的时期,其影响在广度上涵盖了整个地中海沿岸,而在深度上则几乎延续至今。在罗斯托夫采夫看来,罗马帝国的性质是一种自由的自治城邦的联合团体,而罗马帝国的经济繁荣则是以城市资产者的兴旺为基础的。这就意味着,罗马帝国不管在政治上还是在经济上都具有显著的城市特征,而城市的发展也带有这种政治和经济结构的烙印。总

---

[1] 塔西佗就曾经记载道:"我们的祖先通过相应的占卜仪式作为帝国大权的保证而修建起来的至善至大的朱庇特神殿,连罗马对之投降的波尔塞那以及占领过罗马的高卢人都不敢破坏的这座神殿,却毁在发疯的皇帝们的手中!"参见:塔西佗. 历史[M]. 王以铸,崔妙因,译. 北京:商务印书馆,1981:227.

[2] 五贤帝是在公元96—180年期间统治罗马帝国的五位皇帝,分别为:涅尔瓦(Nerva,96—98),图拉真(Trajan,98—117),哈德良(Hadrian,117—138),安敦尼·庇护(Antoninus Pius,138—161),马可·奥勒留(Marcus Aurelius,161—180)。

体而言,罗马帝国时期的城市发展体现在以下方面。

1) 城市数量显著增长

帝国的创造者奥古斯都是城市化的有力倡导者,在他执政期间,仅在意大利本土就新增了380座城市,而各行省也建立了数量庞大的新城市。此后的数位统治者也追随了这一政策,积极推进各行省的城市化。小亚细亚的以弗所、叙利亚的安条克、埃及的亚历山大、北非的迦太基和高卢的里昂等,当时已发展为人口都在10万人以上的行省首府,其富足和繁荣程度不亚于罗马,而规模稍逊的城市更是不计其数。仅西班牙一处,罗马化以后,重要的城市有40座,次要的城市有293座,高卢约有大小城市1 200座,意大利约有1 197座。① 而据统计,在罗马帝国崩溃的前夜,各类城市已经多达5 600余个。

2) 城市结构基本定型

罗马帝国的早期城市,许多是在其扩张过程中建设的"屯市",主要充当军事据点和防御的功能。新屯市的建立主要是出于政治和军事上的考虑,而其经济上的作用则处于次要的地位。这种军营城市很好地贯彻了简单实用高效的原则,其边界方正,道路垂直正交,呈现出一种标准的棋盘格布局,某种程度上是希波丹姆式规划的简化版本。

图 3-14　罗马时期的提姆加德城(Timgad),继承了希波丹姆的方格网系统,却难以重现希波丹姆的社会理想

图片来源:贝纳沃罗.世界城市史[M].薛钟灵,译.北京:科学出版社,2000.

在罗马帝国的早期城市化运动中,许多新建城市都按照这一原则或者在此基础上进行建设。建于公元100年的北非城市提姆加德(Timgad)就是其中最具代表性的一个。这座城市原本只是奥古斯都在北非的一个军事据点,后来奉图拉真皇帝之命开始兴建。提姆加德以完整方正的防御性城墙作为其边界,整个城市采取正交的道路系统,主要干道将城市分为4个区域,共计144个街区。每个街区呈标准的正方形,边长约355米,部分街区被公共建筑物占据。城市的公共设施配套完善,广场和圆形剧场位于城市的中心,神殿、图书馆和大型浴场一应俱全(见图3-14)。

采取网格式规划的优势是明显的:首先,网格式规划能够适应不同的自然和地理条件,能够广泛地加以应用;其次,网格式规划简洁、高效、清晰,能够满足快速的大规模建设需要;此外,网格式规划配合以轴线系统和透视手法,适合营造宏伟壮丽的城市景观以表现帝王的权力和帝国的气势,符合统治者对于秩序和英雄感的追求。因此,罗马帝国重要的军事据点,行省和其他行政区的首府大多采用了这种标准的网格式规划。"只要走马观花地看一看意大利所有的城市遗址,特别是意大利北部和中部的城市遗址,就能看出其中大多数城市都是在奥古斯都时代基本定型的,那些最美丽、最适用的建筑物都是在这个时代修建的"。②

3) 基础设施逐步完善

罗马的政治基础在于其城市的居民,因此历代帝王对于城市基础设施的建设可以说是不遗余

---

① 爱德华·吉本.罗马帝国衰亡史[M].黄宜思,黄雨石,译.北京:商务印书馆,1997.

② M. 罗斯托夫采夫.罗马帝国社会经济史[M].马雍,厉以宁,译.北京:商务印书馆,1985:91.

力的。几乎所有伟大的工程都建造于这一时期,包括道路、给排水系统、广场、浴场、神庙、纪念物等公共设施。基础设施和公共建筑不论在完备程度还是在规模上,都达到了前所未有的高度。

基础设施的兴建并不仅限于城市的内部,作为一个新兴的大一统国家,遍布全国的道路和驿站显然更具战略意义并且更为浩大。交通系统不仅仅是对广袤领土进行军事控制的保障,也是帝国对于地方进行政治控制的工具,而这些恰恰是统一帝国赖以存在的基础。因此,无论在罗马帝国还是古代中国,或者是阿巴斯哈里发帝国,新兴的统一帝国都把建设道路和驿站作为头等大事。完善的道路系统成为罗马帝国政治统一的标志,而"条条大路通罗马"这句谚语,生动地表现了罗马对于整个帝国的领导和核心地位。

3.3.3 繁荣的动因

帝国时期的罗马城市的快速发展来源于多方面的因素。例如,技术上的进步对于城市化所具有的显著作用。[①] 但技术进步只是提供了城市化实现的可能,与社会因素相比,技术因素仍然处于一个相对附属的位置,罗马城市化的真正动力来自帝国政治经济结构的内在需求。

1)政治上的推动扶持

罗马的城市化运动是在皇帝们有意识的推动下进行的,其目的在于通过建立新的城市,加强罗马公民和城市居民的权利,以扩大帝国的统治基础。奥古斯都对于行省政策的新特点就是"对希腊化时代某些统治者所首倡的一种运动(即城市化)予以新的动力,那种运动的目的是要把不归城市管辖的地区迅速地改变成正式的城邦。……在这些新城市里,领导阶级当然是有钱的公民,他们是罗马制度的坚强支持者。"[②]此后的皇帝们也不遗余力地推行城市化运动,努力将城市塑造为文明进步生活的中心,并开始把公民资格授予那些城市居民。军队作为帝国的基石,其兵源来自于城市中的上层阶级,他们将是帝国制度最有力的捍卫者。因此,城市化运动是"皇帝们精心筹划出严整的制度并投付大量资金来支持"的结果,带有鲜明的政治色彩。

而大规模城市基础设施建设的动机很大程度上也是政治化的,因为这样的建设在经济上几乎是无利可图的。这种政治动机具有这样的考量:一方面,城市基础设施建设是在文化上进行"罗马化"的必要措施。无论在北非还是高卢,代表罗马生活方式的浴场、剧院、斗兽场都成为城市的标准配置,这使曾经的"蛮族"也得到了罗马文化的洗礼。就帝国的统治而言,这种影响的意义将会比武力征服更为深远持久。另一方面则是一种笼络城市居民的手段。生活在城市的元老、公民、市民、退役军人是帝国的基础,完善的公共设施满足了他们近乎奢华的需求,并赢得了他们对统治者的忠诚和赞颂以及对帝国的自豪之情。事实证明这种笼络是极其有效的,罗马的民众热情地讴歌城市生活的美好和富足,即便在罗马帝国行将崩溃之际,这种昔日的辉煌仍然被人们时时怀念。

2)工商业的快速发展

城市化发展的产业动力主要来自工商业的繁荣,因为单纯的农业经济是很难支撑大量消费型

---

① 技术上的进步体现在:首先,罗马人对几何学和土地丈量技术的成熟以及在希腊化时代日渐成熟的希波丹姆式规划,成为罗马人精确分割土地和进行形成建设的工具,这也是规整方正的罗马格网城市得以产生的历史渊源。其次,对于工程技术的精通,使大规模的道路、桥梁、输水管道建设成了可能。交通和资源条件的改善无疑为城市化的发展提供了必要的保障。此外,混凝土技术和拱券技术的发展,则使公共建筑物具有了令人震撼的规模和尺度。

② M. 罗斯托夫采夫. 罗马帝国社会经济史[M]. 马雍,厉以宁,译. 北京:商务印书馆,1985:79-80.

的城市的。在自给自足的农业社会,由于缺乏工商业发展的需求和动力,城市往往更多地充当了政治性的统治中心,难以出现数量上和内涵上的重大提升。就罗马帝国时期城市快速发展和繁荣的情况来看,商业和手工业已经在帝国的经济结构中占据了举足轻重的位置。统一帝国的建立,带来的是和平的局面和便利的交通。帝国领土广袤而资源分布又不均衡——意大利本土手工业发达而粮食无法自给,埃及是传统的谷物产区,西班牙、希腊、小亚细亚诸行省出产葡萄酒、橄榄油、陶器等优质产品,需要通过大量的贸易进行资源的合理配置。这样,成为帝国内湖的地中海和纵横四方的罗马大道就形成了一张交错密布的贸易网。随着城市数量的增长,新的交易市场也陆续开辟,这些因素使商业活动迅速繁荣起来。

虽然以绝对数量衡量,工商业在经济中占据的比例仍然小于农业,但以其在经济结构中的重要程度而言,罗马的工商业几乎已经冠绝古代社会了。工商业在产业结构中的重要位置,是罗马帝国初期最为显著的经济特征,也是城市化赖以推进和维持的经济动力。而此后罗马城市的衰落,从经济角度来说也是工商业衰落的直接结果。"古代社会逐渐返回到非常原始的经济生活方式,几乎返回到一种纯粹的'家庭经济'。创造和维持高级经济生活方式的城市逐渐凋零了,其中大多数城市几乎不再存在于地球上了。"①

3) 权力结构的微妙平衡

城市化快速发展阶段罗马帝国的权力结构呈现出一种集中与分散相结合的微妙平衡。统一帝国带来了和平稳定的政治局面,这是罗马城市化发展的重要前提和保证。强有力的中央政府使道路、驿站等公共设施得以完善,创造了城市化发展的良好条件。

在罗马帝国的早期阶段,中央政府并不干涉地方行省的经济生活,其政治控制虽然是直接的,但也是温和的。行省总督作为中央派驻地方的代表,尽管拥有军事、司法等很大的权力,但是多数城市仍然按照自治的原则,由当地元老们构成的市政当局维持日常的运营。帝国初期,奥古斯都奉行了休养生息的经济政策,中央政府的经常性财税保持在一个相对较低的水平上。随着商业的发展,地方经济日趋繁荣,也形成了一大批富有的城市居民。罗马城市中主要的公共建筑以及日常的维护,主要的资金来自地方,其中很大一部分资金来自当地富豪的慷慨捐助。这种捐助并非出自一时的头脑发热,而在很大程度上形成了一种社会风尚和共识。吉本写道:"如果说帝王们是建造他们所统辖地区的第一批建筑师,他们可绝不是仅有的建筑师。在他们做出榜样之后,很快他们的重要臣民全都会起而效法,这些人好不畏缩地向世界宣布,他们有魄力能够构思出,也有足够的财力完成世上最崇高的事业。……罗马和各省的富有的元老们全认为这样来装点和美化自己的时代和国家简直是自己不可推卸的责任;这种社会风尚的影响经常可以补偿鉴赏力或慷慨方面的不足。"②

这些富豪的财富主要来自商业、贸易以及土地收益,他们是新兴的城市资产者,也是帝国组织构架和城市化运动的直接受益者,因此他们会心甘情愿地支持城市的建设和繁荣。在中央和地方的一致努力下,罗马帝国初期的城市化取得了快速的发展。因此,在罗马帝国早期快速城市化的背后,实际体现出一种政治上相对集权,而经济上相对自主的结构特征。

3.3.4　权力的表现

彰显功绩、表达权力是罗马建筑以及城市空间的重要功能之一。维特鲁维在《建筑十书》的开

---

①　M. 罗斯托夫采夫. 罗马帝国社会经济史[M]. 马雍,厉以宁,译. 北京:商务印书馆,1985:723.

②　爱德华·吉本. 罗马帝国衰亡史[M]. 黄宜思,黄雨石,译. 北京:商务印书馆,1997:43.

篇就明确地指出了罗马的城市空间所带有的政治含义:"陛下不仅对于公共生活和国家政治制度予以各方面的垂注,而且对于公共建筑物的适用性也予以关怀,其结果是由于陛下的威力不仅国家合并了各邦而扩大起来,而且还通过公共建筑物的庄严超绝显示了伟大的权力。"①这段话固然是对奥古斯都的奉承,却也清楚地揭示了统治者对于城市空间的真实意图——他们显然认为,庞大的建筑体量能够为巩固帝国的统治产生更为持久的效应。因此,罗马城市空间上具有明显的政治表达,这种表现在具体的形态上也有所反映。

图 3-15　古罗马斗兽场
图片来源:自摄

图 3-16　古罗马卡拉卡拉浴场
图片来源:自摄

1) 公共建筑的规模尺度不断扩大

罗马通过扩张和侵略积累了大量财富与资源,对希腊的征服使它吸收了先进的希腊建筑文化。公共建筑,如剧场、竞技场、浴场、巴西利卡等十分活跃。奥古斯都本人以极大的热情赞助艺术、雕塑和建筑活动,在他执政期间完成了为数众多的神庙以及广场等大型建筑项目(见图 3-15、图 3-16)。因此他时常吹嘘自己"接受下来的是一座砖城,而交出的是一座大理石的城市。"②公共建筑物的尺寸是惊人的。③ 与此前相比,所有的公共建筑在罗马都有大型化的趋向,其规模宏大,装饰华丽,处处显示出帝国的强大实力。芒福德曾不无讽刺地评论道:"民主国家在花钱建造公用设施方面常表现得过于吝啬,因为它的公民们感到钱是他们自己的。君主国和专制国家则比较慷慨,因为它们可以随意去掏其他民族的腰包。"④

值得一提的是,在大规模建设公共建筑的过程中,原本自然发展的老城区就成为最大的发展阻碍。公元 64 年,罗马发生大火,几乎大半个城市被焚毁。在贫民区烧毁以后,尼禄皇帝在受灾的原址上建造起了规模宏大的金宫(Domus Aurea),占地面积将近 130 公顷,建筑总面积达到了惊人的 80 万平方米。根据当时的传言以及部分历史学家的说法,尼禄就是这次火灾的元凶。因为受灾的区域多数是凌乱贫民区,而皇帝纵火的目的是为建造自己的宫殿腾出空间。如果这场火灾真的是精心预谋的结果,那么这有可能是一场最早的"城市更新"运动了。其手段虽

---

① 维特鲁维. 建筑十书[M]. 高履泰,译. 北京:知识产权出版社,2004:3.
② 爱德华·吉本. 罗马帝国衰亡史[M]. 黄宜思,黄雨石,译. 北京:商务印书馆,1997:43.
③ 例如著名的大斗兽场最大直径达 188 米,可以容纳 5 万观众观看角斗表演。又如卡拉卡拉浴场,长 375 米,宽 363 米,可以容纳 1 600 人活动。其中最大的温水浴室长 55.8 米,宽 24.1 米,拱顶高达 38.1 米,代表着古代罗马的最高建筑与结构成就。
④ 刘易斯·芒福德. 城市发展史:起源、演变和前景[M]. 刘俊岭,倪文彦,译. 北京:中国建筑工业出版社, 2005.

然极端,但历史表明,自上而下的强力方式在权力集中的社会中始终是推进城市更新的重要手段。

2)公共空间日趋规整化和封闭化

这一点在广场的形式上有较为明显的体现。共和时期的罗马广场尺度较小、围合界面较为自由松散,呈现出一种不规则的形态,具有明显的开放性,也是容纳日常生活的重要空间。典型的例如罗马市中心的集市广场(Forum Romano),整体形态相对灵活自由,呈现出一个不规则的梯形空间。到了帝国时期,广场的性质发生了改变,从日常生活的中心演变成统治者炫耀权力的载体。自恺撒开始,帝王们用自己的名字命名了一系列巴西利卡和帝王广场。轴线和对称手法的大量运用,加之日趋宏大的公共建筑,使这一时期广场的空间形式也逐渐变得规整和封闭。恺撒、奥古斯都、尼禄、图拉真等皇帝陆续建造了一系列的大型广场,构成了完整的帝王广场群。这些广场无一例外,都采用了明确的轴线以构成对称的空间形式,并通过建筑物和柱廊的围合,形成封闭完整的空间。

这种明显的几何特征所表现的自上而下的空间控制,在此前自由灵活的希腊广场原形中是不存在的。严格而又精确的空间秩序,完美地符合了统治者想要表达的威严与权力。

3)特定类型的纪念空间不断出现

"为艺术而艺术通常不是罗马人的风格。罗马的建筑和其他艺术带有露骨的宣传目的和鲜明的政治内涵。"[1]兴起于罗马帝国时期的凯旋门、纪功柱和以皇帝名字命名的广场就是这种纯粹显示权力的标志物。凯旋门用以纪念帝国重要战役的胜利,其中著名的有君士坦丁凯旋门、提图斯凯旋门等。记功柱则以浅浮雕形式铺陈了一幅表现征战全过程的画面,建于114年的图拉真记功柱,高达27米,长达200多米的浮雕表现了图拉真皇帝对达西亚人的战争活动。

如果说权力在完成一个政治理想的过程中会起到有益的推进作用,那么权力在超出合理范围之外的自我宣泄和满足则往往被人诟病。在罗马的城市建设中,城镇建设、道路驿站、给排水系统属于前者的典型,其建设的出发点是立足于社会的总体和长远利益的;而帝王广场、凯旋门、纪功柱这些具有明显纪念性质的建筑物则显然属于后者。诚如汉娜·阿伦特所言,"权力变成政治行动的本质和政治思想的中心,是因为离开了它应该为之服务的政治社群。"

3.3.5 罗马的病症

1)思想上过于注重实用的功利主义

罗马帝国集中而强大的权力有力地推动了城市化和城市空间的发展,其工程技术的成熟和公共设施的完善受到了人们的一致赞叹,这一点是无可置疑的成就。但罗马人只是借用了希腊的建筑和城市建设思想,是发扬光大和集大成者,却并未创造新的思想和风格。罗马在物质上的极大丰富对应的是精神上的极大贫乏,罗马的哲学不注重抽象的思辨,而关注现世的命运。专制的统治,则使思想文化和艺术方面的创作进一步受到了压抑。"长时期的和平和单一的罗马人的统治慢慢向帝国的活力中注入了隐蔽的毒素。人的头脑渐渐都降到了同一水平,天才的火花渐次熄灭……柏拉图和亚里士多德,芝诺和伊壁鸠鲁的权威依然统治着各个学院;他们的那些体系,带着盲目的敬意,由一代代门徒传授下来,阻止了一切更大地发挥人的思维能力,进一步开阔人的头脑的

① 马克垚.世界文明史(上册)[M].北京:北京大学出版社,2004:289.

大胆尝试。"①

不管是与此前的希腊相比,还是与此后的中世纪相比,罗马的精神追求和宗教情结都是最薄弱的。神的影响尽管仍然存在,但世俗化的罗马人更关心现实的物质利益,信仰只是名义上的存在。统治者对市民阶层刻意的笼络,使城市居民蜕变成了无所事事的寄生者。在这种情况下,罗马的城市生活日益奢侈和堕落,其精神和活力也日益腐化损减。光鲜亮丽的公共建筑物,成了这一切的最后一块遮羞布。"正是在罗马城,在它那些宏伟的公共建筑物中,罗马帝国吃力地对付着它所集中起来的大量民众,并给它其他方面的腐败堕落的大众文化加上一层合适的城市伪装,以便反映出帝国的堂皇富丽。"②在这种背景下,倡导克制、约束的基督教在罗马帝国后期成功地统治了人们的思想,而中世纪的禁欲主义正是直接根源于罗马时代的放纵和腐化。

2) 经济上超越生产力发展水平的城市化运动

由于罗马的城市化运动带有明显的自上而下的政治特征,在某种程度上也成了一种超越生产力发展水平的城市化进程。尽管工商业等经济因素也随着城市的发展而繁荣,并促进了城市的进一步发展,但是这种因素始终处于一种相对次要的位置。罗马城市更多地体现出一种消费性特征,而不是生产性特征,需要依附于以农业为基础的广大乡村才能够得以存在,具有明显的寄生性。

罗马城市化的政治意图之一就是推行"罗马化"的生活方式,因此竞技场、剧场、浴室等大量的公共设施已经成为其他城市的标准配置。然而,这种政治动机在实现的过程中并没有完全地受到理性的支配。在实行的过程中,越来越多地掺杂了君主和地方富豪们好大喜功的表现欲,因此盲目追求奢华而罔顾实际需求的建设风气开始盛行。罗马城由于帝都的原因,能够获取更多的资源和财富,以支撑庞大的公共建筑群并维持奢华的生活方式,而其他城市显然难以具备同样的经济来源。数目繁多、富丽堂皇的公共建筑物,就当时的社会生产条件和普通民众的日常生活而论,已经远远超出了合理的范围。因此,罗斯托夫采夫指出:"如果我们从罗马的经济生活方式以及国民的购买力着眼,我们的确可以说罗马帝国的城市化已经过分了一些。"③当经济稳定发展时,城市尚能够通过商业的兴旺和富豪的捐赠得以维持,而一旦经济发展停滞,经济结构和城市生活方式的矛盾就开始变得异常尖锐,城市也就开始走向衰落。

3) 政治上过度集权的统治损害了地方利益

罗马帝国早期的地方自治建立在一个脆弱的经济基础之上,中央政府对地方的慷慨并非是无条件的。当正常的税收无法维持帝国的基本开支时,这种恩惠就会很快被收回。在这种情况下,到了公元2世纪以后,随着帝国的危机四起,财政已经无法维持帝国的必要开支了。中央政府开始征收各种名目的捐税,使地方政府的负担大大加重。为了加强权力的集中和对地方的控制,2世纪以后的皇帝们还致力于建立效忠帝王的官僚体制,以取代地方性的自治机构。其重要的目的之一就是加强经济上的控制,特别是完成苛刻沉重的税收任务。④

---

① 爱德华·吉本. 罗马帝国衰亡史[M]. 黄宜思,黄雨石,译. 北京:商务印书馆,1997:55-56.

② 刘易斯·芒福德. 城市发展史:起源、演变和前景[M]. 刘俊岭,倪文彦,译. 北京:中国建筑工业出版社,2005:229.

③ M. 罗斯托夫采夫. 罗马帝国社会经济史[M]. 马雍,厉以宁,译. 北京:商务印书馆,1985:490.

④ 罗斯托夫采夫指出:"前期帝国的官僚体制固然掌管国家事务,但很少干预城市的事务。……后期罗马帝国并未按照新方式重新恢复它(城市自治),却顺着事态的发展,把城市不是置于中央政府代理人的监督之下,而是置于其直接控制之下,使城市成为国家的奴仆,使他们所承担的职分犹如过去在东方君主国统治时那样,只不过在负责缴税上有所不同罢了。"参见:M. 罗斯托夫采夫. 罗马帝国社会经济史[M]. 马雍,厉以宁,译. 北京:商务印书馆,1985:700.

这种权力的集中化过程,带来的是对地方事务的粗暴干涉和经济上的横征暴敛。政治意志的推行需要以现实的经济基础作为支撑,一旦超出了客观经济条件的允许,政治理想要么无法实现,要么在强制推行的过程中伤害整个系统的健康。原本中央和地方权力集中和分散的微妙平衡被打破了,城市的自治也名存实亡。城市彻底蜕变成一种大一统国家行政组织的低级单元,自希腊时代残存的一些城邦特质,随着官僚制度的推行而逐渐丧失殆尽。其后果是,不仅城市建设由于缺乏必要的资金而逐渐减少,并且城市中的工商业也因为资本不断被掠夺而失去了进一步发展的动力——这对于城市的发展而言显然是进入了一个恶性循环。罗马帝国的城市化运动,至此陷入了长期的停滞状态。

集中化的权力对城市发展而言,是一把双刃剑。在罗马帝国初期,城市化运动的快速推进得益于统治者在政治上强有力的支持,这种支持包括制度化的城市化政策以及中央政府投入的大量资金。帝国初期的城市化贯彻了一种自上而下的政治意志,集中的权力起到了一种良性的推动作用。政治上相对集权而经济上相对自由,是这一阶段社会结构的基本特征。而到了2世纪以后,集权程度不仅在政治和经济两方面都有所加强,过于集中的权力使地方经济因素无法在城市化过程中扮演更为积极的角色,不仅抑制了经济的发展,也成为明显的城市化阻碍因素。罗马帝国的城市化运动及其衰落,充分地表明了一个合理的政治经济结构对于城市化所起到的重要影响。

3.4　世俗与神圣——中世纪时期的社会结构与城市空间

西罗马帝国灭亡后,世俗权力再一次分崩离析,整个西欧社会进入了漫长的中世纪。尽管基督教的组织构架取代了世俗权力的行政结构,但是自上而下的权力对城市的控制已经大大减弱了。随着西欧封建制度的形成,一个不同以往的政治和经济构架逐渐形成,城市的面貌也因此发生了重大的改变。相对于罗马帝国时期城市的严整有序,中世纪的城市普遍表现出一种灵活有机的形态特征。克鲁泡特金(Kropotkin)在《互助论》中指出:"中世纪的城市并不是遵照一个外部立法者的意志,按照某种预先订好的计划组织起来的。每一个城市都是真正自然地成长起来的——永远是各种势力之间的斗争的不断变化的结果,这些势力按照它们相对的力量、斗争的胜算和它们在周围环境中所取得的援助而一再地自行调整。"①

"生长"只是一个形象的比喻。从空间形态的角度看,这种说法表述了一种自由、灵活、有机的形态特征;从社会经济的角度看,"生长"的形态更多地受到了自下而上的经济因素的左右;而从政治权力的角度看,"生长"则表现为各种政治力量通过漫长的博弈和争斗,逐步改造城市空间的历程。

3.4.1　权威的瓦解

与罗马时期统一、集中的政治权力相比,中世纪的权力是分散的。这种权力分散在宏观上体现为大一统国家的分崩离析和政治权威的瓦解。诸侯割据、征战不休的混乱局势贯穿了整个中世纪的历史。而在微观上,各个城市内部也形成了相互牵制甚至对立的政治势力。中世纪的城市,就是在这种权力相互纠缠争斗的条件下发展成型的。尽管中世纪各城市的具体情况千差万别,但总体而言,城市的权力结构可以归纳为以下三种主要力量。

---

① 克鲁泡特金.互助论[M].李平沤,译.北京:商务印书馆,1997:172.

1）教会

第一种力量是以教会为代表的宗教力量。教会是按照原来帝国的行政区来划分教区的,尽管罗马帝国的行政体系已经崩溃,但教会的组织结构却依然保持了完整。因此从组织结构的角度看,教会是罗马帝国的继承者,教会的城市特性实际上体现出的是罗马帝国的统治结构。这种结构可以在教会神职人员的等级上得到充分的体现。教会的统治在理论上更加着重于精神层面的控制,但实际上也夺取了相当大一部分的世俗权力,并行使了一系列的城市行政管理事务(见图3-17)。

图3-17　教会神职人员和世俗官员的对应等级
图片来源:阿诺德·汤因比. 历史研究[M]. 刘北成,郭小凌,译. 上海:上海世纪出版集团,2005.

传统上人们总是倾向于认为中世纪是一个教会把持的专制黑暗年代,但实际上教会的影响力更多地体现在精神文化层面,其对城市的控制力事实上要远远小于罗马帝国后期的官僚体系,城市的自治程度也比此前有了较大的提高。因此,汤因比评论道:"这个教皇为首的基督教共和国的基础是教会的中央集权、统一性同政治多样性、继承性的结合。因为精神力量高于世俗力量是该建制教条的关键之点,这种结合强调了统一的优先性,但又没有剥夺青春期的西方社会所具有的那些自由和灵活的要素,而这种要素正是成长不可缺少的条件。"[1]

2）封建贵族

第二种力量是以封建国王和地方王侯为代表的封建贵族。尽管他们是传统世俗权力的延伸,但由于封建割据的原因,逐渐形成了以土地为依托的等级体系。这种特征与罗马帝国时期的官僚体系是不同,并没有严格的隶属关系。上下间的关系通过私人化的契约加以确认,各级领主享有较大的自主权,因此也是一个相对松散的权力体系。这种松散的关系尽管带来了政治上的混乱和无政府状态,但也在客观上促进了中世纪城市的产生和市民自治制度的发展。封建贵族通常掌握着军事资源,因此往往成为城市的保护者;出于防御的需求,他们也建立了一系列的城堡,这些城堡此后成为部分新兴城市的原形。

地方封建贵族的经济基础是农业经济,其利益在于农村,但它同时也向城市征税,因此形成了中世纪城乡对立的关系。封建贵族在中世纪中后期随着市民力量的崛起逐渐淡出了城市内部的权力舞台,而更多地成了一直制约城市发展的外部力量。

图3-18　携带武器的传统在部分国家延续至今
图片来源:自摄

3）市民阶层

第三种力量是市民阶层及其代表的城市自治组织。这尽管是一支新兴的力量,但代表了整个市民阶层的意志,因此在城市的日程生活中占据了至关重要的地位。其早期形式是城市手工业者和商人为避免竞争、捍卫行业利益以及防止封建势力侵犯而建立的手工业行会和商人公

---

[1]　阿诺德·汤因比. 历史研究[M]. 刘北成,郭小凌,译. 上海:上海世纪出版集团,2005:179.

会。此后,行会和商会的领袖们,以及市民的代表共同组成了城市政府,通过民主政治的方式,协商处理城市事务。

市民阶层在政治上的崛起,使城市也日益成为反封建的堡垒和自由的象征。因为城市原本在封建领主的统治之下,在经济上受到领主的盘剥,所以市民们日益期望王权能够结束封建割据的状态,并给予城市保护。随着城市的不断发展和壮大,市民阶层作为一支政治力量的影响也日渐扩大。君主们则顺应这股潮流,通过给城市颁发特许状的方式,免除城市对领主们的封建义务,使之直接隶属国王。在王权的支持下,城市通过长期的反领主斗争,最终获得了很大程度的自由,获得了行政权、审判权和一定程度上的立法权,甚至市民也获得了自行配备武器的权利(见图3-18),城市也因此成为"自治城市"(Municipality)。西欧中世纪的农奴只要在城市住满一年零一天,就可以摆脱农奴的身份获得自由,因此德国谚语有"城市的空气使人自由"的说法。应该说,中世纪对于西方城市文化中公民社会和自治传统的形成具有很大贡献。从中世纪城市发展的结果来看,中世纪城市的崛起是市民阶层从体制外的政治力量逐渐壮大并取得合法性的过程,也是地方封建势力和宗教势力逐渐式微的过程。

这三股政治力量在长期的争斗中此消彼长,但总体维持在势均力敌的状态,没有任何一支力量能够完成对城市生活的全面控制。相对而言,教会更注重精神领域的控制,封建贵族掌握军事力量,而市民自治组织更关注城市的日常生活,特别是经济上的权利。当然,这只是一个基于权力基础的粗略划分,中世纪城市实际的权力结构更为复杂。例如各等级封建贵族之间的利益并不统一,国王和领主、各级领主之间经常会爆发利益上的冲突。又比如城市自治组织,本身就涵盖了各个不同阶层市民的利益。行会、商会以及逐渐成为"城市贵族"的大商人和金融家之间,发生过大量的利益冲突和斗争(见图3-19)。可以确定的一点是,在中世纪的城市中,自上而下的政治权威彻底瓦解了。而城市空间就在这种多重权力的博弈之下,缓慢地形成了新的形态特征。

图3-19 佛罗伦萨各个行会的徽标
图片来源:贝纳沃罗.世界城市史[M].薛钟灵,译.北京:科学出版社,2000.

3.4.2 城市的兴衰

1) 城市的衰落

中世纪的城市经历了衰败、复兴、繁荣的历程。6—10世纪的欧洲,城市出现了极大的衰退。这种衰退有政治上的原因,也有经济上的原因,而这两者在很大程度上是互为因果的。

一方面,政治上的失败引发了经济上的萧条。随着世俗权力的崩溃,城市失去了统一国家的保护,对外交通系统首当其冲受到了损害。穆斯林对于地中海的控制导致了海上航道的封闭,地方贵族频繁的战乱使城市间的交通受到阻滞。这些因素关闭了对外贸易的大门,引起商业活动的全面衰退。这样,依赖贸易的商业经济逐渐退回到了原始的自然经济,城市经济也因此大受打击。另一方面,经济上的转变也带来了政治权力的转移。经济结构退回到了自然经济模式下,农业的地位就大大提高了。由于世俗权力及其代表的利益在于其封地,因此封建贵族们放弃了城市,倾向于在农村建立其统治的据点。[①]

2)城市的复兴

直到 11 世纪以后,随着海上贸易通路的恢复,工商业和城市才开始逐渐复苏。中世纪城市的起源一直是历史学家们争论不休的问题,各种起源理论层出不穷。这些理论尽管着眼点不同,但都描述并论证了中世纪城市兴起的某种模式。然而,中世纪的欧洲社会是分裂的,各个城市在自然条件、政治势力、经济因素等方面的差异非常显著。英国、法国、意大利、德意志的情况各不相同,因此难以用一种理论概括城市兴起的全貌。尽管如此,这些起源理论总体上仍然可以归为三种类型:第一类理论认为中世纪的城市继承了历史遗产,是在罗马帝国或加洛林王朝的城市基础上发展形成的,这也是比较传统的认识。第二类理论认为中世纪城市是出于防卫需要,从城堡或公社的基础上发展起来的。第三类理论则认为经济结构的改变,特别是贸易和工商业的兴起带来了中世纪城市的兴起。多样化中世纪城市起源理论,从某种程度上描述了一种微观的中世纪城市发展动力机制——一个多元的、互动的、漫长的发展过程。而多元的权力机制必然会产生一种相应的城市发展模式和独特的城市空间形态。因此,中世纪城市的起源问题,实际上可以从另一个角度理解为城市发展和演变的动力机制问题。

而从更为宏观的城市化角度看,中世纪初期城市的衰落直接源于中央权威的崩溃和地方割据势力的壮大。政治上的无政府状态所引发的混乱终结了城市的发展轨迹,这一点与罗马时期因为中央权力过度集中而导致的城市化停滞是不同的。而中世纪中后期城市复苏和繁荣的过程,则对应着王权在市民阶层的支持下日渐强化,地方性封建领主势力随着市民阶层崛起日渐衰微的过程。这表明,一个适当的中央权威对于城市发展的重要作用——过于软弱(如同中世纪初期),或过于集中(如同罗马帝国后期)都将对城市发展带来不利的影响。罗马帝国和中世纪城市快速发展阶段权力结构的共同特点是,这两个阶段都发展出一种既能够维持和平与秩序,又能够充分保障地方经济权力的制度结构。而这种结构,对于城市的发展繁荣是不可或缺的。

3.4.3 有机的形态

尽管中世纪的城市空间在具体的形态上千差万别,但仍然存在某些普遍的结构性特征。

1)完整封闭的城市边界

中世纪城市规模都不大,一般只有数千居民,但都拥有完善的防御性体系。一般来说,这种边界的标志是城墙,但也有许多城市利用天然的河流、峡谷或山体作为防御体系的一部分,从而形成一个封闭的城市轮廓(见图 3-20)。城墙开始的形态还较为简单,但随着火器技术在战争中的普遍

---

① 皮雷纳提到:"对于世俗社会来说,城镇再无丝毫用处。在城镇的周围,大领地自给自足。本身是建立在单纯农业经济基础上的国家,没有理由关心城镇的命运。加洛林王侯们的宫殿不是坐落在城镇,这一点是非常能够说明问题的。这些宫殿无一例外地在乡间、在王朝的领地内。"参见:亨利·皮雷纳.中世纪的城市[M].陈国樑,译.北京:商务印书馆,2006:39.

应用,早先的城墙无法进行有效的防御,因此逐渐发展为具有一个个突出棱堡的城墙形态,并伴有护城河、吊桥等设施用以加强防御。

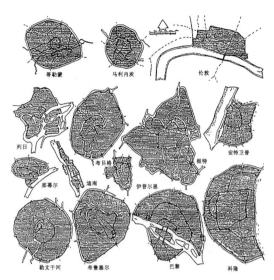

图 3-20 14 个欧洲中世纪城市的平面,均建有环形封闭城墙
图片来源:贝纳沃罗. 世界城市史[M]. 薛钟灵,译. 北京:科学出版社,2000.

这种普遍存在的封闭边界显然具有强烈的政治意义。一方面,明显的边界表现出政治上分裂和对峙的状态。战乱是封建割据时代的直接产物,因此完整的城市防御设施是必不可少的。每座城市都筑有封闭的城墙,严格把守有限的几个入城通道,以抵御随时可能出现的外敌入侵。而另一方面,这种封闭暗示着一种地理上的权力分布状态。中世纪的城市与乡村是分离的,确切地说,市民阶层掌控的城市处于封建领主掌控的乡村包围之中,城市的边界正是这种不同权力的分割线。这表明新兴市民阶层和资产阶级的权利仅限于城市内部。这种权利是在与封建领主的契约中获得的,它无法也无力将城市中酝酿的资本主义生产和生活方式推行到城市以外的空间中去。

城墙的存在也对城市规模构成了一种严格的约束,城市内部日益增长的经济及其带来的扩张冲动因此受到了抑制。许多城市不得不一边推倒旧的城墙一边建立新的城墙,以获取发展的空间。这就使城市出现了类似于年轮式的同心圆形态。然而,只要政治上的对峙仍然持续,阻碍城市发展的城墙就有它存在的必要性。因此当资产阶级在政治上取得胜利之后,城市空间上的首要反映就是冲破这种封闭的界限。

2) 明确显著的城市中心

教堂是中世纪城市中最显赫的建筑物,高耸的教堂尖顶成为城市最明显的标志,在整个城市形态中占据着主导地位,表现出教会在中世纪城市中的权威。广场早期是城市主要的交易市场,承担了重要的经济职能,也是中世纪城市日常生活中的重要场所。中世纪后期,代表市民群体的自治政府开始出现,市政厅一般都位于城市广场的周边,广场也就因此成了市政广场,具有了显著的政治含义。

教堂和广场的中心地位实际上暗示了城市内部的二元权力结构。前者代表了以信仰为基础的教会权力;而后者代表了以商业贸易等经济因素为基础的市民权力。在中世纪的早期,教堂的地位是独一无二的。而在城市自治政府出现以后,市政广场日益成了城市日常生活的中心,市政厅的规模也逐渐扩大,教堂在城市中的统治地位受到了挑战。在意大利的威尼斯、佛罗伦萨等资本主义率先发展的城市共和国,市政厅建立起的高塔在高度上甚至超过了教堂。而在德国和瑞士的许多城市中,市政广场也日益取代了教堂在城市日常生活中的主导地位(见图 3-21 至图 3-23)。这些城市空间上的变化,是中世纪城市权力结构演变的结果,也标志着新兴市民阶层的权力在城市中的崛起。

图 3-21　意大利佛罗伦萨(市政塔楼和教堂在高度上旗鼓相当,体现了中世纪末期社会结构的变化)
图片来源:自摄

图 3-22　瑞士弗莱堡(教堂在城市中占据支配地位)
图片来源:自摄

图 3-23　威尼斯圣马可广场(市政厅钟塔占据支配地位)
图片来源:自摄

3)灵活自由的空间形态

在中世纪城市的权力结构中,缺乏一个具有主导性地位的支配力量,这使自上而下推行城市建设的方式无从实现。而中世纪城市的经济模式和价值导向也使其缺乏内在的增长动力,因此其形态生成也经历了一个相对缓慢的过程。这两方面的因素使城市在形态上出现了一种自由、有机的特征。在典型的中世纪城市中,曲折的道路、延续的街景、错落的各类建筑物共同形成一个和谐的整体。在锡耶纳、弗莱堡等山地城市,道路和建筑充分利用地形,沿等高线进行发展,使城市与自然有机地融为一体。城市中难以找到几何化、图案化的构图原则,这表明中世纪城市并不存在一个预先设定的发展目标,而在很大程度上是一种从需要出发进行建设,并不断地修正以适应需要的发展模式。但城市统一完整的形象又表明这种看似随机、缓慢、复杂的空间发展过程,实际上仍然遵循着一系列内在的原则和价值。

因此,如果仅仅用"自发生长"来概括中世纪城市形态的形成机制,恐怕是远远不够的。因为"自发生长"仅仅描述了一种自下而上的城市发展过程,而中世纪的城市发展仍然是建立在一系列的原则之上的。尽管都属于"自下而上"式的自然生长,相对于 19—20 世纪工业城市蔓延式的扩张,中世纪的城市空间仍然受到了宗教习俗、道德标准等一系列价值因素的制约,属于一个较为健康的生长过程。这种生长的差异类似于正常的肌体和失控的肿瘤,前者能够在自我发展的过程中维持有序,而后者则不顾一切地仅仅以扩张为目的。芒福德就曾经讨论过这样一个问题:"中世纪的城市规划在多大程度上用主观努力去追求整齐和美? 在回答这个问题时,容易把中世纪的美观过多地估计为是自发的,是偶然的巧合,同时,容易忽略当时的学者和手艺工人所受教育中的基本性质,即:严密和系统。中世纪城镇的美的统一不是没有经过努力、斗争、监督和控制而取得的。"①

　　中世纪的城市规划(设计)原则,以及形成这些原则的价值体系和社会结构在中世纪的各个城市中都是相同或相近的。克鲁泡特金就指出:"没有两个城市在内部组织和命运方面是完全相同的。单独来看,每一座城市从一个世纪到另一个世纪也是在变化着的……但是,它们的主要组织方式和促进精神,却都是出自一个极其相同的渊源的。"②这些原则的产生一方面是不同势力相互斗争、协商,最后达到平衡的结果,另一方面在很大程度上来自于宗教信仰及其派生出的一系列道德和美学标准。基督教对于中世纪社会的影响是全方位的,政治、文化、艺术、哲学等各个领域都带有强烈的宗教色彩。经院哲学(Scholasticism)的代表人物托马斯·阿奎那(Thomas Aquinus)几乎将一切知识都纳入他所建立的庞大神学体系之中。

图 3-24　瑞士弗莱堡顺应地形灵
活有机的城市形态(一)
图片来源:自摄

图 3-25　瑞士弗莱堡顺应地形灵
活有机的城市形态(二)
图片来源:自摄

图 3-26　瑞士伯尔尼"自然生长"
的城市形态
图片来源:自摄

　　在基督教的价值体系中,需要用克制、诚实的精神引导来约束人性中骄傲、贪婪的原罪。这种禁欲主义的道德价值是对罗马帝国时期奢侈放纵的直接回应,也是基督教得以成功的重要原因。中世纪的美学难于归纳出一种固定的标准,更多地体现为一种道德伦理。这种基于信仰的伦理渗透到了生活的方方面面,也体现在建筑物和城市的空间上。不管教会的实际行为在此后如何变质,从积极的意义上来说,对上帝拥有虔诚的敬畏之心可以抵御人的私欲过度膨胀而带来的出格之举。至少,罗马城市中宣泄权力的空间和穷奢极侈的铺张,在中世纪的城市中是难以受到认可的。整体一致的和谐取代了夸张突兀的壮丽,成为中世纪城市设计的基本准则(见图 3-24 至图 3-26)。淡化物质生活的同时,对精神生活的追求却不曾停止,城市建设的每个角落都以宗教式的虔诚加

---

　　① 刘易斯·芒福德. 城市发展史:起源、演变和前景[M]. 刘俊岭,倪文彦,译. 北京:中国建筑工业出版社,2005: 331.

　　② 克鲁泡特金. 互助论[M]. 李平沤,译. 北京:商务印书馆,1997: 172.

以精心推敲。"城镇的每一部分,从城墙开始,都是作为一件美术品来制作的。甚至有些宗教建筑物内部不被人们看到的地方,也做得非常精致,好像准备在大庭广众之下供人们参观的一样,因为在这些地方,拉斯金很早以前就指出:至少上帝能看到匠人的虔诚和喜悦。"①

然而,中世纪城市设计的这些原则,如果用"理性"的标准加以评价,多半是无足轻重甚至迂腐的。文艺复兴动摇了这些城市设计原则赖以产生的宗教基础,将其视为束缚人性的陈规戒律。文艺复兴高举着人性的旗帜,将人们从教会日益严酷的统治中解放出来,却不曾注意到它所倡导的"理性精神"正在将人性、有机的中世纪城市带入一种清晰却又苍白的空间形式中去。很快,在这种"理性精神"的指引下,出现了巴洛克时期的辉煌轴线和星形广场,出现了曼哈顿式的标准化网格和摩天大楼,出现了蔓延式扩张的工业和住宅区。而这一切,都是今天所谓"祛魅"的成果,出现在专制愚昧的教会被打倒之后。

3.4.4 理想的城市

文艺复兴时期是西方历史上重要的转型阶段,在思想、艺术等各个文化领域都产生了重要的影响。但值得注意的是,在这一段长达 2～3 个世纪的历史阶段内,并没有形成真正意义上的"文艺复兴式的城市"。文艺复兴时期繁荣的城市,如威尼斯、佛罗伦萨等,就城市空间形态的角度而言,都可以认为是中世纪的城市的延续和发展。芒福德对于文艺复兴时代的评价是精辟的:"在巴洛克组织控制一切以前,有一个新旧混合的过渡时期,这一个时期至今仍不恰当地被称为文艺复兴时期。……严格地说不存在文艺复兴时期的城市,但是存在着一些文艺复兴时期的柱式、空场,它们美化了中世纪城市的建筑物。"②如果从社会结构的角度来解释,这是因为文艺复兴时期城市的政治权力结构并没有出现重大的变化。文艺复兴动摇了教会和贵族的统治基础,却并没有使之崩溃。城市依然延续着教会、贵族和市民组织这三重力量的统治,只不过市民组织所代表的新兴资产阶级的力量在不断壮大,而教会、贵族的地位则日渐衰落了。因此,城市中虽然出现了新的建筑形式和新的空间形态,但总体的结构却没有发生根本性的变化。

尽管如此,随着思想的解放和理性的回归,关于理想城市的思想开始逐渐兴起。在 15—17 世纪涌现出的"理想城市"理念大致可以分为两种类型:一种几乎是纯技术性的,以阿尔伯蒂、费拉雷特、斯卡莫奇等建筑师或工程师的方案为代表;另一种则是社会性或者政治性的,以托马斯·莫尔的《乌托邦》、托马斯·康帕内拉的《太阳城》以及安德里亚的《基督城》为代表。尽管他们的政治诉求并不相同,但在具体的城市形态上都采用了强烈的几何形式,体现了城市形态上理性思维的回归。

1) 社会角度的理想城市

社会学者笔下的理想城市着重描绘出一幅平等和谐的社会图景,而不在于勾画一个城市的具体蓝图。尽管如此,城市作为这种理想社会的载体,也表现出了许多空间上的政治特征。"基督教社会主义"的代表,安德里亚笔下的基督城(见图 3-27、图 3-28),很大程度上继承了典型中世纪城市结构。其城市的形状是边长 700 英尺的正方形,周围有四座塔楼和一堵城墙,防守严密。全城另有 8 个坚固的塔楼,给防卫增添了力量。此外还有 16 个较小的塔楼,使整个城市成为一个难以攻克的堡垒。城市住有 400 个公民,整个城市只有一条公共街道和一个商场,城市中

---

① 刘易斯·芒福德. 城市发展史:起源、演变和前景[M]. 刘俊岭,倪文彦,译. 北京:中国建筑工业出版社, 2005:317.

② 刘易斯·芒福德. 城市发展史:起源、演变和前景[M]. 刘俊岭,倪文彦,译. 北京:中国建筑工业出版社, 2005:366-367.

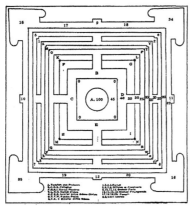

图 3-27　基督城平面图

图片来源：约翰·凡·安德里亚.基督城[M].黄宗汉，译.北京：商务印书馆，1991.

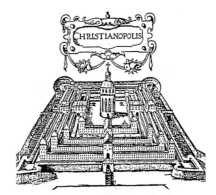

图 3-28　基督城示意图

图片来源：约翰·凡·安德里亚.基督城[M].黄宗汉，译.北京：商务印书馆，1991.

心是一座直径为 100 英尺的环形大教堂。康帕内拉则更为理想化。他笔下的太阳城是一个直径 2 英里（1 英里＝1 609.344 米）的圆形城市，由同心圆状的 7 重城墙分为 7 个城区，以七大行星的名字命名。城墙建有棱堡，开有东南西北四道大门，城市的中心是一座巨大的圆形神殿。就政治体制而言，虽然是共和国，但太阳城的最高执政者却是一个终身任职的被称为"太阳"的人。基督城更倾向于寡头政治，共和国由三人联合执政，分管司法、审计和经济，这相比君主制度无疑是一个巨大的进步，但这实际也是基督教思想的延续——"基督不容忍一个代理人过于独断，也不允许个人抬得太高，把两只眼睛朝向天空，基督的眼睛则俯视着大地。"[①]从这个意义上来说，基督城所带有的极其鲜明的宗教色彩，也给城市打上了明显的中世纪烙印。

图 3-29　《乌托邦》封面

图片来源：柯林·罗，弗瑞德·科特.拼贴城市[M].童明，译.北京：中国建筑工业出版社，2003.

　　而托马斯·莫尔在 1516 年出版的《乌托邦》一书中，则表现出一种强烈的平等主义的倾向（见图 3-29）。乌托邦首都阿莫洛特（Amaurote）是一座正方形的城市，占地约 2 平方英里，人口约 10 万。每个城市分为 4 个区，区的中心是市场。乌托邦中城市的形象是高度一致的，"谁了解一个城市，就知道了所有全部的城市，除了土壤性质不同外，这些城市是如此的相同。"这种单调的、标准化的城市形态，也成了政治上极端平等主义的空间表现。这种"理想城市"以及这种形式背后严谨的社会秩序，倘若缺乏组织严密的集中权力，是断难实现的。所以在莫尔笔下，乌托邦的最高执政者是一个终身任职的"哲学家皇帝"——这与柏拉图的想法是遥相呼应的。因此，莫尔的乌托邦与柏拉图的理想国，在精神实质上是一脉相承的，都表现出一种运用理性思维重塑社会的强烈意愿。莫尔追求平等的愿望是真诚的，但是在他所描绘的乌托邦城市中，哈耶克笔下的那条"通往奴役之路"已经隐隐成形了。

　　在社会学者的眼中，现实社会中的种种不平等需要改变，需要创造一种新型的社会结构和社

――――――――――

① 约翰·凡·安德里亚.基督城[M].黄宗汉，译.北京：商务印书馆，1991：43.

会制度来实现一个完美的、理想的社会,因此也就带有了浓厚的空想社会主义色彩。而他们的理想城市也如同这种"完美社会"一样,成了可望而不可即的乌托邦。

2) 技术角度的理想城市

技术性的理想城市设计理念,则可以追溯到古罗马的维特鲁威。维特鲁威在《建筑十书》中,提出了理想城市的模型。他的方案继承了柏拉图和亚里士多德的哲学思想,带有鲜明的理想色彩——平面为八角形,城墙塔楼间距不大于射箭距离,城市路网为放射环形系统,神庙位于市中心广场的核心(见图3-30)。尽管维特鲁威的理想城市在城市规划史中具有重要的地位,但这一模式在罗马的城市建设中几乎从未得到过实际应用。

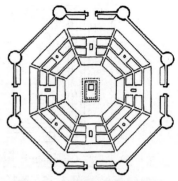

图 3-30　维特鲁威的理想城市
图片来源:沈玉麟. 外国城市建设史[M]. 北京:中国建筑工业出版社,2005.

这并非其方案本身的缺陷,而是它的方案与当时社会的政治和经济现实是完全脱离的。首先,完成了大一统的罗马帝国带来了和平与稳定,与征战不休的城邦时期不同,帝国边界的长城代替了城邦自身的城墙,军事防御已经不再是城市建设首要考虑的问题了。随着工商业的兴起,城市的经济职能逐渐代替了军事和政治职能,因此许多城市的城墙都逐渐弱化瓦解了,甚至出现了很多不设防的城市。在这种背景下,以军事防御为出发点的城市形态考虑就显得不合时宜了。其次,如前文所述,罗马帝国时期的宗教影响已经大大减弱了,世俗权力和经济活动成了城市生活的主题。在这种情况下,神庙就没有任何理由继续占据城市的中心地位了。此外,就快速城市化的实际需求而言,网格化的棋盘格路网显然要比放射状的环形路网更具效率,也更具操作性。因此,维特鲁威式的几何形理想城市并不符合当时政治和经济的实际需求,难以获得实现。

直到中世纪晚期的文艺复兴时期,这种理性化、几何化的理想城市才又重新受到了重视(见图3-31)。文艺复兴前夜欧洲的社会结构与罗马帝国时期是完全不同的。世俗权力崩溃的中世纪几乎又回到了城邦时代,以城市为中心的城邦国家成为独立的政治实体,彼此对峙存在,军事上的冲突时有发生。这样,城墙防御作用的重要性就随之大大提升。而教会在城市生活,特别是精神生活中的统治地位仍然不可动摇,宗教活动是城市生活的核心内容之一,因此教堂理所当然地成了城市中最核心、最重要的建筑物。在这种条件下,维特鲁威的理想城市显然就符合了所有的理想化标准。

图 3-31　由 Giorgio 和 Piero 完成的理想之城是单点透视构图的典范,表现了强烈的理性特征
图片来源:http://www.odyguild.net/bbs/viewthread.php? tid=21606

随着15世纪维特鲁威的《建筑十书》遗稿被发现,如何"理性地、科学地"建造城市又成了这一时期建筑师和城市学者们关注和研究的重点。就形态特征而言,文艺复兴时期的理性城市与维特

鲁维的理想城市是如出一辙的:都以正方形、多边形、圆形等几何形作为城市的基本轮廓,同时在城市内部采用网格式、同心圆式、放射式的街道系统(见图3-32至图3-34)。阿尔伯蒂1450年在《论建筑》一书中,从环境、地形、水源、军事防御等因素入手,设计了带有放射路网的多边形星形城市,城市中心设置教堂、宫殿或者城堡,总体的形态由各种几何形体进行组合。文艺复兴时期的理想城市在总体结构上延续了中世纪的典型城市模式,是中世纪城市抽象化和理性化的结果,其核心是几何化构图元素的应用。

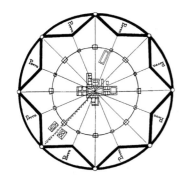

图3-32　费拉雷特理想城市(一)
图片来源:http://rometour.org/fil-arete-1400-1469-antonio-averlino.html

图3-33　费拉雷特理想城市(二)
图片来源:http://rometour.org/filarete-1400-1469-antonio-averli-no.html

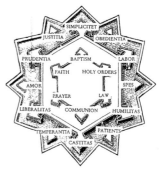

图3-34　费拉雷特理想城市(三)
图片来源:http://rometour.org/fil-arete-1400-1469-antonio-averlino.html

　　几何形的理想城市需要一种集中的自上而下的权力支持才能够得以实现,因此其设计者自然成为君主权力的坚定支持者,他们几何化的理想城市表现着这种诉求,也召唤着这种权力的来临。费拉雷特(A. Filarete, 1400—1469)于公元1464年设计的著名八角星形理想城市方案,就是为米兰国王斯福查(F. Sforza)——一个标准的独裁僭主所作。事实上,这种政治倾向也是整个文艺复兴时期的思想界和文化界的主流思潮——并不仅仅是马基雅维利(Machiavelli, 1469—1527)这样的政治学者在鼓吹专制的权力,文艺复兴的代表人物但丁就曾经指出"人类的最佳状态是处在一位君主的统治下,君主政权是社会福利和安宁的必需。"波特罗(G. Botero)则指出:"使一个城市人口富庶和强大的最好方式乃是拥有至高的权威和权力。"文艺复兴时期的社会权力结构也的确朝着有利于王权的方向进行着转变。

3) 理想城市的命运

　　即便如此,理想城市的命运仍然多半停留在纸面上。即便在文艺复兴时期,也未能有足够的政治力量集中大量的资源,将理想的城市付诸实施。建于1539年的帕尔曼—诺伐城也许只是一个例外(见图3-35),它是威尼斯共和国的一个边境防御城市,其功能上主要是一个军事要塞,其设计者斯卡莫齐具有军事工程师的身份。帕尔曼—诺伐城放射型的城市道路形态在很大程度上是出于军事防御的考虑,而其防御工事在当时来看处于领先的地位。因此,这座城市的特殊功能决定了它必定处于政治权力的直接控制之下,这也使它能够成为意大利半岛唯一的完整体现"理想城市"设计思想的城市。

图3-35　帕尔曼—诺伐城
图片来源:沈玉麟.外国城市建设史[M].北京:中国建筑工业出版社,2005.

　　理想城市的实现需要依赖足够强大的政治权力支持,就中世纪或文艺复兴时期的权力结构而言,这种条件并不具备。而一旦政治权力强大到摆脱其他势力的纠缠,可以随意地控制城市的时候,它们又力图冲破中世纪僵硬的固定界限的隔离,并追求一种更能够表现权力的空间形式。文艺复兴理想城市的设计者们悲哀地发现,与维特鲁威式理想城市的命运一样,当这种形式具备了实现能力的时候,却早已远远地脱离了时代。就这样,崇尚理性的理想城市终究形成了一种悲剧化的结果。在塞利奥(S. Serlio)那里,理性严谨的城市空间往往隐藏着强烈的悲剧意识——人类理性与无法逾越的命运安排之间的强烈冲突(见图3-36、图3-37)。

图3-36　赛巴斯蒂亚诺·塞利奥:左喜剧场景(一)
图片来源:柯林·罗,弗瑞德·科特.拼贴城市[M].童明,译.北京:中国建筑工业出版社,2003.

图3-37　赛巴斯蒂亚诺·塞利奥:悲剧布景(二)
图片来源:柯林·罗,弗瑞德·科特.拼贴城市[M].童明,译.北京:中国建筑工业出版社,2003.

理想城市的遭遇清楚地表明:城市空间形态的形成和演变,是在特定的政治、经济等客观社会条件下形成的,并不以规划师或建筑师的主观意志为转移,也不以城市规划的理论为转移。规划理论和规划方案之所以得到实施和认可,是因为它们能够解决当时城市建设面临的问题,并满足当时社会结构中占主导力量的利益群体的诉求,体现了一种深远的社会选择。如果说规划师的意志得到了贯彻,那绝非出自他的一己之力,而是这种意志与社会深层次主导力量的意志产生了重叠。当然,这样的说法并不是说城市规划应该如此,而是城市空间的发展事实上如此。城市规划,就其实施主体而言,是政治权力在城市空间上的技术化延伸。无论城市规划声称自己如何"中立"或者"独立",它都无法摆脱社会深层次结构所施予的控制性力量。

然而,理想城市的自身悲剧并非毫无意义。因为理想城市的诉求正是当时社会矛盾的反映,只是客观的条件尚未成熟。一旦社会环境开始发生变化,并最终产生结构性的变革,那么孕育已久的理想就具备了实现的土壤。乌托邦式的城市理想,往往成为日后城市实践的理论先导。

3.5　权威与理性——巴洛克、古典主义时期的社会结构与城市空间

文艺复兴、宗教改革动摇了西欧封建统治的基础,中世纪分散而持久的社会结构开始出现了动摇。随着经济水平在新型的资本主义推动下的快速发展,欧洲国家在工业革命前后用中央集权的君主制取代了原本的教会统治和割据状态。新的社会秩序产生了新的建设要求,也为城市空间发展带来了新的契机,城市规划的能力出现了大幅度的提高。在这样的社会结构和思潮下,巴洛克式的城市规划和设计模式应运而生,成为欧洲许多国家首都重建的指导思想,并在此后产生了深远的影响。

3.5.1 王权的回归

1) 绝对君权的形成

在中世纪末期,政治上封建割据的分裂状态带来的是社会经济的缓慢发展。不仅仅思想家、哲学家一再重申君主制的优势,普通市民特别是商人阶级也急切地盼望着和平和稳定。因此,王权在这一时期就成了进步的象征。恩格斯就曾指出:"在这种普遍的混乱状态中,王权是进步的因素,这一点是十分清楚的"。

在法国,王权于15世纪末就在新兴资产阶级的支持下统一了全国,并建立起了中央集权的民主国家。到了太阳王(Roi Soleil)路易十四(1635—1715)的时代,君主的权力得到了极大的强化。在政治上,路易十四强调"朕即国家",他不仅剥夺了法院的权力,还取消了三级会议对王权的制衡,同时加强了对教会的控制和利用,使王权独立于教权。对于地方,路易十四加强了官僚机构的监督和控制,并建立了严格的等级制度,使地方贵族失去了与王权抗衡的能力。而在文化领域,路易十四也致力于营造和显示君主的权威。一方面是设置了一整套严格而又宏大的宫廷礼仪体系,另一方面则进行了包括凡尔赛宫在内的一系列大规模的城市建设活动。

2) 尚未完成的革命

从历史的角度来看,巴洛克时期的权力结构仍然是中世纪的延续,它是资产阶级权力结构变革的阶段性成果。一方面,王权重新掌握了世俗权力,并建立起了中央集权的统治结构。另一方面,宗教改革和文艺复兴的思想革命动摇了教会的统治基础,使教会的世俗权力持续下降,并退出了对城市行政事务的直接干预。在巴洛克时期,城市的权力结构转变为王权和新兴资产阶级的二元结构。

但是资产阶级的政治目标远没有达到,经济上的自由在专制的统治下也无法得到有效保障。在中世纪,代表市民阶层的资产阶级与王权形成了同盟,并取得了对教会和封建地方势力的胜利。而到了巴洛克时期,原先的同盟者却在社会生活中占据着主导的地位,并在政治上和经济上对资产阶级开始了新的压迫。这种状态,是巴洛克时期欧洲普遍存在的政治现实,也是资产阶级所不愿意接受的。当然,这种矛盾在一开始并未激化。例如,尽管路易十四独裁专制,但他的一系列经济政策——诸如鼓励出口贸易、实行关税保护、兴办手工工场等举措——仍然在客观上促进了资本主义的发展。而到了路易十六的时代,资产阶级日益感到政治地位与经济实力的不相称:一方面专制时代的关卡和不公平的征税制度妨碍了他们进一步获取经济利益,另一方面其政治上的诉求也越来越强烈。随着专制王权与资本主义经济模式的内在矛盾的不断加剧,革命终于爆发了。

就资本主义经济变革发展的需要而言,巴洛克时期注定是一个短暂的过渡时期。但政治和经济上的全新结构,却为城市发展注入了强劲的动力,并催生出了崭新的城市空间形态特征。

3.5.2 理性的空间

1) 理性主义

启蒙时期,理性获得了至高无上的地位。理性主义的观点认为源于理性的知识构成了真理,这种真理是事物发展的永恒规律。在这种规律指导下的实践行为,具有一种普遍适应的特征。理性的崇高地位使人们相信:科学和技术的进步终将为整个人类带来幸福。

笛卡儿(R. Descartes,1596—1650)是法国唯理主义的奠基人,在他眼中,人类的理性就是检验一切真理的标准。笛卡儿的方法不仅在科学领域取得了巨大的成就,在社会和政治领域也产生了深刻的影响。一方面,唯理论所倡导的社会理性为君主专政下的封建等级体系提供了思想上的基础,因此受到了统治阶层的青睐。另一方面,唯理论主张用理性代替盲目信仰,反对宗教权威,这不但适应了资本主义发展的需要,也受到了王权的支持。

因此,在绝对君权时期,政府出于统治需要在文化领域推行了一系列以理性主义思想为指导的规范措施。这些措施顺应了资本主义发展的需求,推动了社会经济的不断发展,也符合当时的知识界对科学进步和自然秩序的推崇。这样,巴洛克时期政治上的君主专制统治、经济上的资本主义发展,就与理性主义的哲学思维完美地结合在了一起。这种政治、经济和思想上的特征对城市空间形态产生了巨大的影响。

2) 勒·诺特的园林

勒·诺特(A. Le Notre,1613—1700)是 17 世纪著名的造园师,设计并主持建造了一系列皇家园林,这些园林在历史上对欧洲各国的造园设计产生了重要的影响,也是欧洲近现代城市规划和设计思想的主要来源之一。勒·诺特式的园林以严谨的几何构图、庄严宏大的规模为主要形态特征,在设计思想上体现了鲜明的理性主义思想,是当时西方皇家园林设计的主要代表。

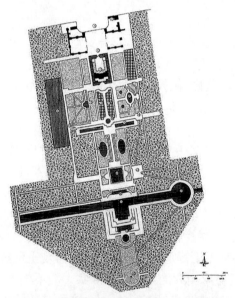

图 3-38 维贡特(Vaux-le-Vicomte)府邸花园
图片来源:斯皮罗·邓斯托夫. 城市的组合[M]. 邓东,译. 北京:中国建筑工业出版社,2008.

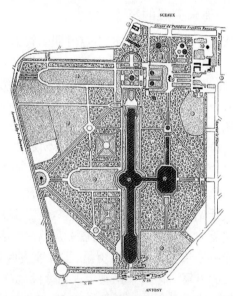

图 3-39 索园(Sceaux)
图片来源:斯皮罗·邓斯托夫. 城市的组合[M]. 邓东,译. 北京:中国建筑工业出版社,2008.

维贡特(Vaux-le-Vicomte)府邸花园是勒·诺特的早期代表作之一,较为完整地体现了理性设计的基本思想,也是此后众多皇家园林的原型(见图 3-38、图 3-39)。就贯彻设计思想而言,维贡特府邸花园的设计是成功的。然而,这种设计思想所体现出的伟大风格,却让府邸的主人——当时的财政总监福凯(N. Fouquet)遭到了厄运。维贡特府邸花园的空间形式背后所隐含的政治内涵,在一个具有严重权力独占欲的专制君主看来,是一种赤裸裸的挑衅。很快,路易十四就将福凯免职并投入了大牢。

轴线和对称的空间形式是极端政治性的,至少路易十四是这样认为的。维贡特府邸花园的原班人马——造园师勒·诺特、建筑师勒·沃(Louis Le Vaux,1612—1670)、负责装饰和雕塑设计的画家勒·布仑(Charles Le Brun,1619—1690)立刻被路易十四招致麾下,进行规模浩大的凡尔赛宫建设。凡尔赛宫于 1662 年破土动工,历时数十年才得以完成。其面积达 1 500 公顷,相当于当时巴黎全城面积的四分之一,绿化面积达1 000万平方米,耗资巨大。凡尔赛宫建成后取代了巴黎成为法国实际上的政治中心。

在凡尔赛,东西向的宫殿坐落于一个平整的台地之上。宫殿前部的广场由三侧建筑围绕,正中设置路易十四的骑马雕像,从中放射出3条林荫大道穿越城市。建筑的中轴线形成贯穿连续的主要轴线,布置有雕塑、喷泉、台阶等景观元素,长达3公里,气势非凡。另有两条横向轴线,强化了正交结构的几何形态。主轴线两侧的树林中,设有十多个各种主题的园林。在凡尔赛,植物被精心修剪成几何化的形状,失去了原本自然的形态,从而体现出一种强烈的人工化痕迹。这一系列的设计,表现出一种对自然进行绝对控制的权力欲望,也完整地表现了理性主义的园林设计思维,成为勒·诺特式的园林艺术的最高成就(见图3-40)。"在此之前,在法国已实施了将景观大道切割整个城市的工程,但只有在凡尔赛,完整的皇家的理想城市模式才得以完美地实现"①。

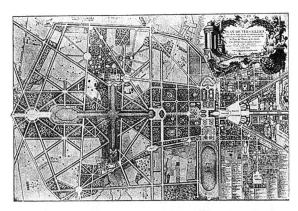

图3-40 凡尔赛总平面

图片来源:Werner H, Elbert P. The American Vitruvius: an architectures' handbook of civic art [M]. NewYork: Princeton Architecture Press, 1988.

图3-41 维也纳美泉宫效仿了凡尔赛的轴线布局

图片来源:自摄

总体而言,勒·诺特式的园林在形态上具有以下特点:首先,宫殿和府邸成为整个园林的中心,起着统帅全局的作用。在整个园林中,主体建筑是占据核心地位的,是各条放射轴线的汇聚点和最重要的中心。广场、花园、雕塑乃至树木,在规模和尺度上都服从主体建筑。建筑中拥有最好的景观,可以将整个园林尽收眼底。其次,构图上强调轴线对称和中心放射,体现出明显的几何化特征。勒·诺特式园林强调几何式的构图原则,并充分利用透视法,注重总体结构的严谨和比例关系的协调。形式上清晰简洁,主次分明,极富条理。各种景观要素均服从于整体的几何关系和秩序,表现了君主专制政体严格的等级制度。此外,追求规模宏大、庄重典雅,是17—18世纪宫廷文化的集中体现。勒·诺特式园林着重表现君主严格的统治秩序,符合庄重典雅的贵族审美眼光,代表了一种17—18世纪的宫廷文化。皇家园林一般尺度巨大,轴线的利用更使园林的规模在视觉上得到延伸和强化。

理想化的几何形式是表现帝王权威的绝好工具,因此也受到了欧洲各国统治者的青睐。一方面,凡尔赛宫的壮观气势使各国君主大为艳羡,奥地利、俄罗斯等国纷纷效仿,许多贵族也开始了私人园林的建设(见图3-41)。当然,贵族和大臣们的园林刻意弱化了轴线、放射、对称等空间处理手法,使空间所表现出的政治含义不那么明显,以避免重蹈福凯的覆辙。另一方面,凡尔赛形成的轴线+放射的几何形式不仅应用于园林,在城市建设中也开始被普遍采用,并逐渐形成了巴洛克

---

① 俞孔坚,吉庆萍. 国际城市美化运动之于中国的教训:渊源、内涵与蔓延[J]. 中国园林,2000,16(67):27-33.

（或称古典主义）风格的城市设计,产生了深远的影响。勒·诺特式园林的兴盛也是 17—18 世纪欧洲政治局面的真实写照——正是在这一时期,中央集权的君主制度在欧洲各国逐步走向高峰。

3）勒杜的理想

理性主义不仅在园林上有所体现,18 世纪的先锋建筑师们也在尝试着将理性的思维贯彻到具体的建筑形体乃至城市空间中去。克劳德·尼古拉斯·勒杜(Claude-Nicolas Ledoux,1736—1806)就是这个时代最为杰出的代表之一。在他的作品,特别是绍村(La Saline de Chaux)盐场设计中可以看到,社会理想已经成为建筑师所极力表达的重要内容,这种社会理想同样以一种严谨清晰的几何关系作为最重要的特征。在许多建筑历史学者看来,勒杜及其设计打破了传统设计的陈规戒律,在一定程度上回应了现代生产的实际需求,因而体现出一种显著的现代性特征。在工业化时代初现端倪的 18 世纪,具有革命性的意义。

在勒杜的一系列作品中,绍村盐场是最为重要,也是最具代表性的。1771 年,他奉命出任法国东部弗朗什孔泰(Franche-Comte)制盐场的监理。三年以后被委任在塞南门地方设计建造一个新的完整的盐场。这一建筑于 1775 年开始施工,于 1789 年完成,如今已经列入世界遗产名录。勒杜不仅设计了一组杰出建筑,而且还为这一地区的开发提出了一系列意向,正是这个盐场设计和周边地区的开发意向构成了绍村理想城市（见图 3-42、图 3-43）[①]。舒尔茨就曾经指出:"(绍村盐场)是工业时代的第一座理想城市,当然也是最迷人的一个。"[②]

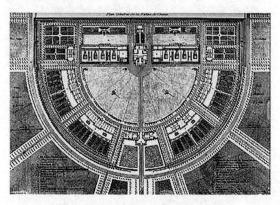

图 3-42　勒杜绍村盐场总平面图
图片来源:舒尔茨.西方建筑的意义[M].李路珂,欧阳恬之,译.北京:中国建筑工业出版社,2005.

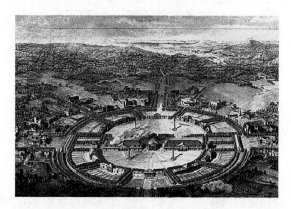

图 3-43　勒杜绍村盐场鸟瞰图
图片来源:舒尔茨.西方建筑的意义[M].李路珂,欧阳恬之,译.北京:中国建筑工业出版社,2005.

在绍村盐场的规划中,总平面是一个标准的半椭圆形,其中的建筑基本都是独立的。纯粹的几何形式对勒杜而言代表了一种普遍规则,是"自然崇高"的道德力量最为直观的体现,因此也具有一种强烈的象征意味。在他的系列作品中,即便是日常使用的普通建筑物也拥有了一种近乎宗教式的空间形式,以显示一种自然和道德的秩序。在解释绍村盐场的设计时,勒杜认为圆形平面的布局"纯粹得如太阳每日运转所描画出来的一般",显示出一种强烈的暗示和象征。通过这种纯粹的几何形式,人类社会的秩序和自然界的普遍秩序合二为一了。在勒杜看来,这无疑是合乎逻辑也是最为理想的城市空间形态,从这个意义上说,勒杜对于几何形式的偏好,与以往的理想主义者——文艺复兴时期的阿尔伯蒂、费拉雷特等人并没有实质上的区别。

---

①　罗宾·米德尔顿,戴维·沃特金.新古典主义与 19 世纪建筑[M].邹晓玲,向小林,胡文成,等译.北京:中国建筑工业出版社,2000.

②　舒尔茨.西方建筑的意义[M].李路珂,欧阳恬之,译.北京:中国建筑工业出版社,2005:179.

　　盐场是一种典型的生产性空间,然而却拥有了与帝王宫苑一般的构图形式,普通盐场劳动者也使用着极富纪念性的建筑。如果说纪念性的空间形式带有显著的政治含义,那么这种含义在勒杜那里被完全地消解了。在勒·诺特那里,几何形式是被用来表现并歌颂权力的;而在勒杜看来,几何形式的优越之处在于其本身清晰的逻辑和天然的美感,他感兴趣的是形式本身的创造和组合,并利用纯粹的几何形式完成他心目中的理想城市。勒杜曾指出:"圆和方构成了在最佳建筑作品的构成中,供设计者运用的字母表。"也就是说,几何形式是一种普遍适用的空间手法,而并非王公贵族们的专属,正如他声称的那样:"伟大属于每一种类型的建筑"①。从这个意义上说,勒杜的价值在于,他将神圣化、权力化了的几何化形式拉下了神坛,赋予形式以自主性,从而完成了建筑意义上的现代启蒙。

　　勒杜活跃在法国大革命的前夜,思想受到了启蒙运动的强烈影响,而他的思想和实践也确确实实对建筑和形式本身进行了启蒙。就这个角度而言,他似乎应该是一个革命者。然而,与文艺复兴时期的巨匠们一样,天才的建筑师为了实现理想,将方案从纸上变为现实,必须依托强有力的权力或财力支持。勒杜与法国的上流社会权贵们保持着密切的关系,皇室成员、路易十六的情妇巴里夫人以及俄国沙皇等都是他的客户。勒杜也设计了 45 个税卡,虽然设计非常出色,但建筑物本身却成为君主横征暴敛的标志,大革命后逐渐被拆毁,仅剩下巴黎的 4 个。为此,勒杜在大革命期间受到了冲击,甚至一度被投入监狱。

　　这种政治上的矛盾性难道只存在于勒杜一个人身上吗?作为一个理想主义者,建筑师一边幻想着塑造一个完美平等的世界,一边又不得不求助于权力以实现他们的梦想。这种矛盾使得建筑师们往往处于一种政治上的含混暧昧状态,主张进步平等的理想城市设计者们在心理上更倾向一种专制集权的权力——柯布西耶就对路易十四倾慕不已,认为他是西方第一个城市主义者,在斯大林大清洗时他继续服务苏联政府,并在"二战"时供职于沦为纳粹傀儡的维希政权。② 从空间形态入手的理想城市,其悲剧之处在于,建筑师必须通过旧有体制的力量才能够完成理想。这一事实使得空间形式在实现的过程中,不是革新,而是一再强化了原有的体制。因此,就解决社会存在的结构性问题而言,这种乌托邦式的尝试是注定走向失败的。

　　勒杜在绍村盐场设计中体现出的理想,确切地说只是一种空间形式上的理想,是一种典型的建筑师思维方式应用于城市的尝试,它无力也无法解决结构性问题所导致的城市顽疾。虽然在方案中体现了"自由平等"的理想,但本质上仍然是寄希望通过塑造一个完美的空间来创造一个完美的社会。这样的想法,我们在希波丹姆那里看到过,在维特鲁威那里看到过,在文艺复兴时的理想城市中看到过,也将会在柯布西耶的城市蓝图中再一次领略。完美的蓝图、完美的秩序、完美的控制——就城市而言,这暗示着一种政治上的极权主义,也为现代城市规划中的"物质空间决定论"埋下了种子。

3.5.3　共同的意志

1)巴洛克的形态

　　在 18 世纪的欧洲人看来,中世纪的城市规模狭小、混乱无序,难以满足经济上快速发展和政

---

　　①　舒尔茨.西方建筑的意义[M].李路珂,欧阳恬之,译.北京:中国建筑工业出版社,2005:180.
　　②　维希政府只允许 3 位建筑师无照经营,其中之一就是柯布西耶。1941 年,柯布西耶接到维希政权的邀请,出任法国国家房屋机构的主任。

治上炫耀展示的需求,其基础设施条件和卫生状况也相当糟糕——15世纪席卷欧洲的黑死病造成数千万人丧生,这与城市卫生条件的简陋不无关系。而从美学的角度,理性清晰的空间形式日益受到人们的青睐。与此相对应,巴洛克城市一方面强调横平竖直的几何特征,塑造富有纪念性、标志性的城市景观,形成壮观优雅的城市形象;另一方面突破了城墙等防御界限的束缚,城市规模得以快速壮大,因此在18—19世纪成了一种新的城市景观标准。欧洲的主要首都,如巴黎、柏林、布达

图3-44 1889年巴黎景观

图片来源:贝纳沃罗.世界城市史[M].薛钟灵,译.北京:科学出版社,2000.

佩斯、圣彼得堡、维也纳等城市的重建和扩张,大都采用了巴洛克的城市设计模式,并逐渐形成了完整成熟的一整套设计体系。城市中宏伟的轴线、星形广场以及一系列纪念性构筑物,基本都是这个时代的产物(见图3-44)。

与早期的文艺复兴相比,巴洛克城市规划有着明确的设计目标和完整的规划体系:在指导思想上,它是为中央集权政治和寡头政治服务;在观念形态上,它是当时几何美学的集中反映。[①] 这种体系之所以能够形成,一方面是政治上君主集权发展的结果,另一方面是经济上资本主义生产关系发展的结果。

我们也许可以仔细分析一下巴洛克规划的形态特征,典型的巴洛克规划在手法上是双重秩序的叠加:一种是正交的网格体系,另一种是"中心+放射"的体系,轴线的设置进一步强化了中心的地位。

在欧洲的许多城市中,建于17—19世纪的城市区域都带有非常显著的巴洛克特征。瑞士在由传统社会向现代社会的转型过程中并没有经历专制主义的制度,各个自治市和州以一种自愿的契约方式完成了瑞士联邦的建立,在这一过程中并没有出现专制的君主和集权的政府。但是巴洛克式的城市风格仍然影响了瑞士的城市,并留下了明显的发展痕迹。这表明巴洛克式的城市规划之所以能够大行其道,并非仅仅出自君主的青睐,而是在很大程度上适应了新的生产方式,体现了资本主义发展和资产阶级的意志。当然,瑞士城市中的巴洛克色彩与巴黎、维也纳等绝对君权国家的城市相比,仍然是微弱的——明显的纪念性建筑、星形广场这一类明显出自权力意图的放射型布局,在瑞士的城市中是很难找到痕迹的(见图3-45)。

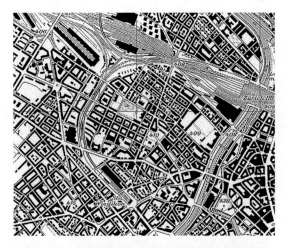

图3-45 瑞士苏黎世19世纪的街区,没有明显的轴线和中心放射

图片来源:根据苏黎世地图改绘

瑞士城市中出现的巴洛克街区,表明了巴洛克规划中的几何化因素所具有的政治—经济双重意义。一方面,这种形式满足了君主不断膨胀的

---

① 洪亮平.城市设计历程[M].北京:中国建筑工业出版社,2002:60.

权力欲;另一方面,也适应了资本主义快速、高效利用城市空间的经济意图。这种双重的空间秩序,是王权和资产阶级共同意志的体现,它的盛行直接反映了17—19世纪社会政治的基本结构。这种权力结构是在中世纪三元权力结构的基础上发展而来的。虽然在思想上,资本主义的生产方式已经得到了确认;但是在政治上,资产阶级革命的目标尚未完成。曾经的同盟者——集中的王权已经成为资本主义发展道路上的最大障碍。

2) 巴洛克的问题

芒福德一针见血地指出了巴洛克思想方法的问题:"把城市的生活从属于城市的外表形式,这是典型的巴洛克思想方法。但是,它造成的物质损失几乎与社会损失一样高昂。"[①]他继而认为"时间是巴洛克世界概念的致命的障碍:巴洛克的机械的体制,不允许生长、发展、适应和创造性的更新。这样的工作必须在当时干净利落,一次完成……虽然巴洛克规划的整齐均匀有益于商业城市的发展,但它的铺张浪费和富丽堂皇的炫耀对商业城市没有什么用处。"[②]

巴洛克—古典时期已经不属于真正意义上的古代社会,而是古代社会的基本结构逐渐瓦解,开始进入现代社会结构的一个时期,有一种明显的过渡特征。因此,巴洛克式的城市规划和设计,与现代城市规划之间具有深厚的渊源。首先,这一时期开始面临着城市化的快速发展,其规模扩张的历程一直延续到了"二战"后;其次,经济上的变革,特别是产业革命的发生,推动了技术进步,使交通方式、建设方式、城市基础设施等要素式开始迈进了现代化时期;此外,尽管巴洛克体系中仍然存在对轴线、中心等权力因素的执着(见图3-46),但是其基本的理性指导思想却是现代城市规划始终贯彻的主题。

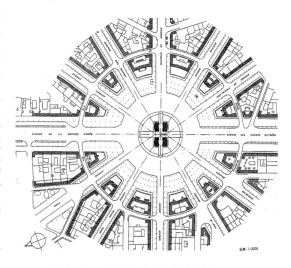

图3-46　巴黎放射形广场的平面图
图片来源:贝纳沃罗.世界城市史[M].薛钟灵,译.北京:科学出版社,2000.

巴洛克模式也开启了一个长期的争论,城市规划究竟是一种艺术,还是一种技术? 是用一种几何化的手段分割城市空间,还是用一种科学化的手段引导城市?尽管这些讨论一直延续到了"二战"后,但是其根源仍然可以追溯到巴洛克时期。这种争论实际上反映了理性对象的演进——人类理性从服务于一种普遍秩序,转变为服务于经济利益。而后者的成功,代表着资本主义完完全全的胜利。

3.5.4　巴洛克的影响

1) 奥斯曼巴黎改造

奥斯曼(Haussman)的巴黎改造在城市规划史上具有重大的历史意义,在某种程度上开创了

---

① 刘易斯·芒福德. 城市发展史:起源、演变和前景[M]. 刘俊岭,倪文彦,译. 北京:中国建筑工业出版社,2005:293.

② 刘易斯·芒福德. 城市发展史:起源、演变和前景[M]. 刘俊岭,倪文彦,译. 北京:中国建筑工业出版社,2005:424-428.

现代城市规划和设计的先河。这一改造是在政治和经济的双重背景下产生的。在政治上,拿破仑执政后竭力加强中央集权制,市长以上的地方官员由其亲自任命,地方必须绝对服从中央,各级议会徒有虚名。中央集权的格局在第二帝国时期继续延续,但已经开始产生变化——早期以皇帝集权为主要特征,后期开始向君主立宪制过渡。在经济上,这一时期出现了快速的增长。曾经一度落后的法国在此前期间基本完成了工业革命的转变,

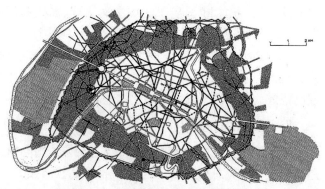

图 3-47　奥斯曼的巴黎改造图示
图片来源:贝纳沃罗.世界城市史[M].薛钟灵,译.北京:科学出版社,2000

资本主义生产方式开始逐步确立。工商业开始迅速繁荣,吸引了大批人口向巴黎集聚。同时,金融业也开始快速发展。法国一度被称为信贷资本主义,其发达的金融行业为大规模的城市更新改造提供了可靠的资金保障。在这种背景下,1853 年,拿破仑三世委任奥斯曼负责整个巴黎城的改造工作。① 拿破仑三世表示:"巴黎是法国的心脑,让我所尽一切努力让这个伟大的城市美丽,让我们修筑新的道路,让拥挤的缺少光明和空气的邻居更健康,让仁慈的光芒穿透我们每一堵墙"。

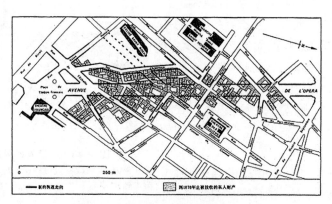

图 3-48　奥斯曼的巴黎道路改造局部
图片来源:贝纳沃罗.世界城市史[M].薛钟灵,译.北京:科学出版社,2000.

　　在旧城改造的过程中,奥斯曼对城市的空间结构也进行了大幅度的调整(见图 3-47 至图 3-49)。奥斯曼改造的重要目标既包括卫生和环境的整治,又包括稳定和严密的社会秩序。用笔直街道打破了"充满疾病"的中世纪城市肌理,大大拓宽和规整了街道。与此同时,奥斯曼拆除了大量破旧建筑与贫民住房。据统计,在他主持巴黎重建的 17 年中,共拆毁各种旧建筑 25 000 幢,但同时他又投入巨资新建了 75 000 幢新建筑,把大批巴黎城内的居民疏散到近郊的居民区中。② 随着城市人口的急剧膨胀,巴黎市区不断扩张,轻易地冲破了古城墙的范围。13 世纪巴黎市区面积为 250 平方公里,到路易十四时期巴黎市区面积为 1 103 平方公里,到第二帝国奥斯曼重建巴黎

① 起初拿破仑三世想建立了一个计划委员会,既想以此机构帮助奥斯曼,也有牵制奥斯曼的意图。但奥斯曼认为人多手杂,工程的进度会因此放慢,所以不久这个委员会也撤销了,拿破仑三世完全放权给奥斯曼。参见:黄辉.19 世纪下半叶巴黎城市改造探析[D].上海:华东师范大学,2007:33.
② 邹耀勇.巴黎城市发展与保护史论[D].上海:华东师范大学,2007:67.

时,其市区面积达到 7 802 平方公里,巴黎市区人口也从路易十四时期的 50 万人增加到第二帝国奥斯曼扩区时的 169.9 万人。① 奥斯曼的改造和扩张为面向现代的巴黎打下了基础。

图 3-49 奥斯曼正在进行的改造工作

图片来源:贝纳沃罗.世界城市史[M].薛钟灵,译.北京:科学出版社,2000.

在拿破仑三世的鼎力支持下,倾全国之力开展了为期 17 年的巴黎改造。尽管建成后吸引大量的旅游者到巴黎,其效益远远高于其花费,但在当时仍然引起了巨大的非议。有人指责修建宽阔笔直的大道是别有用心,是为了军队进行镇压活动的便利——虽然这也的确是事实。面对反对派的种种指责和攻击,拿破仑三世不得不于 1870 年革去了奥斯曼的职务,大规模的城市改造告一段落。而这一年,法国在普法战争中正遭遇着惨痛的失败。

尽管后人对奥斯曼的巴黎改造非议颇多,但考虑到当时社会政治和经济的实际需求,巴黎的系统性改造仍然是非常有必要的(见图 3-50)。用奥斯曼自己的话说:"是什么样的城市性纽带把挤在巴黎的两百万居民联系在一起?对他们来说,巴黎就是一个巨大的消费市场,一个巨大的生产车间,一个实现梦想的舞台。"②19 世纪中叶,巴黎大规模的城市改造正是反映了政治和经济因素对城市空间的双重要求,也是这两种力量共同作用下的产物。

通过这种改造,巴黎得以从一个古代城市转变成适应资本主义发展的城市,并且直到今天仍然保留着完整协调的城市风貌。许多市政基础设施,特别是地下系统的安排和设置,直到今天仍然发挥着作用,体现了当时规划者的远见。尽管许多人指责奥斯曼破坏了巴黎的传统历史文化,但是从效果来看,多数具有重要历史价值的建筑都得到了保留,巴黎至今仍保留着相当完好的历史风貌。奥斯曼改造的主要贡献,就是成功地实现了一个中世纪城市向资本主义城市、古代城市向现代城市的转化。

图 3-50 被讽刺为"拆房匠"的奥斯曼

图片来源:贝纳沃罗.世界城市史[M].薛钟灵,译.北京:科学出版社,2000.

2) 城市美化运动

巴洛克模式对美国最早的影响是 1791 年朗方(L'Enfant)的华盛顿规划。此后于 1909 年完成了中心纪念性轴线(The Mall)。美国并非一个中央集权的君主国家,然而同样在首都规划中采用了完整的巴洛克手法(见图 3-51)。用朗方自己的话说:"首都区的建设,从一开始就必须想到要留给子孙后代一个伟大的思想,就是爱国主义思想,使后代的青年们能踏着这些先哲圣贤和英雄豪杰的道路前进。"③好在,朗方与希波丹姆一样,面对的是一张白纸。对于一个全新的城市而言,采取何种手段进行规划都不会遇到太多的阻挠。

19 世纪末,欧洲的巴洛克城市以及奥斯曼的巴黎改造在美国产生了重要的影响,一场城市美化

---

① 邹耀勇.巴黎城市发展与保护史论[D].上海:华东师范大学,2007:65-66.

② 约瑟夫·里克沃特.城之理念——有关罗马、意大利及古代世界的城市形态人类学[M].刘东洋,译.北京:中国建筑工业出版社,2006:198.

③ 刘易斯·芒福德.城市发展史:起源、演变和前景[M].刘俊岭,倪文彦,译.北京:中国建筑工业出版社,2005:420.

运动以芝加哥世界博览会为契机开始盛行。南北战争以后,美国的经济获得了快速的发展,随着北方资产阶级的胜利,工业化和城市化进程也大大加快。然而许多一开始没有进行系统规划的城市,在扩张的过程中遇到了越来越多的问题。一方面,无序的城市化和大量的移民使城市的环境日益恶化,改善城市环境和卫生状况的呼声越来越高;另一方面,日渐富裕起来的新兴资产阶级以及城市中产阶级对欧洲的优雅生活方式倾慕不已,在建筑和城市的口味上开始追求巴洛克式的古典文化。

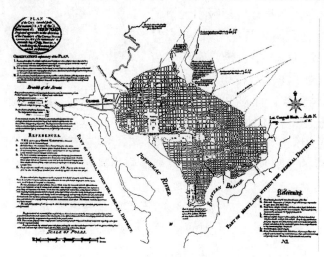

图 3-51　1791 年华盛顿规划图
图片来源:Werner H, Elbert P. The American Vitruvius: an architectures' handbook of civic art [M]. New York: Princeton Architecture Press, 1988.

　　城市美化运动史上最为全面的规划是始于 1907 年伯恩海姆(Burnham)主持的芝加哥总体规划(见图 3-52)。这一规划有五个重要的组成部分:(1)发展区域高速干道、铁路和水上运输,加强城市间的联系;(2)发展与市中心相连的滨湖文化中心;(3)在两岸建设市政中心;(4)建设湖滨及沿河风景休闲区;(5)建立公园道路,并与周围林地形成完整的系统。芝加哥规划取得了四个方面的视觉效果:(1)通过加入对角斜街,打破原有严格的方格网结构;(2)引入一些透视焦点;(3)给建筑引入一种新古典主义的统一的风格;(4)把水作为一个统一城市的多样化地区风格的元素。①

　　芝加哥规划充分考虑到了商业开发的价值,因此受到了商业界的大力支持。奥斯曼巴黎改造的商业成功,给了伯恩海姆信心,他指出:"我们乐此不疲地奔向开罗、雅典、巴黎和维也纳,只因为我们自己家乡的生活不如那些旅游城市舒适迷人。人们从芝加哥挣来的钱却流向那些美丽的城市。试想,如果这些资金在当地周转,其对商业零售的促进将会有多么的大。试想如果我们的城镇是如此的令人愉悦以使那些有支付能力的人都进入我们的城市居住,那将给我们的城市带来多大的繁荣。因此,使我们城市美化起来,使之对我们自己有吸引力,而更重要的是对那些造访者具有吸引力,是何等的重要和刻不容缓。"②他还声称:"不做小的规划,要做大的规划。"这一口号对此后的城市规划师产生了长久的影响。

　　城市美化运动就思想方法而言,与巴洛克城市规划如出一辙。其根本的问题在于,试图仅通过物质层面的美化改造解决城市问题,却不断创造着新的矛盾。如果说奥斯曼尚且得到了拿破仑

---

　　①　俞孔坚,吉庆萍. 国际城市美化运动之于中国的教训:渊源、内涵与蔓延[J]. 中国园林,2000,16(67):27-33.
　　②　彼得·霍尔. 明日之城:一部关于 20 世纪城市规划和设计的思想史[M]. 童明,译. 上海:同济大学出版社,2009:202.

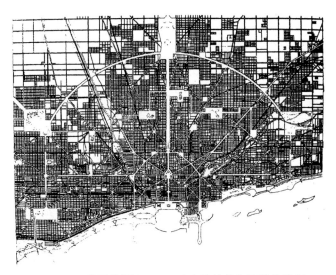

图 3-52　伯恩海姆(Burnham)主持的芝加哥总体规划
图片来源：Werner H, Elbert P. The American Vitruvius: an architectures' handbook of civic art [M]. New York: Princeton Architecture Press, 1988.

三世的支持，那么在 20 世纪初的美国社会并不存在这样的政治环境。其仅仅改造城市表面的做法也注定因其产生的巨大阻力而无法持续。在 1909 年的首届全美城市规划大会上，城市美化运动很快被更为"科学的"城市规划思潮所替代。

3) 极权主义

经济上的转变带来了政治上的长期调试。资产阶级革命追求自由民主的原始理想所形成的政治制度，在经历过"一战"的调试后，到了 20 世纪 30 年代却带来了更为极端的矛盾——纳粹在欧洲登上了历史舞台。"一战"后的意大利和德国经历着严重的社会和经济问题，墨索里尼和希特勒的法西斯极权统治开始粉墨登场。在法西斯的统治下，政治上的独裁伴随着经济上的飞跃，这为大规模城市改造提供了实现的可能。

墨索里尼企图通过大规模的城市建设，恢复昔日罗马帝国的光荣，并对罗马进行了改造（见图 3-53）。在 1929 年罗马召开的居住和城市规划联合会上，墨索里尼号召"在五年时间里，罗马必须向全世界展现其辉煌与风采——宏伟、规整、强大，如同奥古斯都时代的罗马。"

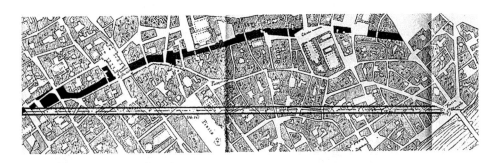

图 3-53　墨索里尼改造的新 Vittorio Emanuele 大街
图片来源：斯皮罗·科斯托夫. 城市的组合[M]. 邓东，译. 北京：中国建筑工业出版社，2008

而在德国，希特勒及其御用建筑师施皮尔(Albert Speer)也开始了对柏林的改造计划。希特勒将新首都命名为"日耳曼尼亚"，意图是"通过这个规划来唤醒每一个日耳曼人的自尊"。尽管这一改造规划尚未实现德国就已战败，但从已经完成的部分和规划方案看，仍然贯彻了巴洛克体系的精髓——纪念性的大道,规模庞大的公共建筑,几何化的街道构图(见图3-54至图3-57)。

讽刺的是,"二战"后苏联在东柏林继续完成了礼仪性的大道,工人阶级成了古典建筑物的装饰性雕像主题,而道路的名称则改成"斯大林大道"(后又改为卡尔·马克思大街,名称保留至今)(见图3-58)。

图3-54 墨索里尼时期梵蒂冈改造前后(一)
图片来源:Werner H,Elbert P. The American Vitruvius: an architectures' handbook of civic art [M]. New York:Princeton Architecture Press,1988.

图3-55 墨索里尼时期梵蒂冈改造前后(二)
图片来源:Werner H,Elbert P. The American Vitruvius: an architectures' handbook of civic art [M]. New York:Princeton Architecture Press,1988.

图3-56 "日耳曼尼亚"主轴线
图片来源:彼得·霍尔. 明日之城:一部关于20世纪城市规划和设计的思想史[M]. 童明,译. 上海:同济大学出版社,2009.

图3-57 施皮尔与希特勒讨论城市设计方案
图 片 来 源:loscrignodellapoliteia. wordpress. com/2009/10/24/albert-speer-larchitetto-del-diavolo/

图3-58 斯大林大道(现为卡尔·马克思大街)
图片来源:转拍自法兰克福建筑博物馆

3.6　本章小结

本章着重讨论了西方古代城市发展过程中社会结构与城市空间形态的互动,具体分析了社会结构及其对应的空间特征和倾向。

1)城市的起源表明,权力的产生和作用催生了城市,并成为城市文明的显著特征

而早期人类社会中的阶层分化,形成了最基本的权力结构,使人类社会得以组织化和结构化。城市中权力结构的基本来源,是一种基于武力的能力和一种基于知识的能力。这种权力结构的稳定形态在世界古代历史中扮演了主导的角色。权力的结构和权力的相互作用促成了城市中边界、中心等空间要素的形成。

2)希腊时期的社会结构与城市空间

古代希腊最显著的政治特征是城邦制度。城邦各自为政,处于一种分散的自治状态,规模普遍较小。在这种状态下发展出了以雅典为代表的早期民主政治,并在希波战争之后的伯里克利时期达到了顶峰。

雅典城市空间形态体现出一种自由灵活的特征。基础设施和卫生状况较差,住宅普遍局促狭小,总体上成组地围绕着卫城、公共建筑物和广场而建。古希腊城市空间形态特征的形成并没有明确的理论指导。城市的规模很大程度上受到了城邦制度和民主政体的制约,而城市的形态所体现出的多元、有机和显著的"自下而上"特征,一方面显示了政治权力上的相对分散,另一方面也体现了重视精神生活的文化传统。伯罗奔尼撒战争之后,城邦制度和雅典的民主政体都开始动摇。在思想领域则出现了以苏格拉底、柏拉图以及亚里士多德等人为代表的思想家和哲学家,他们运用理性思维在政治和社会领域展开了思索。希波丹姆首先将这种理性思维运用于城市空间。随着外部制度环境的改变,雅典城市中灵活自由的空间形态,已经无法在快速城市化的背景下延续,城市空间发展开始从危机走向变革。

3)罗马帝国时期的社会结构与城市空间

权力的高度统一和集中,构成了这一时期政治上的显著特征。由于政治和社会结构上的相似性,罗马帝国的城市与希腊化时代的城市体现出了许多相似的特征。罗马帝国城市化运动的快速推进得益于政治上强有力的支持,贯彻了一种自上而下的政治意志。政治上相对集权而经济上相对自由,是这一阶段社会结构的基本特征。

在此期间,城市数量显著增长,城市结构基本定型,各项基础设施逐步完善。而在具体的城市空间形态上则体现出以下特征:一是公共建筑的规模尺度不断扩大。二是公共空间日趋规整化和封闭化。三是特定类型的纪念空间不断出现。城市空间发展的危机始于政治危机。首先,政治上过度集权的统治损害了地方利益。其次,城市化进程超越生产力发展水平。此外,思想上过于注重实用的功利主义,其精神和活力也日益腐化损减。随着罗马帝国的崩溃,相应的城市空间发展模式也走向了终结。

4)中世纪时期的社会结构与城市空间

在中世纪的城市中,自上而下的政治权威彻底瓦解,形成了一种相对分散的权力结构。城市的权力结构可以归纳为三种主要力量:第一种力量是以教会为代表的宗教力量,第二种力量是以封建国王和地方王侯为代表的封建贵族,第三种力量是市民阶层及其代表的城市自治组织。这三股政治力量在长期的争斗中此消彼长,但总体维持在势均力敌的状态,没有任何一支力量能够完成对城市生活的全面控制。

城市空间产生了以下的形态特征:一是完整封闭的城市边界。二是明确显著的城市中心。三是灵活自由的空间形态。中世纪的城市空间,一方面是不同势力相互斗争、协商,最后达到平衡的结果,另一方面来自宗教信仰及其派生出的一系列道德和美学标准。文艺复兴时期的理想城市在总体结构上延续了中世纪的典型城市模式,是中世纪城市抽象化和理性化的结果,其特征是几何化构图元素的应用,成为此后城市空间形态演变的理论先导。

5)巴洛克—古典主义时期的社会结构与城市空间

在巴洛克时期,权力格局转变为王权和新兴资产阶级的二元结构。从资本主义经济变革的角度看,巴洛克时期是一个短暂的过渡时期,体现了政治结构为适应新的经济变革而进行的调试,是在中世纪的权力格局基础上发展而来的。在思想领域,启蒙运动带来了理性意识的勃发,以笛卡儿为代表的唯理论不仅在科学领域取得了巨大的成就,在社会和政治领域也产生了深刻的影响。

典型的巴洛克城市空间在手法上是双重秩序的叠加:一种是正交的网格体系,另一种是"中心＋放射"的体系,轴线的设置进一步强化了中心的地位。这两种体系也具有了政治—经济上的双重意义。这种双重空间秩序是王权和资产阶级共同意志的体现,反映了当时社会政治的基本结构。巴洛克时期的权力结构是在中世纪三元权力结构的基础上发展而来的。随着专制王权与资本主义经济模式的内在矛盾的不断升级,资产阶级革命最终爆发。城市空间发展也随着社会结构开始转型。

4 发展与控制
——西方现代城市空间的演变

一切都分崩离析,无法掌握中心;
唯有混乱而已。

——叶芝

我们的时代需要一个形象,
来表现它加速变化的怪相。
需要的是适合现代的舞台,
而不是雅典式的优美榜样。

——埃兹拉·庞德

4.1 现代的转型——"现代性"的形成

"现代性"是一个矛盾而含混的概念。吉登斯在《现代性的后果》一书中明确地写道:"现代性指社会生活或组织模式,大约 17 世纪出现在欧洲,并且在后来的岁月里,程度不同地在世界范围内产生着影响。这将现代性与一个时间段和一个最初的地理位置联系起来,但是到目前为止,它的那些主要特性却仍然在黑箱之中藏而不露。"①总体而言,"现代性"概念主要指自文艺复兴、启蒙运动以来的社会性质或状态。理性意识和科学精神的发展,对经济和政治都产生了深远的影响,从而改变了人类行为和城市发展的模式和轨迹。

古代社会与现代社会在城市空间发展方面最大的不同在于空间产权的形成和界定方式。城市空间发展现代化的过程实际上就是,以财产权利界定空间逐渐取代以权力和等级界定空间。

4.1.1 政治的转型

17—18 世纪前后,西方传统的政府权力出现了现代意义上的转型。这种转型一是原本专属于君主的政府权力逐渐转化成一种公共权力;二是在分权理论的推动下,集中的权力逐渐转变为分散的权力。

1) 权力的合法性

古代社会政治权力的合法性,建立在宗教或血缘的基础上(这种血缘也因为与神灵千丝万缕的联系而显得神圣),这是古代社会的最基本的政治结构。一旦这种稳固的基础发生了动摇,权力也变得摇摇欲坠。历史上发生的多次宗教改革,都带来了政权上的更迭,也在城市的空间中留下了明显的印记。然而宗教改革仅仅是变换了神灵的名称或者宗教的戒律,并没有真正地动摇神的

---

① 安东尼·吉登斯. 现代性的后果[M]. 田禾,译. 南京:译林出版社,2002:44.

权威,权力的总体结构并未发生重大的改变。在这一漫长的时期,尽管城市文明获得了巨大的飞跃,但仍然是缓慢增长的。

文艺复兴以来,现代科学就与传统的神学展开了长时间的斗争,争夺的核心在于解释世界权力。中世纪宗教裁判所对科学家的残酷迫害清楚地表明,问题的关键并不在于科学家对上帝的亵渎,而是危及了整个古代社会的权力基础。近代欧洲的启蒙运动在理性的层面表达了对自由的追求。启蒙思想家们相信,宇宙受永恒统一的法则所支配,而人类完全可以通过理性了解这些宇宙规律。这种对于知识的渴求,使早期的思想家们具有了一种强烈的怀疑精神,对中世纪经院哲学的思想方法进行了抨击。他们认为,真理并不以上帝或教会的权威为基础,而是以一种更具普遍性的理性规则出现。其结果就是,启蒙运动试图通过理性提倡知识和科学,以克服中世纪宗教化、迷信而愚昧的世界观。伏尔泰声称:"现在你们发抖吧,理性的日子来到了!"[1]他提出了"把一切拉到理性的法庭面前接受审判"的口号,把理性主义推向了极端。

科学的最终胜利打破了古代社会稳定的结构,其政治基础就开始变得岌岌可危了。霍布斯在《利维坦》中尽管支持建立一种专制君主政体,但却给予了全新的解释。他认为自然状态之下的人类是平等的,这种平等是天赋的。然而由于人性的恶劣,自然状态中的平等带来的却是猜疑、争斗、暴力和死亡。在没有国家的地方,暴力和欺诈就成了主要的美德,因为"没有公共权力的地方就没有法律,而没有法律的地方就无所谓不公正"[2]。因此,需要通过缔约建立起公共权力,使人类从自然状态转向社会状态。卢梭的"社会契约论"认为"既然任何人对于自己的同类都没有任何天然的权威,既然强力并不能产生任何权利,于是便只剩下约定才可以成为人间一切合法权威的基础。"[3]。他指出国家是人类根据自己的需要,通过契约建立起来的,国家的权力来自人民,而人民的权力则是天赋的。英国政治家约翰·弥尔顿认为:君主的权力是由人民的意志产生的,因此君主应该是国民的公仆,人民的权力才是至高无上的,如果君主侵害了人民的利益,人民就有权力用惩治其他人的同一法律来惩治他。[4] 人民主权学说成为资产阶级民主共和制度的理论基础。

2)权力的分散化

自由主义的代表人物洛克在其《政府论》一书中认为,在自然状态下人们虽享有平等的权利,但由于个人理解不同,会导致权利的不稳定。因此,必须通过放弃自然权利、建立国家,把个人权利交予法律保护。洛克进一步提出了制约权力的分权主张,在他看来"在一切情况和条件下,对于滥用权力的强力的真正的纠正方法,就是用强力对付强力。"[5]孟德斯鸠则认为"有权力的人们使用权力一直到遇到界限的地方才休止"[6]。因此,保障自由的条件就是防止权力的滥用。他认为,防止权力滥用的最有效的方法就是用权力约束权力,要建立一种能够以权力制约权力的政治体制,以确保人们的自由。所以,孟德斯鸠提出建立"法律""自由"及"宪法"之间三位一体的共和政体结构,实行立法权、司法权和行政权的相互制约。

在福柯那里,权力的转型更为微观,因为权力是与其主体联系在一起的。福柯认为,在古代社会的体制下,权力体现在个人化的国王身上,但在其运作中却形成了"一种断裂而散漫的总体系

---

① 北京大学哲学系外国哲学史教研室. 十八世纪法国哲学[M].北京:商务印书馆.1963:88.
② 霍布斯. 利维坦[M]. 黎思复,黎延弼,译. 北京:商务印书馆,1985:96.
③ 卢梭. 社会契约论[M]. 何兆武,译. 北京:商务印书馆,2003:18.
④ 唐士其. 西方政治思想简史[M].北京:北京大学出版社,1982:201.
⑤ 洛克. 政府论(下册)[M].北京:商务印书馆,1995:91-92.
⑥ 孟德斯鸠. 论法的精神(上册)[M].北京:商务印书馆,1961:135-136.

统,在这个系统中,没有什么受到细微控制"。因此,需要用铺张的仪式、宏大的建筑物来显示权力存在,使人对权力产生敬畏之心。这一说法,清楚地表明了城市空间在古代社会中所起到的政治上的作用。然而随着资本主义的兴起,传统权力看似崩溃,实际却变得无所不在了。福柯认为,17、18世纪出现的新权力形式是通过社会生产和社会服务行使其职能的。现代权力注重"规训",而传统权力注重"惩罚",现代国家权力被分散化了。因此,这种权力形成了一种更为广泛而深层的控制,从根本上改变了权力机器的运转方式。正是这种弥漫于微观的权力体系,在马克思那里受到了最彻底的批判。

权力的现代转型使政府权力的表现形式和作用方式都产生了巨大的改变,形成了一种与此前截然不同的社会结构。随着资本主义生产方式的确立,新的权力阶层登上了历史舞台。他们并非依靠高贵的血统和神灵的庇护,而是凭借其雄厚的经济实力和全新的解释世界的方式。资本主义生产的逻辑开始逐渐主导城市空间形态的发展。从这一时期开始,政治权力逐渐失去了在城市空间中直接表达意志以获得"惩戒"式效应的意图和能力,开始转变为一种公共权力。

4.1.2　经济的变革

1）经济结构的变革

就欧洲启蒙学者的本意而言,现代性就是理性。在黑格尔那里,现代性表现了一种"时代精神",它代表人类历史上伟大的逻辑变革。韦伯进而认为,现代社会发展的本质是理性化发展的表现,他指出:"资本主义的合理性,基本上取决于最重要的技术因素的可计算性。这主要是说,他依赖现代科学的独特性,尤其是以数学及准确而不合理的实验为基础的自然科学。但另一方面,科学和有赖于科学的技术的发展,由于具有资本主义利益集团所关心的实际经济用途,从资本主义利益集团中得到了巨大的刺激。"①西方在理性精神的鼓舞下,相信科学技术的发展将产生出巨大的物质生产力,从而解放整个人类。

在生产关系上,资本主义生产关系无论对个人自由还是对社会经济都具有巨大的解放力量。一方面,对人的解放带来了私有财产的所有权。传统社会中以等级来界定经济关系,而资本主义生产关系则用财产来界定经济关系。生产资料私人所有、私有财产神圣不可侵犯是资本主义基本的结构特征之一,也是资本主义经济生活的基本规则。另一方面,资本主义在心态上构造了一种追求利益最大化的经济动机。这一动机释放了巨大的生产力,推动了经济的发展,创造出比以往更多的社会财富。经济生活取代了军事、政治生活成为社会生活的主要方面,经济人的合法性理所当然地得到了确定。正因为这种转变,现代经济学的"理性人"的基本假设能够得以成立,开始与哲学和伦理学逐渐分离,成为一门独立的学科。

在生产方式上,科学推动下的产业革命对人类社会带来了巨大的变革。机器的发明和机械化的生产方式大大提高了生产力,推动了社会经济的迅速发展。正如马克思所言:"蒸汽机和新的工具把工场手工业变成了现代化大工业,从而把资产阶级社会的整个基础革命化了,工场手工业时代迟缓发展的进程变成了生产中真正的狂飙式时代。"而随着工业生产的扩张,大量人口从乡村涌入城市,城市规模随之迅速扩大(见图4-1、图4-2)。1800年以前,全世界的城市人口只占总人口的3%,城市经济也从未超过农业经济,而在1800—1950年的150年间,地球上的总人口增加了1.6倍,而城市人口却增加了23倍。"到17世纪时,资本主义已改变了整个力量的平衡。从那以

---

① 马克斯·韦伯.新教伦理与资本主义精神[M].陈平,译.西安:陕西师范大学出版社,2002:23.

后,城市扩展的主要动力来自商人、财政金融家和为他们的需要服务的地主们。只有到 19 世纪时,城市扩张的力量,由于机器的发明和大规模的工业生产,才大大加强。"①并且,城市开始摆脱长期以来的寄生特征,在人类经济生活中占据了主导地位(见图 4-3、图 4-4)。

图 4-1　1836 年伦敦—伯明翰铁路线上的建筑工地
图片来源:贝纳沃罗. 世界城市史[M]. 薛钟灵,译. 北京:科学出版社,2000.

图 4-2　20 世纪初英国的一个工业城市
图片来源:贝纳沃罗. 世界城市史[M]. 薛钟灵,译. 北京:科学出版社,2000.

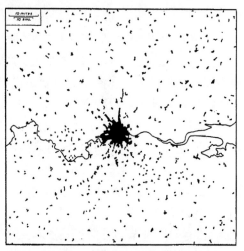

图 4-3　1830 年的伦敦发展状况
图片来源:贝纳沃罗. 世界城市史[M]. 薛钟灵,译. 北京:科学出版社,2000.

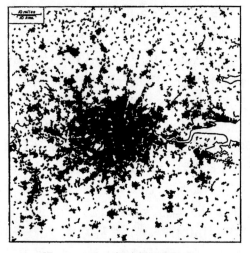

图 4-4　1960 年的伦敦发展状况
图片来源:贝纳沃罗. 世界城市史[M]. 薛钟灵,译. 北京:科学出版社,2000.

2) 资本主义的后果

在传统社会,"唯利是图"的"资本主义精神"在道德上是不被认可的,因为商人的见利忘义和斤斤计较,与贵族或农业生产者的道德要求是背道而驰的。古罗马政治家西塞罗(Cicero)甚至认为,科林斯和迦太基的覆灭是由于其国民过于热衷商业,而对国家和公共事务漠不关心,导致社会涣散,缺乏凝聚力。在中世纪,基督教的伦理对商业也有天然的抵触。而在巴洛克时期,资产阶级也没有得到充分的政治权利。然而在现代社会的理性精神面前,文化传统、宗教信仰、道德戒律这些旧时代的遗存,在精确而现实的经济行为面前完全失去了约束力。"现代性"不断给人们带来困惑、迷茫和危机。涂尔干认为,在从传统社会向现代社会转型的过程中,宗教、道德、习惯等传统社

---

① 刘易斯·芒福德. 城市发展史:起源、演变和前景[M]. 刘俊岭,倪文彦,译. 北京:中国建筑工业出版社,2005:427.

会的价值纽带日益消解,社会失范的根本原因在于道德和信仰的缺失。

马克思在《共产党宣言》(*Communist Manifesto*)中用了大篇幅的文字抨击了资本主义生产方式,用无比激情和优美的语言深刻地揭示了"现代性"的实质:"资产阶级在它已经取得统治的地方,把一切封建的、宗法的和田园诗般的关系都破坏了。它无情地斩断了把人们束缚于'天然首长'形形色色的封建羁绊,它使人和人之间除了赤裸裸的利害关系、除了冷酷无情的'现金交易',就再也没有任何别的联系了。它把宗教的虔诚、骑士的热忱、小市民的伤感这些情感的神圣激发,淹没在利己主义的冰水之中。……总而言之,它用公开的、无耻的、直接的、露骨的剥削,代替了被宗教幻想和政治幻想掩盖着的剥削。……资产阶级撕下了罩在家庭关系上的温情脉脉的面纱,把这种关系变成了纯粹的金钱关系。……生产的不断变革、一切社会关系不停的动荡:永远的不安定和变动,这就是资产阶级时代不同于过去一切时代的地方。一切固定的古老关系,以及与之相应的、素被尊崇的观念和见解,都被消除了。一切新形成的关系等不到固定下来就陈旧了。一切固定的东西都烟消云散了,一切神圣的东西都被亵渎了。"总而言之,资本主义时代的行为特征,就是追求利益的经济生活成为人类行为的主导,而超越人类自身的明确意义已经随着现代社会的出现而逐步消亡了。

政治和经济结构的转型,标志着"现代性"的逐步形成。这种"现代性"渗入人类生活的方方面面,城市空间发展的基本逻辑也就随之发生改变。城市空间的发展和演变开始进入了一种截然不同的发展轨迹中。古代社会与现代社会在城市空间发展方面最大的不同,在于空间产权的形成方式。城市空间发展现代化的过程实际上就是,以财产权利界定空间逐渐取代以权力和等级界定空间。

4.2　生产与增长——19—20世纪初的社会、城市与理论发展

19—20世纪初的城市在产业革命的推动下,处于快速发展的时期。由于处在政治、经济结构的双重转型期,这一时期也存在着多种思潮混杂激烈交锋的局面。用沙里宁的话说,"今天大部分的规划工作,就是在补救过去的错误,这些错误——坦白地说——是因为对国家的一个最要害的问题严重地漫不经心而造成的。……老的教条已经不再有效,新的方法还没有取得经验,我们不得不在黑暗中,摸索前进。"①

一方面,传统的城市规划方式无力完成对现代城市的控制。巴洛克时期的城市规划和设计准则仍然在城市建设中发挥着一定的作用,然而面对前所未有的快速城市发展,巴洛克体系已经暴露出越来越多的问题,完全难以满足城市建设的实际需要。并且,巴洛克式的城市规划的适用范围极其有限,仅在首都和一些重点地段进行了改造,对于大部分新兴的工业城市则完全无能为力。

另一方面,现代城市规划思想虽然已经开始萌芽,为解决城市中出现的种种问题提出了一系列的设想和理论,但往往只停留在理论层面,并未对城市空间发展产生实质性的影响。"他们大多是远见者,但是因为时机尚未成熟,他们大多数人的远见被长期搁置。这些远见本身往往是乌托邦式的,甚至宛若神授。当这些远见最终为人们重新拾获并付诸实施时,常常是在与他们的发明

---

① 伊利尔·沙里宁.城市:它的发展衰败和未来[M].顾启源,译.北京:中国建筑工业出版社,1986:119.

者设想完全不同的地方、不同的环境中,以完全不同的机制来实施的。"①

在自由主义的影响下,政府奉行"不干预"政策,对城市发展的介入非常有限。因此,这一时期的城市建设处于一种几乎不受控制的放任无序状态,也是城市病集中爆发的时期。自由资本主义时期从 19 世纪初一直延续到了"二战"以前。

4.2.1 放任的后果

1) 自由主义与古典经济学

在政治上,受到启蒙运动和自由主义思维的影响,传统的宗教权力和封建权力受到了改造,出现了一种新的政府形式。英国、美国、法国等西方国家相继爆发资产阶级革命,普遍建立了资产阶级民主政府,并且以立法的形式限制政府权力,以保护个人的人身和财产权利,为资本主义发展奠定了制度基础。

在经济上,1776 年亚当·斯密发表了《国富论》这一现代经济学的奠基之作,其重点之一就是强调了自由市场的作用。斯密继承了霍布斯和洛克等人的自由主义哲学观点,认为人具有自利的天性,追求个人利益无可厚非。而个人的自利行为会在市场的引导下,一步步趋向均衡实现社会总体利益的增长。斯密将市场视为一双"看不见的手"(Invisible Hand),希望政府充当"守夜人"的角色,尽可能少地干预市场配置各类资源的机制。这一观点构成了古典经济学的基础,并在马尔萨斯、李嘉图等人的完善下建立了完整的理论体系,影响了整个 19 世纪的政府政策,构成了自由资本主义社会的理论基础之一。

从某种意义上说,自由资本主义是一种"无政府"的机制。因为在经济生产的过程中,市场并不受任何机构的制约,对于利润无止境的追求,是资本主义的基本动力。因此,这种机制本身带有一种天然的扩张性冲动。在此影响下,政治和经济上的放任自由成为西方社会普遍的共识,政府除了负责国防、治安等基本职能外,对具体的经济行为采取了"不干预"的放任态度。

2) 城市病的爆发

然而随着资本主义的迅速发展,自由市场的缺陷在城市空间里不断显现。"当资本主义支配一切,无所不包的时候,当资本主义露出狰狞面目,不要过去任何遮盖布的时候,城市建设就会出现最恶化的情况。"②这一时期成为城市问题集中爆发、严重"城市病"产生的时期。

其一,城市规模迅速扩大,新兴工业城市不断出现。最典型的出现在开展工业革命较早的英国。"兰开夏的罗奇代尔(Rochdale),1801 年大约 1.5 万人,1851 年 4.4 万人,1901 年达 8.3 万人;达勒姆郡(County Durham)的西哈特尔普尔(West Hartlepoll)1851 年为 4 000 人,1901 年增加到 6.3 万人。而伦敦从 1801 年到 1851 年人口则增长一倍,从大约 100 万增加到约 200 万,到 1881 年又增长一倍,到 400 万,到 1911 年已达到 650 万。"③快速扩张的城市化是历史上前所未见的。

其二,传统城市的结构在资本主义生产方式下受到严重破坏(见图 4-5)。"资本主义对现有城

① 彼得·霍尔.明日之城:一部关于 20 世纪城市规划与设计的思想史[M].童明,译.上海:同济大学出版社,2009:3.
② 刘易斯·芒福德.城市发展史:起源、演变和前景[M].刘俊岭,倪文彦,译.北京:中国建筑工业出版社,2005:459.
③ 彼得·霍尔,马克·图德-琼斯.城市与区域规划[M].邹德慈,李浩,陈长青,译.北京:中国建筑工业出版社,1985:19.

市结构采取了两种手法:一是到郊区去,避开市政当局的一切束缚和限制,要不然就彻底破坏老的城市结构,或使城市密度增加到远比当初设计的为高。新的经济的主要标志之一是城市的破坏和换新,就是拆和建,城市这个容器破坏得越快,越是短命,资本就流动周转得越快。"①在商业扩张与土地投机的驱动下,许多城市纷纷破除原有的中世纪城墙限制,向周边无序蔓延,传统城市的结构濒临解体。由于这一时期传统的巴洛克城市设计体系已经无法满足城市日益扩张的需求,因此其"网格+放射"形态特征中的纪念性因素就开始逐渐淡化了。标准的棋盘格规划成为最具效率的建设方式。正如芒福德所指出的:"从严格的商业原则看,棋盘格规划适应资本主义制度的一些要求:价值转移、加速扩展、人口膨胀,所有这些别的规划是望尘莫及的。"②在美国,新兴的资本主义商业城市没有受到传统城市格局的限制,普遍采用了"开放式格网"(Open Grid)的规划模式。这种规划事实上并不拥有系统的理论作为支撑,甚至很难称得上是一种设计,因为开放式格网只秉承一个原则——高效、便捷、易于分配——它只是将土地均匀地划分成小型的地块,以利于商业开发迅速进行。

图 4-5　皮然的两幅版画《一座基督教城市在 1440 年和 1840 年的面貌》,传统城市的结构在资本主义生产方式下受到严重的破坏

图片来源:贝纳沃罗. 世界城市史[M]. 薛钟灵,译. 北京:科学出版社,2000.

其三,环境污染、住宅短缺、卫生条件恶化成为该阶段城市内部的真实写照。维多利亚时期的英国尽管国力日隆,然而城市中的糟糕环境却在各种文学作品中屡见不鲜(见图 4-6、图 4-7)。狄更斯《双城记》中"这是最好的时代,也是最坏的时代"就是这一时期的真实写照。而工人阶级的悲惨遭遇也是马克思对资本主义体系进行无情揭露的直接原因。恩格斯则对曼彻斯特工人的生活状况进行了详尽的描述,"当时的世界纺织城英国曼彻斯特市,市民的平均寿命只有 29 岁,婴儿死

① 刘易斯·芒福德. 城市发展史:起源、演变和前景[M]. 刘俊岭,倪文彦,译. 北京:中国建筑工业出版社,2005:430.

② 刘易斯·芒福德. 城市发展史:起源、演变和前景[M]. 刘俊岭,倪文彦,译. 北京:中国建筑工业出版社,2005:440.

亡率高达 80%,绝大多数人活不过 45 岁,疾病的发生率非常之高。"①公共设施不足、住房条件恶劣、卫生状况恶化,导致疫病横行,1832 年、1848 年、1866 年发生了席卷英国的严重霍乱疫情。恶劣的生活条件引发了社会的动荡,19 世纪的西方城市时常处于罢工和革命的状态下。

图 4-6　1872 年古斯塔夫·多雷(Gustave Dore)的版画中出现在伦敦两座铁路高架桥之间的一个贫民区
图片来源:贝纳沃罗. 世界城市史[M]. 薛钟灵,译. 北京:科学出版社,2000.

图 4-7　1845 年恩格斯所描写的贫困区
图片来源:贝纳沃罗. 世界城市史[M]. 薛钟灵,译. 北京:科学出版社,2000.

3) 相关法律的出台

在严峻的城市问题面前,西方国家开始通过相关法律的建立,避免城市问题的恶化。

1848 年英国首次颁布了与城市规划相关的法律——《公共卫生法》(Public Health Acts),据此成立了中央和地方的卫生部门,规定了地方政府应对卫生、道路、排污和供水等方面负责。1855 年颁布了《消除污害法》(Nuisance Removal Acts)。从 19 世纪 60 年代起,英国还加强了对建筑标准的管理。如 1868 年以后的《托伦斯法》(Torrens Acts),准许地方政府可以勒令拥有不卫生的住宅的房主们自己出钱把房子拆除或加以修理。1875 年以后的"克罗斯法"(Cross Acts),准许地方政府自己去制订改善贫民区的计划。根据 1875 年的《公共卫生法》,对部分地方政府进行了体制改革,使其接受统一的监督管理。② 但是,这一系列的法案主要是保障了一些最基本的生活和居住标准。比如,规定所有的城市工业区、居民住宅区都必须有相应的排水、给水和道路设施以及垃圾处理设施,并规定了每一居室的最小面积、居住人口上限,街道的宽度等(见图 4-8 至图 4-10)。1909 年,英国产生的第一部城市规划法《住房、城镇规划诸法》(Housing, Town Planning, Etc. Act)赋予地方政府编制规划的权力,该法案是世界上第一部现代意义上的城市规划法。

而在美国,由于私人财产权利受到严格保护,规划实际的影响微乎其微。"宪法同时增强了个人的财产权和正当手续。两者共同作用极大减弱了市政府在其管辖范围内对土地利用和开发的管理。因此,19 世纪早期,在鲜有规划和公共管理的情况下,城市增长开始了。"③1922 年,美国商务部出台了《标准州立区划实施通则》(A Standard State Zoning Enabling Act),授权地方政府用

①　仇保兴. 城市经营、管治和城市规划的变革[J]. 城市规划,2004(2):8-22.
②　彼得·霍尔,马克·图德-琼斯. 城市与区域规划[M]. 邹德慈,李浩,陈长青,译. 北京:中国建筑工业出版社,1985:23-25.
③　彼得·利维. 现代城市规划[M]. 张景秋,等译. 北京:中国人民大学出版社,2003:53.

区划控制土地的开发,防止因建设行为而导致对周边地块产生的不利影响。

图 4-8　1875 年英国公共卫生法颁布后,新住宅区建设及其平面(一)

图片来源:贝纳沃罗. 世界城市史[M].薛钟灵,译. 北京:科学出版社,2000.

图 4-9　1875 年英国公共卫生法颁布后,新住宅区建设及其平面(二)

图片来源:贝纳沃罗. 世界城市史[M].薛钟灵,译. 北京:科学出版社,2000.

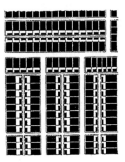

图 4-10　1875 年英国公共卫生法颁布后,新住宅区建设及其平面(三)

图片来源:贝纳沃罗. 世界城市史[M].薛钟灵,译. 北京:科学出版社,2000.

　　总之,这些法律法规仍然坚持政府"不干预"和"守夜人"的基本原则。其出台是为了解决"市场失效"而带来的紧迫的城市问题,是一些最基本的卫生和环境规范,而并非对城市的总体结构进行战略调整。这些法案杜绝了最坏情况的发生,然而对于城市总体结构的优化,解决城市中的根本性的空间布局问题仍然显得无能为力。

4) 现代城市规划的萌芽

　　现代城市规划就是在这样的背景下开始萌发的。19 世纪末期,部分精英建筑师和社会学者对城市问题进行了深入的反思,提出了一系列突破性的理论创建。这一时期的理论探索为"二战"后到 20 世纪 60 年代的规划实践提供了完整的思想基础。

　　试图从理论类型上对这一时期的现代城市规划思想进行分类是困难的。如果要贴标签的话,这其中任何一种理论都不止含有一个标签。就形态的角度而言,可以分为集中主义和分散主义;就学科的角度而言,可以分为建筑学传统、社会学传统、地理学传统等;就思想的角度而言,可以分为理性主义(功能主义)、人文主义;而就文化传统而言,又有英美传统和欧陆传统之分;而如果从时间的角度去梳理的话,可能更为混乱——在激烈变革的时代,新思维的产生往往是跳跃性的。"许多历史事件执拗地不去按照一种简明的历史顺序去发生。思想史尤其如此:人类智慧的结晶源于他人,它们以非常复杂的方式分岔、融合、沉隐或者复苏,这很难采取某种清晰的线性方式来描述。更有甚者,它们也不遵从任何一种事先安排好的顺序。因此,任何企图围绕着某一系列主题来制定一份清单的分析者将会发现,这些主题以一种彻底无序且混乱的方式交错在一起。"[①]总之,现代城市规划的种种发展,都可以在这一时期的思想理论中找到源头。

4.2.2　分散的城市

1) 霍华德与田园城市

　　1898 年,英国社会活动家霍华德提出了田园城市的设想。他认为城市规划必须对抗城市的三种

---

　　① 彼得·霍尔. 明日之城:一部关于 20 世纪城市规划与设计的思想史[M].童明,译. 上海:同济大学出版社,2009:5.

吸引力:一是工业革命所带来的就业高工资的吸引力;二是到城市就业对农民的吸引力;三是城市社会环境、商业繁荣对人的吸引力。这三种力量必须通过分散型的城市布局来抗衡,即著名的"三磁铁"。在田园城市的概念中,他把城市分成若干个组团,每个组团5万~6万人,不超过10万人,3~5个这样的组团组成一个城市群,其中有一个中心城市。每一个组团有工厂、住宅、花园、医疗设施,组团与组团之间以田野、森林、河流、湖泊进行分隔,通过便捷的交通进行连接(见图4-11、图4-12)。

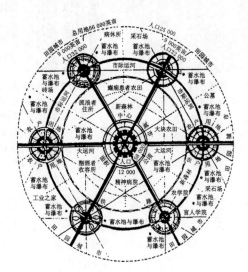

图 4-11　田园城市总平面
图片来源:埃比尼泽·霍华德. 明日的田园城市[M]. 金经元,译. 北京:商务印书馆,2000.

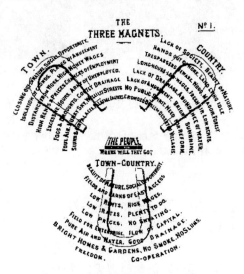

图 4-12　田园城市中的"三磁铁"
图片来源:埃比尼泽·霍华德. 明日的田园城市[M]. 金经元,译. 北京:商务印书馆,2000.

霍华德的思想更为重要的部分是其中蕴含的社会变革主张。尽管反对城市建设行为中的放任自由,但霍华德并非一个激烈的"集权主义者"或社会主义"革命者"[1],他指出:"为了实现这些合乎理想的目标,我取两种改革家(个人主义 & 社会主义)之所长,并且用一条切合实际的线把它们拴在一起。仅仅鼓吹增加生产的必要性是不够的,我已表明如何使它得以实现。而另一个同样重要的目标——更公平地分配——正如我已表明的那样,也是完全可能实现的,而且不会引起敌对、斗争或苦难;根本就无须革命性立法,也不必直接接侵犯既得利益集团。"[2]他希望通过一种和平渐进的改革,即通过城乡一体的新型社会结构来取代城乡分离的传统社会结构,以形成"社会城市"的目标。事实上,在《明日的田园城市》一书的十三章中,仅有第一章是描述了理想的城市形态,其他部分都在从经济和社会的角度论证其可能性,并提出了一系列的改革措施,形成了较为完整的城市规划思想体系。

特别值得强调的是,霍华德把土地的产权问题作为一个讨论重点,认为实行规划的地方政府需要得到足够的授权,通过合法的途径获得土地,才能有效地推动城市规划的发展。"……要获得必要的国会权力以购置土地,并一步一步地落实必要的工作就没有大困难了。各个郡议会正在要求更大的权力,而负担过重的国会愈来愈迫切地要移交一些职责给它们。但愿这种权力给得愈来愈多。但愿能给予愈来愈大的地方自治权。"[3]他提出,政府通过收购的方式,使土地归全体居民所有,使用土地必须缴付租金。城市通过公共政策来降低土地和住房的租金,把土地增值部分归公,

---

① 他指出:"在我看来,大多数社会主义作者们显得过分渴望占有旧的财富形式,不是向财富所有者赎买,就是向他征税,他们似乎很少想到较正确的方法是创造新的财富形式,而且是在较公正的条件下创造。"参见:埃比尼泽·霍华德. 明日的田园城市[M]. 金经元,译. 北京:商务印书馆,2000:101.

② 埃比尼泽·霍华德. 明日的田园城市[M]. 金经元,译. 北京:商务印书馆,2000:100.

③ 埃比尼泽·霍华德. 明日的田园城市[M]. 金经元,译. 北京:商务印书馆,2000:117.

用于城市基础设施建设。对此,芒福德评价道:"从 19 世纪开始起,城市不是被当作一个公共机构,而是被当作一个私人的商业冒险事业,它可以为了增加营业额和土地价格而被划成任何一种模样。埃比尼泽·霍华德在他建议的新的花园城市(这种城市的土地全部公有)中的大胆纠正,标志着对城市的经济和城市的政府这两个概念的一个转折点。"①实际上,他的这一系列观点也成了此后英国城市规划立法工作中的核心内容。霍华德的这些系统性见解,对现代城市规划学科的建立发挥了重要作用,也对此后的规划思想起到了重要的启蒙作用,并成了"二战"后西方国家新城建设的思想渊源。

霍华德的田园城市设想在 20 世纪初就得到了初步的实践。他于 1899 年组织了田园城市协会,宣传田园城市的主张。1902 年通过自筹资金,开始购置土地进行实践。第一个田园城市莱彻沃斯(Letchworth)在霍华德的指导下由恩温(R. Unwin)和帕克(B. Parker)主持完成(见图 4-13),此后是 1919 年的韦林(Welwyn)。到 20 世纪 20 年代,恩温认为霍华德的田园城市在形式上有如行星周围的卫星,因而提出了卫星城的概念来继续推进霍华德的思想。由于尚缺乏立法支持,政府的财政和权力受到制约,无法通过行政力量来推进新城建设。因此,这些示范性项目仍然停留在实验的阶段,无法大规模展开。

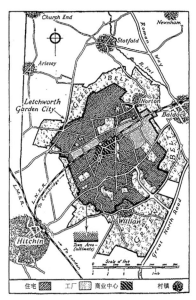

图 4-13 第一个田园城市莱彻沃斯(Letchworth)规划图

图片来源:贝纳沃罗.世界城市史[M].薛钟灵,译.北京:科学出版社,2000.

2)沙里宁与有机疏散

沙里宁(E. Saarinen)在 1942 年出版的《城市:它的发展衰败和未来》一书中提出了"有机疏散理论",对"二战"后的新城建设和城市疏散过程产生了重要影响。他认为,城市与自然界的所有生物一样都是有机的集合体,趋向衰败的城市需要一个合理的结构以利于健康发展,并提出了有机疏散的城市结构的观点(见图 4-14、图 4-15)。他通过全面考察中世纪以来的城市建设状况,认为要

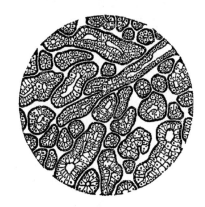

图 4-14 健康的细胞组织:显微镜下的"社区规划"

图片来源:伊利尔·沙里宁.城市:它的发展衰败和未来[M].顾启源,译.北京:中国建筑工业出版社,1986.

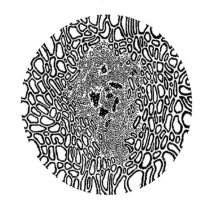

图 4-15 衰亡的细胞组织:显微镜下的"蔓延的贫民区"

图片来源:伊利尔·沙里宁.城市:它的发展衰败和未来[M].顾启源,译.北京:中国建筑工业出版社,1986.

---

① 刘易斯·芒福德.城市发展史:起源、演变和前景[M].刘俊岭,倪文彦,译.北京:中国建筑工业出版社,2005:442.

形成有机的城市结构,必须达成三方面的目标:"第一,把衰败地区中的各种活动,按照预定方案,转移到适合于这些活动的地方去;第二,把上述腾出来的地区,按照预定方案进行整顿,改做其他最适宜的用途;第三,保护一切老的和新的使用价值。"①

沙里宁并不是一个纯粹的"城市分散主义"鼓吹者。他在书中认为要实现"有机疏散",一方面需要对日常活动进行"功能性的集中",另一方面需要对这些集中点进行"有机的分散"。前者能给整个城市带来功能秩序和工作效率,后者能给城市的各个部分带来适于生活和安静的居住条件。他强调指出:"分散的目标,并不是把居民和他们的活动散布到互不相关的极限状态。分散的目标,是要把大城市目前的那一整块拥挤的区域,散布成为若干集中单元,例如郊区中心、卫星城镇,以及社区单元等。此外,还要把这些单元组织成为'在活动上相互关联的有功能的集中点'。在那里,企业之间必要的相互联系,显然能够更直接、更有效和更容易地建立起来。"②

沙里宁同时也是一位务实的建筑师和规划师,他充分意识到了经济和法律上的一系列问题,并予以了强调。在实现"有机疏散"的过程中,他认为应注意三点经济问题:"第一,要在扩大的分散区域内,创造出新的城市使用价值——这是指分散过程中的每一步骤,都应当是在经济上具有积极意义的行动;第二,要改建衰败的城区,以做新的用途——这也包括许多行动,每项行动都应在经济上具有积极意义;第三,要保持所有的新老使用价值——即是稳定经济价值。有机的分散过程中的每一步骤,也都是一种明显、有条不紊地寻求健全与稳定经济的行动。"③而在法律保障方面,他认为政府和立法机关需要实施一系列的改革和立法措施,以推动和保障有机疏散的过程。他为此

图4-16　沙里宁主持的1918年赫尔辛基总体规划
图片来源:伊利尔·沙里宁. 城市:它的发展衰败和未来[M]. 顾启源,译. 北京:中国建筑工业出版社,1986.

也提出了七条重要的原则:"第一,必须制定颁布关于进行义务性规划的法律,责成城镇社区做好规划工作。第二,必须使有机分散所需的所有土地面积,都能归规划中心机构所管辖。第三,必须采取措施,使城市当局能够控制土地价格。第四,必须致力修改征用土地的法令,使之适用于有机分散的目的。第五,需要制定一套实施地产权的转移的法令。第六,保护性绿地必须长期受到法律的保护。第七:必须对建筑设计进行管制,以保证城市的建筑面貌符合规划原则。"④同时,他也充分意识到了城市建设的长期过程,提倡有计划、有引导地"逐步演变",并认为规划需要有充分的灵活性,以适应外部条件新的变化。因此,他的规划已经具有了初步的动态性和渐进性(见图4-16)。

3) 赖特与广亩城市

赖特(F. L. Wright)认为大城市难以适应现代生活的需要,是非人性、反民主的。他希望借助汽车等新兴交通工具,通过分散布局来发展城市。他于1935年发表了论文《广亩城市:一个新的社区规划》(*Broadacre City：A New Community Plan*),提出了广亩城市的设想,从而将城市分散发展的思想发挥到了极致。在赖特的广亩城市中,每一户周围都有一英亩的土地,足够生

① 伊利尔·沙里宁. 城市:它的发展衰败和未来[M]. 顾启源,译. 北京:中国建筑工业出版社,1986:123.
② 伊利尔·沙里宁. 城市:它的发展衰败和未来[M]. 顾启源,译. 北京:中国建筑工业出版社,1986:127.
③ 伊利尔·沙里宁. 城市:它的发展衰败和未来[M]. 顾启源,译. 北京:中国建筑工业出版社,1986:131.
④ 伊利尔·沙里宁. 城市:它的发展衰败和未来[M]. 顾启源,译. 北京:中国建筑工业出版社,1986:259.

产粮食和蔬菜。居住区之间以高速公路相连接,提供方便的汽车交通。沿着这些公路,建设公共设施、加油站等,并将其自然地分布在为整个地区服务的商业中心之内(见图4-17至图4-19)。赖特认为,这种分散化的布局是社会发展的必然趋势。事实上,广亩城市理论也的确成了此后美国郊区化运动的根源。

图 4-17　赖特的广亩城市示意及其局部平面(一)

图片来源:孙施文. 现代城市规划理论[M]. 北京:中国建筑工业出版社,2007.

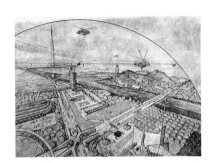

图 4-18　赖特的广亩城市示意及其局部平面(二)

图片来源:孙施文. 现代城市规划理论[M]. 北京:中国建筑工业出版社,2007.

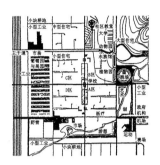

图 4-19　赖特的广亩城市示意及其局部平面(三)

图片来源:孙施文. 现代城市规划理论[M]. 北京:中国建筑工业出版社,2007.

4.2.3　功能的城市

1)工业城市的设想

工业城市的发展也并非全部像重工业城市那样充斥着污染和疾病。对于某些特定的产业城市,城市空间的发展尽管贯彻了效率最大化的原则,却仍然能够保有较为宜人的环境。当然,这样的例子少之又少。瑞士汝拉地区的钟表产业城市就是这种类型的良好代表。位于瑞士西北部的汝拉山区(Jura Mountains)的拉绍德封(La Chaux-de-Fonds)及勒洛克(Le Locle)是两座毗邻的小城。当地的土地不适合耕种,以制表工业作为唯一的产业。19世纪初在发生大火后,这两座城市采取了平行的网格街区进行新的城市规划。住宅和工厂混合布局,平行带状分布的规划充分满足了制表业的功能需求,至今仍保有活力(见图4-20、图4-21)。马克思在《资本论》中分析制表产业的劳工问题时,曾把拉绍德封描述为"巨大的工厂城镇"。作为单一制造业城镇保存良好并活跃至今的杰出典范,这两座城市于2009年被联合国教科文组织列为世界文化遗产。值得一提的是,拉绍德封正是柯布西耶的家乡。拉绍德封高度理性化的布局所表现出的"功能主义"思维是否对柯布西耶产生了潜移默化的影响不得而知,但是从他此后的主张来看,产生这样的联系并非不合逻辑。

图 4-20　拉绍德封(La Chaux-de-Fonds)的平行带状街区(一)

图片来源:转拍自拉绍德封市政厅

图 4-21　拉绍德封(La Chaux-de-Fonds)的平行带状街区(二)

图片来源:转拍自拉绍德封市政厅

　　19世纪末是铁路、汽车等新型交通工具迎来大发展的时期，为新的城市组织方式带来了可能。在这样的背景下，索里亚·玛塔（Arturo Soriay Mata）于1882年提出了带形城市（Linear City）理论。其核心是将城市运输问题作为城市形态发展的中心。在他的方案中，带形城市就是沿交通运输线布置的宽500米的长条形建筑地带，是以交通线为骨架的连绵不断的城市带（见图4-22）。按照其理论，这种带形城市甚至可以贯穿整个地球。带形城市理论所依赖的交通原则对20世纪的城市规划和建设产生了重要影响。

　　而法国建筑师戈涅（Tony Garnier）于1917年提出了工业城市的设想，探讨了现代工业城市的功能组织问题（见图4-23、图4-24）。其规划思想注重各类设施本身的要求和与外界的相互关系，并将各类用地按照功能划分得非常明确。戈涅在他的理想方案中布置了铁矿、炼钢厂、机械厂、造船厂、汽车厂、发电站等一系列工业部门，按照各自的功能和交通需求加以布局。方案体现了明确的功能分区思想和原则，对解决19世纪普遍存在的由于功能混杂而带来的问题具有重要的意义，也是现代城市规划重要的理论基石之一。

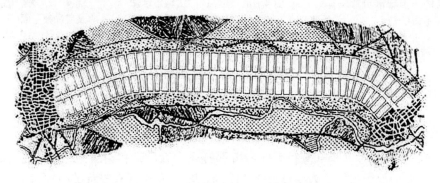

图4-22 玛塔的带形城市示意图
图片来源：沈玉麟.外国城市建设史[M].北京：中国建筑工业出版社，2005.

图4-23 戈涅的工业城市意向及其平面图（一）
图片来源：孙施文.现代城市规划理论[M].北京：中国建筑工业出版社，2007.

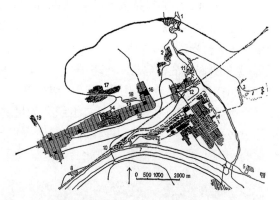

图4-24 戈涅的工业城市意向及其平面图（二）
图片来源：孙施文.现代城市规划理论[M].北京：中国建筑工业出版社，2007.

2）柯布西耶与现代城市

　　城市规划脱胎于建筑学，传统上对于城市整体空间的塑造属于建筑师活动的领域。因此，20世纪上半叶的现代主义建筑运动，极大地推进了城市规划的发展。现代主义因其与工业化进程的紧密联系，从而开创了一整套崭新的技术和美学体系。现代主义建筑运动发源于欧洲，在包豪斯以及一大批先锋建筑师和艺术家的推动下，于20世纪30年代前后达到高潮；在"二战"后形成一种"国际主义"的建筑风格。

现代主义建筑对于现代性的关注使其成了一种对旧秩序的革命性力量。"(现代建筑),从根本上看,它们是教诲性的图解,可以理解成:不是为了它们自身,而是当作一种更加美好世界的标志:一个理性动机普遍存在的世界,一个所有具体的政治秩序机构将被扫进与世隔绝、遭人摒弃的地狱世界。……他是去帮助建立并颂扬一个开明而公平的社会。"①从根本上说,摆脱了古典体系的现代主义建筑,作为一种对机器时代工业文明的回应。现代主义建筑关注功能、强调形式产生的逻辑,是工具理性在建筑学层面的表现。这种对于功能、形式逻辑的关注,很快又集中到了更大规模和尺度的城市空间上。柯布西耶作为现代建筑运动最重要的代表人物之一,不仅在建筑领域,也在城市规划领域产生了深远的影响。

1922年,柯布西耶发表了"明天的城市"(The City of Tomorrow)的规划方案,从功能和理性角度阐述了他的现代城市的基本思路。他首先将城市居民分为三种类型,即城市的市民、郊区的居民和混合类型的居民。根据三种不同类型居民的需要,描绘了一个300万人口城市的规划图。其中,中心区包括各种公共服务设施,有24栋60层高的摩天大楼容纳近40万人居住,建筑仅占地5%,体现了"高层低密"的布局思想。外围的环形居住带是多层板式住宅,容纳60万居民。最外围是容纳200万居民的低层住宅区。城市平面采用了严格的几何构图,设置正交和对角的道路系统。该规划的中心思想是提高市中心的密度,改善交通,全面改造城市地区,形成新的城市概念,提供充足的绿地、空间和阳光(见图4-25)。在此基础上,柯布西耶于1925年将"高层低密"的城市规划布局应用于巴黎的改造,即著名的"伏瓦生规划"。在该方案中,他将巴黎的历史街区全部推平,然后在一片空地上安插了一系列高达200米的高楼,从而大大提高了城市的人口密度。当然,这种激进的、推倒一切的做法显然难以得到实施,柯布西耶本人也承认这一方案只是试图提供一种可能性(见图4-26、图4-27)。1931年,柯布西埃又发表"光辉城市"(The Radiant City)的规划方案,进一步深化了其关于现代城市的主张。

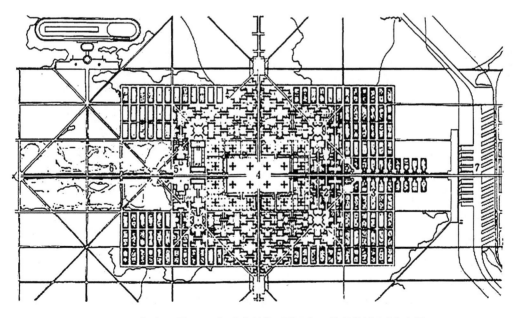

图4-25　柯布西耶1922年发表的"三百万人口的现代城市"方案图
图片来源:沈玉麟.外国城市建设史[M].北京:中国建筑工业出版社,2005.

① 柯林·罗,弗瑞德·科特.拼贴城市[M].童明,译.北京:中国建筑工业出版社,2003:11.

图 4-26　柯布西耶的"上帝之手"

图片来源:肯尼斯·弗兰姆普敦. 现代建筑:一部批判的历史[M]. 张钦楠,等译. 北京:生活·读书·新知三联书店,2004.

图 4-27　柯布西耶 1925 年的"伏瓦生规划"

图片来源:孙施文. 现代城市规划理论[M]. 北京:中国建筑工业出版社,2007.

柯布西耶的集中主义城市的主要观点可以概括为①:(1)传统的城市由于规模的增长和中心拥挤程度的加剧,已出现功能性的老朽,但市中心地区对各种事务都具有最大的聚合作用,需要通过技术改造以完善它的集聚功能;(2)拥挤的问题可以通过提高密度来解决;(3)主张调整城市内部的密度分布,使人流、车流合理地分布于整个城市;(4)高密度发展需要一个新型的、高效率的、立体化的城市交通系统。这一城市规划思想在他所做的几个理想城市方案中得到了充分的体现,并深刻地影响了"二战"后全世界的城市规划和城市建设。

柯布西耶认为通过物质空间的改造,能够改善并解决现代城市的问题,他声称:"有一天,当眼下如此病态的社会已经清醒地意识到,只有建筑学和城市规划可以为它的病症开出准确的药方的时候,也就是伟大的机器开始启动的那一天。"②与霍华德希望通过推进社会改革,达到社会变革的路径不同,柯布西耶则更倾向用技术性手段进行城市改造。这种差异也导致了现代城市规划在空间形态上分散主义和集中主义的分野。

3) 雅典宪章

1933 年以"功能城市"为主题的国际现代建筑协会(CIAM)第四次会议发表了《雅典宪章》,其对城市中普遍存在的问题进行了全面分析,明确地提出了城市功能分区的主张。将城市活动划分为居住、工作、游憩和交通四大部分,认为城市规划需要处理好这四个方面的关系。20 世纪上半叶,现代城市规划的发展与现代建筑运动关系密切,反映的是现代建筑运动对现代城市规划发展的基本认识和思想观点。柯布西埃作为现代城市规划基本原则的积极倡导者,其理性功能主义的城市规划思想,集中体现在由他主持撰写的《雅典宪章》之中。作为现代城市规划的纲领性文件,《雅典宪章》对此后的城市规划发展影响深远。

现代主义的本意是强调"技术性"而非强调"艺术性",但是在建筑学背景的影响下,难免又出现了追求空间形式的趋势,这一点在战后体现得更为明显。沙里宁就曾指出,当我们提出"形式必须从属于功能"时——这也是完全正确和十分重要的——"功能主义"的风格化形式,就马上流行开来了,无论有没有功能都一样。③ 但是至少在现代主义建筑运动的先驱者看来,功能问题才是第一位的。对理性功能的重视,构成了现代主义运动和早期现代城市规划理论的基石。

---

①　彼得·霍尔,马克·图德-琼斯. 城市与区域规划[M]. 邹德慈,李浩,陈长青,译. 北京:中国建筑工业出版社,1985:70-71.

②　柯林·罗,弗瑞德·科特. 拼贴城市[M]. 童明,译. 北京:中国建筑工业出版社,2003:13.

③　伊利尔·沙里宁. 城市:它的发展衰败和未来[M]. 顾启源,译. 北京:中国建筑工业出版社,1986:135.

4.2.4 其他的理论

1) 格迪斯与区域规划理论

格迪斯1915年出版了《进化中的城市》一书,通过对城市的生态学研究,强调人与环境的相互关系,提出把自然地区作为规划研究的基本框架,从而首先形成了区域规划的思想,对20世纪的规划产生了深远的影响。格迪斯还制定了"调查—分析—规划"的标准程序,认为只有在认真调查分析当地条件的基础上,才能做出成功的规划。他特别注意保持地方特色,认为每一个地方都有一个真正的个性,"这个个性也许深深熟睡,规划师的任务就是把它唤醒。"①

格迪斯的区域观建立在对工业社会的分析基础上。他认为,工业的集聚和经济规模的不断扩大,造成了城市发展的集中和扩张趋势。这两种趋势使城市结合成巨大的城市集聚区(Urban Agglomeration)或者形成组合城市(Conurbation)。因此,不能把目光仅限于城市内部,要将城市及其周边地区纳入一个体系中加以整体考虑。其贡献就在于"牢固地把规划建立在研究客观现实的基础之上:即周密分析地域环境的潜力和限度对于居住地布局形式与地方经济体系的影响关系。这促使他突破了城市的常规范围,而强调了把自然地区作为规划的基本框架。"②因此,城市区域规划的观念,与几乎同一时期的霍华德田园城市理论有异曲同工之妙,都强调了在更大的区域范围内解决城市问题的重要性。在美国,区域规划在芒福德等人的努力和推动下于20世纪30年代前后开展了一系列的区域研究。如纽约以解决就业与住房问题为主要目标的区域研究、田纳西河流域规划等,都取得了显著成果。

2) 西特与艺术的城市规划

1889年西特(C. Sitte)出版了《根据艺术原则建设城市》一书,他指出:"城镇应当像大自然的美景一样,使人感到赏心悦目……城镇建设除了技术问题以外,还有艺术问题需要考虑。……在古典的、中世纪的和文艺复兴的时期,以及在艺术能得到充分表现的那些时期,情况都是如此。只有到了我们这个以数学为主的世纪,城镇布置才单纯考虑技术。由于这个原因,就有必要强调,在城镇建设问题中,关心技术只是一个方面,另一个方面则要关心艺术,必须把它作为同等重要的问题来看待。"③西特认为古典及中世纪城市具有自由灵活的性质,而和谐一致的有机体是通过许多建筑单体相互协调而形成的,并且他强调指出广场和街道应当构成有机的围护空间。当然,他并不是希望把古代城市的美学原则搬到现代城市中,而是强调了即便在现代城市中也需要注重美学和艺术的考虑。

可想而知,西特的思想在崇尚功能和技术理性的时代并没有引起足够的重视,甚至遭到柯布西耶等人的嘲笑。在功能主义者看来,艺术化的城市是一种不必要的冗余;而在现代主义运动的视角下,古典式的美学理应被机械化的现代美学所替代。但20世纪70年代以后,随着对现代主义的批判,西特的理论又受到了重视,他被称为"现代城市设计之父"。

3) 佩里与邻里单位理论

佩里(C. A. Peiry)1939年发表专著对邻里单位(Neighborhood Unit)理论进行了全面阐述,这

---

① 金经元.近现代西方人本主义城市规划思想家:霍华德、格迪斯、芒福德[M].北京:中国城市出版社,1998:20,74-75,84.

② 彼得·霍尔,马克·图德-琼斯.城市与区域规划[M].邹德慈,李浩,陈长青,译.北京:中国建筑工业出版社,1985:62.

③ 伊利尔·沙里宁.城市:它的发展衰败和未来[M].顾启源,译.北京:中国建筑工业出版社,1986:97.

一理论指导了 20 世纪世界范围内的城市居住区的建设和空间组织。邻里单位理论的目的是要在汽车交通开始发达的条件下，创造一个适合于居民生活的、舒适安全的、设施完善的居住社区环境。他认为，邻里单位不仅要包括住房，还要包括其环境和相应的公共设施，这些设施至少要包括一所小学、零售商店和娱乐设施等。他同时提出了"人车分流"的概念，认为在快速汽车交通的时代，环境中最重要的问题是街道的安全，因此最好的解决办法就是减少行人和汽车的交织和冲突，将汽车交通完全地安排在居住区之外。

根据佩里的论述，邻里单位由六个原则组成：(1)规模。一个居住邻里的开发应当提供满足一所小学的服务人口所需要的住房，它的实际的面积则由它的人口密度所决定。(2)边界。邻里单位应当以城市的主要交通干道为边界，这些道路应当足够宽，以满足交通通行的需要，避免汽车从居住邻里内穿越。(3)开放空间。应当提供小公园和娱乐空间的系统，并有计划地用来满足特定邻里的需要。(4)机构用地。学校和其他机构的服务范围应当对应于邻里单位的界限，它们应该适当地围绕着一个中心或公地进行成组布置。(5)地方商业。与服务人口相适应的一个或更多的商业区应当布置在邻里单位的周边，最好是处于交通的交叉处或与临近相邻的商业设施共同组成商业区。(6)内部道路系统。邻里单位内部应当提供特别的街道系统，每一条道路都要与它可能承载的交通量相适应，整个街道网要设计得便于邻里内的运行同时又能阻止过境交通的使用(见图 4-28、图 4-29)。①

根据这些原则，佩里建立了一个整体的邻里单位概念，并且给出了图解。此后，邻里单位的思想在许多规划师和建筑师的努力下得到了不断发展。此外，这一理论的基本概念在苏联也得到了发展，孕育了被称为居住小区的城市居住区布局的原理。

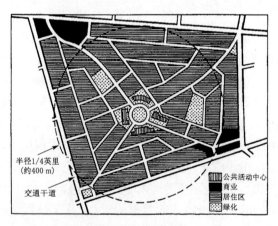

图 4-28 邻里单位的基本概念和布局(一)
图片来源：孙施文. 现代城市规划理论[M]. 北京：中国建筑工业出版社，2007.

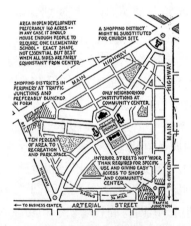

图 4-29 邻里单位的基本概念和布局(二)
图片来源：孙施文. 现代城市规划理论[M]. 北京：中国建筑工业出版社，2007.

4.2.5 理论的内涵

如果说这些理论有什么共同点的话，那就是这些理论家都对物质空间环境表现出了极大的关注。无论是从建筑学、社会学、生态学还是地理学的视角，这些先驱者们都意识到，要解决城市中出现的种种问题，必须从物质空间环境入手。在彼得·霍尔看来，早期现代城市规划的先驱们具有以下特点："首先，这些规划师的绝大多数，关心的是编制蓝图，是陈述他们所设想(或期望)的城

① 孙施文. 现代城市规划理论[M]. 北京：中国建筑工业出版社，2007：323.

市(或地区)将来的最终状态。其次,他们所描绘的蓝图很少允许有不同的选择。他们每位都把自己看成是先知者,而且对于未来世界应该是个什么样子只有一个正确的看法。此外,这些先驱者都是从物质环境的角度来看待社会和经济问题的,是十足的搞物质环境规划的规划师。"①他们的这种基本思路左右了此后现代城市规划的理论发展和建设实践,也因此在20世纪60年代以后遭到越来越多的批判。

从积极的角度看,早期现代城市规划理论是对当时特定的社会问题的务实的回应。这种回应不仅具有思想价值,还具有显著的实践价值。现代城市规划理论并不是仅仅停留在批判的层面,也不是把问题的讨论停留在口头或抽象的层面,而是实实在在地提出了具体解决的方案——尽管其中的某些在未来造成了更大的问题。

然而,20世纪上半叶的城市规划理论尚停留在纸面上,真正得到实践的案例寥寥无几。在政治上,两次世界大战打断了社会经济和城市发展的正常步伐,西方社会动荡不安;而在经济上自由主义的"不干预"指导思想仍然维持统治地位。对于这些现代城市规划的早期理论,霍尔明确指出:"值得重视的是,人们没有及时地认识和接受这些思想。一部分思想在19世纪末多少得到了较充分的发展,而大部分直到第一次世界大战末才被感兴趣的公众所知晓。直至1939年,一些规模的试验开始被承认和接受,1945年开始,这些思想的影响才在实际的政策和设计中起作用。"②因此,19世纪到20世纪上半叶的城市发展实际上处于缺乏有效理论指导的状态之下。城市建设中普遍性的"无政府"状态直到"二战"后才开始真正地扭转。

4.3 现代与功能——1945—20世纪80年代的社会、城市与理论发展

"二战"后,西方世界建立了崭新的政治和经济格局,并迎来了较长时间的稳定和快速发展时期。在经济上,政府抛弃了战前"放任自由"的政策,开始奉行以凯恩斯、庇古为代表的干预主义。现代城市规划作为一种政府干预行为开始进入大量实践、应用和发展的阶段,在战后重建、新城建设以及旧城改造等城市建设活动中占据了主导的位置。

对物质空间形态的关注,是这一阶段城市规划理论和实践的重心。正如英国规划师吉伯勒所说:"如果我们承认物质空间形态规划与社会及经济规划的目标有所不同,那就意味着通过物质空间形态规划的办法——也就是通过建筑与道路的定位、基地、布局以及空间关系等,可以促进经济社会目标的实现。"③这种乐观情绪在现代主义建筑的思维中体现得更为明显,"新建筑是由理性决定的,新建筑是历史注定的,新建筑代表着征服历史,新建筑代表着时代精神,新建筑是治疗社会的良药,新建筑是年轻的,并且不断地自我更新,它永远不会落后于时代。"④人们普遍认为,通过物质空间的改造能够有效地解决城市顽疾。

20世纪60年代以后,随着社会经济情况的变化,人们对现代城市规划进行了反思和批判。在政治学、社会学以及经济学等领域,新自由主义和市民社会思潮的逐步兴起;而在科学理论上,复

① 彼得·霍尔,马克·图德-琼斯. 城市与区域规划[M].邹德慈,李浩,陈长青,译. 北京:中国建筑工业出版社,1985:76.

② 彼得·霍尔,马克·图德-琼斯. 城市与区域规划[M].邹德慈,李浩,陈长青,译. 北京:中国建筑工业出版社,1985:38.

③ 尼格尔·泰勒. 1945年后西方城市规划理论的流变[M]. 李白玉,陈贞,译. 北京:中国建筑工业出版社,2006:10.

④ 柯林·罗,弗瑞德·科特. 拼贴城市[M].童明,译. 北京:中国建筑工业出版社,2003:4.

杂系统、不确定性等思想逐渐形成。这些新的变化导致一系列新的城市规划理论开始发展,而与此同时,关注物质空间的综合规划模式也不断地进行修正与发展,这使城市规划理论再一次出现了多元化的格局。

4.3.1 干预的必要

1) 庇古与凯恩斯

自由市场的问题导致了19—20世纪初的一系列城市病,也在20世纪30年代导致了世界性的经济危机,这促使了西方经济学理论和政府经济政策的重大调整。从国家对经济生活的介入角度看,庇古和凯恩斯的干预主义成了新的指导思想。

庇古(A. Pigou)于1920年出版了《福利经济学》一书,标志着福利经济学的产生。这一理论是对自由资本主义"自由放任"所导致的一系列问题和矛盾的回应。庇古指出,经济行为会带来一系列的外部效应,这种经济"外部性"的存在构成了市场自身无法克服的缺陷,会降低市场运行所产生的效益,导致社会总福利的下降。庇古认为,国家必须越出传统上"守夜人"的职责边界,利用国家权力,通过征税或补贴的方式,对市场的外部性问题进行干预,从而达到规范市场行为、恢复市场秩序、提高社会总福利的目标。

而凯恩斯(J. Keynes)则发展出了系统的宏观经济理论。他认为,商品总需求的减少是导致经济衰退的主要原因。继而指出,在自由放任的经济政策下,受到"三个基本的心理因素"(心理消费倾向、心理灵活偏好、财产收益预期)的影响,分散的个体经济行为会导致总体上有效需求的不足。他认为可以通过国家经济政策的干预,刺激消费和投资,在宏观上实现供给和需求平衡,从而弥补自由市场的不足。经济危机爆发后,罗斯福新政实际上与凯恩斯主义思路类似,即通过国家对经济的干预,促使整体经济在宏观上保持供需平衡。"二战"以后,凯恩斯主义在西方经济学界和政府的政策制定上占据了统治地位,凯恩斯也因此成为"战后繁荣之父"。

即便在极力推崇自由经济的哈耶克看来,城市规划也是一种必需的手段。他曾在1960年时写道:"城市生活的紧密纷繁,使得原有的种种构成简单划分地产权之基础的假说归于无效。在城市生活的境况下,那种认为地产所有者不管如何处理他的地产都只会影响他自己而不会影响其他人的观点,只能在极为有限的程度上被认为是正确的。……城市中几乎任何一块地产的用途,事实上都将在某种程度上依赖于此块地产所有者的近邻的所作所为,而且也将在某种程度上依赖于公共的服务——如果没有此种公共的服务,则分立的土地所有者就几乎不可能有效地使用这块土地……私有财产权或契约自由的一般原则,并不能够为城市生活所导致的种种复杂问题提供直截了当的答案。……这里的关键问题,并不在于人们是否应当赞成城镇规划,而在于所采纳的措施是补充和有助于市场还是废止了市场机制并以中央指令来替代它。"①。

显然,通过城市规划对城市发展进行有效的控制和干预,已经成为各方的共识。城市空间发展开始形成了市场和政府共同主导的二元结构。

2) 相关法律和政策

作为干预政策的一部分,西方国家的立法部门开始制定一系列的法律,授予并扩大了政府进行城市规划的行政权力。

1944年,英国政府发表白皮书《土地使用的控制》,宣告国家有权对各类土地进行规划控制。

---

① 哈耶克. 自由秩序原理(下)[M]. 邓正来,译. 北京:生活·读书·新知三联书店,1960:115-116.

1946 年的《新城法》又赋予了有关规划部门征用和开发新城土地的权力。具有标志性的法律是1947 年英国颁布的《城乡规划法》,从法律的层面完成了国家对开发权的控制,强化了政府在城市发展,特别是土地与房地产市场的干预作用。1947 年《城乡规划法》规定,城市规划的主要职能由地方政府来承担,所有发展规划(Development Plan)都需要经过中央政府的批准,以确保中央—地方以及地方间的协调。在这项法案中,城市规划获得了对城市范围内所有开发建设活动进行控制的权力,此后几乎任何开发活动都必须申请规划许可。1947 年《城乡规划法》最重要的一点就是土地开发权的国有化。该法扩大了政府强行征购地产和获取拨款的权力,同时将所有土地的开发权收归国有。凡获准进行开发的土地所有者应该向国家交付"开发费",从而将土地开发权置于公众监管下,即土地私有、国家控制开发权。国家通过这种形式得到了监管和调节土地市场的权力并以此通过多种手段促进了一大批的新城建设。因此,有人认为现代城市规划的产生是从 1947 年开始的。受到渐进理论和系统理论的影响,1968 年英国通过了新的《城乡规划法》,对 1947 年的规划法进行了修正。最主要的方面是改革了发展规划的体系,包括两个方面:一是区别对待战略性层面和实际操作层面,提出了结构规划和地方规划两种类型;二是提高规划的编制、评议,尤其是中央政府在规划的审批过程中的效率和速度,但地方政府控制土地开发的权力没有任何的改变。

而在美国的情况则有所不同。美国的法律和政治传统倾向于对私人财产的绝对保护,政府对于土地产权和开发权的控制较弱,城市规划的权力也极其有限,这一点与欧洲具有显著的不同。而在文化传统上,欧洲具有深厚的社会主义思想倾向,美国则信奉个人主义。欧洲许多国家的土地是公有的,政府的管理和规划能力较强,美国则不具备这个条件。这些差异,导致了战后美国城市的发展轨迹与欧洲出现了显著不同。当然,在凯恩斯主义的背景下,美国联邦政府也出台了一系列的具体法案,以进行经济扶持和刺激,如城市更新、高速公路规划(包括州际高速公路系统规划)、环境和地方经济发展规划等。在这些经济政策的大力支持下,城市规划活动也得到了极大的发展。

4.3.2 战后的繁荣

现代城市规划在"二战"后迎来了真正的实践时期,无论是强调区域的城市分散主义,还是强调功能的现代主义建筑运动,在战后的城市建设热潮中得到了巨大的发展(见图 4-30)。

1)新城运动

在霍华德思想的影响下,战后欧洲各国开始了不同规模的卫星城建设,其中以英国的新城运动最为典型。

1944 年,阿伯克隆比(Abercrombie)和福尔肖(Forshaw)的大伦敦规划方案得到通过。该方案吸取了霍华德、格迪斯等人的思想,提出了容纳 1 000 多万人的大伦敦地区总体布局,规划采用放射状的道路以形成城市的结构,并在伦敦周围建立 8 个卫星城,从而达到疏解伦敦人口和工业的目的(见图 4-31、图 4-32)。1945 年英国工党上台执政,并于 1946 年通过了《新城法》(New Towns Act),规定委托专门的开发公司进行新城建设,对新城建设进行了一系列的授权和具体规定。

英国伦敦周围的卫星城根据其建设时期的先后分成了三代:第一代新城是指根据 1946 年的《新城法》在 1946—1950 年间指定的第一批新城,共有 14 个。第二代新城是指从 1955—1966 年间指定的新城。第三代新城是指 1967 年以后指定的新城。三代新城在建设中都较为全面地贯彻了《雅典宪章》所确立的现代城市规划原则,成为现代城市规划付诸实践的典型成果。新城建设不仅

图 4-30 "二战"后一书中的两幅画：战士脱下军装，根据他在战争中构思的
方案开始重建伦敦
图片来源：贝纳沃罗. 世界城市史[M]. 薛钟灵，译. 北京：科学出版社，2000.

在英国，也在其他欧洲国家蓬勃开展。例如瑞典等国 20 世纪 50 年代以后开始的新城建设，在卫星城建设的历史上也是非常具有代表性的。

总体而言，新城建设的影响不仅体现在规模上，也体现在示范效应上。欧洲在现代城市规划指导下进行的新城建设，一方面疏解了中心城市的人口和功能压力，另一方面也营造了较好的城市形象，许多当年建设的新城到今天仍然具有良好的活力，已经成为现代城市规划的设计典范。必须强调的是，新城建设之所以能够取得成功，是建立在一系列的外部社会环境之上的。

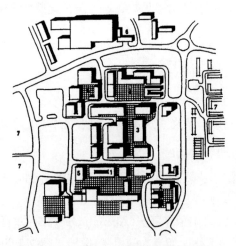

图 4-31 英国第一代新城"哈罗新城"的
总体规划和中心区布局（一）
图片来源：贝纳沃罗. 世界城市史[M]. 薛钟灵，
译. 北京：科学出版社，2000.

图 4-32 英国第一代新城"哈罗新城"的
总体规划和中心区布局（二）
图片来源：贝纳沃罗. 世界城市史[M]. 薛钟灵，译. 北京：科学出版社，2000.

首先，新城建设是在一片空白的基础上建立一个崭新城市，因此现代城市规划的基本思路能够得到有效贯彻。而这一点在已经建成的城区内，由于受到土地产权、周边环境等因素的制约，是很难实现的。柯布西耶的"伏瓦生规划"的前提就是先将部分城区夷为平地，在重视私人财产权利的西方，其难度是可想而知的。因此，即便在战后城市建设快速发展的时期，对城市建成区大刀阔斧的改建和更新现象也并没有发生,只是进行了有限的局部调整。

其次,在新城建设的过程中,相关法律制度的建设起到了至关重要的作用。霍华德的理念之所以能够得到实现,是由于有效地建立起了一整套土地权利的流转机制。政府通过相关法律授权,对土地各项权利实施合法占有,才能够实现整体性的新城规划建设。而这些相关的法案之所以能够得到通过,是与特定时期的社会制度背景密切相关的。

此外,城市化的阶段、实际建设的需求也是一个重要的方面。正是由于当时伦敦等城市处于快速发展和蔓延的阶段,新城建设才具有了显著的意义。而20世纪70年代以后,西方发达国家的城市化逐渐平稳,疏散城市人口和功能的迫切需求减弱。当"需求"减少,新城建设的"供给"也就自然而然地下降了。

2）整体城市设计

以柯布西耶为代表的现代主义建筑师在城市层面的实践,直到20世纪50年代的昌迪加尔(Chandigarh)规划才得以完整的进行。昌迪加尔于1951年开始规划建设,柯布西耶在其中起到了主导性的作用。他并未采取集中式的高层布局,而采用了水平延伸的形态设计,但是理性功能的核心思想还是得到了充分的表现。城市中有非常明确的功能分区,安排了行政区、商业区、文化区、工业区等功能,并通过清晰的道路系统加以组织,反映了《雅典宪章》的核心思想,体现出一种高度理性化的特征(见图4-33、图4-34)。城市的尺度也大得惊人,表现了一种恢宏的气势和纪念性的景观,这种形象在传统的欧洲城市中是看不到的。

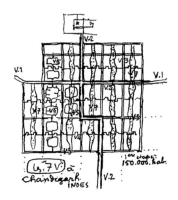

图4-33 柯布西耶的昌迪加尔规划草图
图片来源:贝纳沃罗.世界城市史[M].薛钟灵,译.北京:科学出版社,2000.

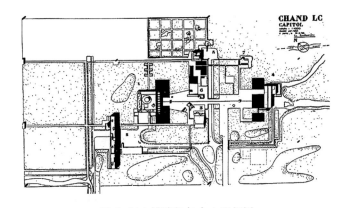

图4-34 昌迪加尔中心区规划
图片来源:贝纳沃罗.世界城市史[M].薛钟灵,译.北京:科学出版社,2000.

昌迪加尔集中体现了现代主义的精神,也集中暴露了现代主义的问题。严格的功能分区造成了社会分化,庞大的尺度带来了冷漠和支离的感受,而高度理性抽象化的空间形式完全忽略了印度的地域风格。这一系列的问题,使其建成后短期内受到的赞誉,迅速转化为批评和不满,成为20世纪60年代现代城市规划大批判时期的典型反面案例。

1956年,巴西政府出于振兴内陆经济的战略考虑,决定迁都到巴西中部的一片荒原中建设新首都巴西利亚。巴西建筑师科斯塔(Lucio Costa)在巴西利亚的总体设计竞赛中获胜。科斯塔是现代主义建筑特别是柯布西耶的追随者,在他的巴西利亚规划和建筑设计中忠实地贯彻了现代规划的基本原则——使用高效、功能明确、秩序井然。新首都规划人口50万,用地约150 km²,城市平面模拟了飞机的形象,象征巴西是一个迅猛发展、高速起飞的发展中国家。科斯塔采用十字相交的轴线作为未来首都的主体结构。一方面是出于交通功能的考虑,另一方面也象征巴西是一个天主教国家。其中南北轴主要服务交通功能,负责城市的对外交通,其前部为宽 250 m 的纪念大道,两旁配有高楼群;东西向的弧形轴线上分布主要的居住区和商业区。南北轴线的南端"机头"部分是三权广场和总统府、国会、最高法院以及政府办公大楼,南端是文化区、体育运动区以及相关的配套服务区。在方案中对交通的组织尤为注重,城市中建立了快速道路和立交系统。规划为城市货运交通设置了专用线,为步行交通设置地下通道和步行街,主干道交叉点设置大型立体交叉。居住街坊由 8~12 幢马赛公寓式的集合式住宅组成,加上四周较低矮的住宅和小学、商店等文化服务设施组成邻里单位(见图 4-35、图 4-36)。

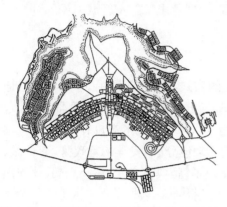

图 4-35 巴西利亚的总体规划和住宅单元(一)
图片来源:贝纳沃罗.世界城市史[M].薛钟灵,译.
北京:科学出版社,2000.

图 4-36 巴西利亚的总体规划和住宅单元(二)
图片来源:贝纳沃罗.世界城市史[M].薛钟灵,译.北京:科学出版社,2000.

整体性城市设计与新城运动有着相似的背景,即在一片空地上进行全新的城市规划,因此昌迪加尔和巴西利亚较为完整地贯彻了现代城市规划原则,并突出地表现了受现代主义建筑运动影响、以建筑师职业为背景的现代城市规划的特征。

3) 郊区化

美国在"二战"后的城市建设和发展上,与欧洲各国产生了显著的差异。从形式上看,欧洲主要以新城建设为主,而在美国则表现为郊区化的快速发展。20 世纪 20 年代开始,整个美国人口增加了 16%,住在城市中心的增加了 22%,但是住在卫星地区(郊区)的人口却增加了 44%。[①] 而 20 世纪 50—80 年代这一时间段,是郊区化发展最快的阶段[②]。

这种情况一方面是由文化传统、居住习惯和具体国情形成的。美国地广人稀,不像欧洲那么拥挤,人们更愿意居住在环境质量良好的郊区——这一想法在赖特的"广亩城市"中就有着鲜明的体现。战争结束后,随着复员军人和婴儿潮的出现,全美国对于住宅的需求持续上升,从而进入了

---

① W. W. 罗斯托. 经济增长的阶段:非共产党宣言[M]. 郭熙保,王松茂,译. 北京:中国社会科学出版社,2001:80.

② John A. Dutton 在《新美国城市主义》(*New American Urbanism*)中认为,美国郊区化大致可分为以下五个阶段:a. 萌芽阶段:19 世纪后期富人沿铁路外迁时期。一般是沿电车线路外迁,中产阶级开始前出城市中心。城市空间形态由团状向星状转变。b. 形成阶段:1920—1950 年是汽车郊区化时代。大量中产阶级和上层阶级居住在郊区,工作、居住地普遍分离。大量购物和娱乐活动仍然在城市中心。c. 发展阶段:20 世纪 50—80 年代是普遍郊区化时期。由大规模建设的郊区住宅引起产业郊区化热潮,商业服务设施和文化娱乐设施大量迁入郊区。d. 成熟阶段:20 世纪 80 年代郊区的城市设施不断增加和完善,郊区的自立程度越来越大,城市功能逐步完善。e. 新发展阶段:90 年代,郊区化过程仍在继续,郊区化新的特点是边缘城市形成。边缘城市是指原有中心是周边郊区基础上形成的具备就业场所、购物、娱乐等城市功能的郊区新市镇。

郊区住房的大规模快速建设期。私人汽车的普及和高速公路的大幅度扩展也对郊区化发展起到了积极的推动作用。1945年全美国的汽车拥有量达到了2 500万辆,到1950年则达到了4 000万辆,1960年6 200万辆,1970年更达到了8 900万辆。1956年,艾森豪威尔政府又斥巨资建立州际高速公路系统,形成了网络化的高速公路系统,创造了环城的郊区走廊,从而降低了郊区的交通成本,使郊区居住模式在技术上变得更为可行(见图4-37、图4-38)。

　　而另一方面,法律法规、土地产权等因素也对商业开发的成本产生了重大影响,对郊区化的推进起到了关键的作用。与郊区相比,城市建成区的产权高度分散,难以进行有效的整体开发。而郊区的土地产权则较为单一,有利于大规模开发的进行。利维(J. M. Levy)对此进行了详细的描述:"在郊区的农地上进行建设,开发商只要支付土地和建设的成本,但是要在城市的有建筑物的土地上进行建设,就必须首先拆除已有的建筑物,这就需要支付这些建筑物的剩余价值,即使这座建筑物已经完全荒废了,它的拥有者或其他的投资者也都认为在当时的情况下这样的建筑不再存在任何的价值,但作为这座建筑物的所有者,绝不可能不要任何补偿就放弃这座建筑物。……典型情况下,城市土地所有权是高度分散的,一个城市街区的所有者可能是许多独立个人或商业组织。……要建设一个大工程的开发商必须要和几十个不同的所有者协商。在某些情况下,这些所有者在土地所有权上可能还存在法律问题,以致必须拖延时间才能得到解决。……与城市边缘区所有者都拥有大地块相比,这种情况非常令人沮丧"[①]

　　正是这种土地产权所形成的成本差异,成为开发商大量向郊区进军的动力,因此以商业运作为目的的资本更趋向于在郊区进行建设。这种快速郊区化的进程使城市的中产阶级居住人口大量迁出,在某种程度上加剧了旧城的衰退,成为日后城市更新的肇因。

图4-37　郊区化的快速蔓延
图片来源:img. slate. com/media

图4-38　以汽车交通为主导的郊区化住宅区
图片来源:img. slate. com/media

4)城市更新

　　在美国,随着大量人口从内城迁出,城市中心开始逐渐衰退。对旧城进行更新改造的呼声日益高涨。1941年格里尔(Guy Greer)和汉森(Alvin Hansen)撰文建议通过成立城市房地产公司,利用政府的征用权进行城市改造。他们认为可以从更高一级政府获得资金,通过收购而获得需要更新地区的土地,并对用地范围进行清理,然后向私人企业出售拆除完毕的熟地。

　　"二战"结束后,在美国联邦政府的倡导下,1949年国会通过《住房法》,将这一计划逐步付诸实施。按照该法,成立了类似于城市房地产公司的地方公共机构,拥有对更新地点的土地征用权。

---

　　① 利维. 现代城市规划[M]. 5版. 张景秋,等译. 北京:中国人民大学出版社,2003:184-185.

在资金方面,2/3 的地方公共机构的资金来自联邦政府,1/3 来自地方政府。地方公共机构可以使用其合法权力和财政资源,取得需要更新的土地,通过一系列的基础改造后出售或者出租给私人开发商。该计划的目的包括:①拆除不合标准的住房;②振兴城市经济;③建造好的住房;④减少实际生活中的隔离,加强不同种族间的融合等。

城市更新采取的方法就是由地方机构在联邦巨额资金资助下进行拆迁和重建。这是美国历史上最大的联邦政府的城市建设计划,对美国的城市产生了重大影响。到 1973 年,官方公布的统计数字显示,联邦政府共资助了 2 000 多个项目,涉及的城市建设用地达到 1 000 平方英里;共拆除了居住有大约 200 万人口的 60 万个居住单元;在这些用地上新建了大约 25 万个新的居住单元。在整个城市更新的用地上新建了大约 1.2 亿平方英尺的公共设施和 2.24 亿平方英尺的商业建筑面积。为了衡量对经济的影响,这些面积数字转换成工作岗位大约可以安排 50 万人就业。城市更新地区的土地和建筑的评估价值已在计划开始时的基础上增长了 3.6 倍。到 1973 年,城市更新项目花费了近 130 亿美元联邦基金,其中还不包括城市更新中所涉及的私人投资。①

公平地讲,城市更新运动与此前的城市美化运动并不相同。城市更新不仅仅关注改善城市物质空间,解决"物质性老化"问题;更注重城市功能性和结构性的改造,希望通过对城市社会、经济进行功能性改造,促进经济发展、改善社区生活环境和居住条件。其根本目的是在普遍郊区化的背景下,维持并恢复老城区的活力。就此而论,城市更新计划应该说取得了相当大的成就。

然而,城市更新也在实施过程中产生了许多问题,特别是没有真正改善城市弱势群体和低收入阶层的境遇,导致其成为人们批判的焦点。对此利维指出:"这些目标尽管值得称赞,但也包含一些内在矛盾以及一些不那么令人舒服的负面作用,通过现实反映就更加明显。例如,振兴城市经济不是通过一个拆除未达标准的房屋并用纯商业开发取代的计划就能实现的。……减少低成本房屋供给,缩减空置率会使房屋市场趋紧,而在这样的市场中,穷人必须还要找到避难所,这听起来不怎么好。……在穷人、黑人邻里获得种族融合的方法之一就是拆掉低收入黑人占据的荒废、陈旧的住房,代之以中等收入或高收入家庭的高质量、更昂贵的房屋,而这些人多数都不是黑人。当然,这种为种族融合付出的代价相当大。"②

城市更新一方面没有真正改变低收入阶层的境遇,因此引起了穷人的不满;另一方面在改造过程中采取现代主义城市规划机械的"推倒一切"的建设方式,也破坏了传统城市的文脉和多样性,这也引起了文化精英们的口诛笔伐。最著名的批判莫过于简·雅各布斯的《美国大城市的生与死》一书,她在书中激烈批判了现代城市规划所奉行的基本原则,指责柯布西耶和霍华德是造成美国城市衰败的罪魁祸首。

在各方的指责声中,美国的大规模城市更新于 1973 年正式结束,而对一些在 1973 年以前动工的项目的资助则持续到了 20 世纪 80 年代。此后,美国国会通过了《住房及社区发展法》(The Housing and Community Development Act),终止了由联邦政府资助的大规模城市改造计划,而转向社区的更新和改造。

4.3.3 理性的系统

与此同时,在"理性思维"和"空间规划"的基本前提下,现代城市规划的理论也得到了进一步的发展,从早期的"功能主义"向更为系统化、技术化的方向发展。这一倾向发展的高潮就是在 20

---

① 利维. 现代城市规划[M]. 5 版. 张景秋,等译. 北京:中国人民大学出版社,2003:183-184.
② 利维. 现代城市规划[M]. 5 版. 张景秋,等译. 北京:中国人民大学出版社,2003:186.

世纪 60 年代末出现的系统综合规划。

1）系统综合规划的出现

系统综合规划的概念来源于系统论和控制论。系统论注重研究系统的一般规律、结构和模式；而控制论则认为各种现象都可以被看作一个复杂而相互作用的系统，只要引入合适的控制机制，系统的行为就会向特定的方向变化，以实现控制者的某些任务。彼得·霍尔指出："以控制论为基础的规划称为系统规划，它的基本概念是关于规划或控制系统自身与受控制系统这两个平行系统之间的相互作用。应当记住，今后谈到的系统规划过程都贯穿着这种不断相互作用的概念。"①

McLoughlin、Chadwick 吸取了系统论和控制论的基本思想方法，认为规划研究的对象是多种要素及其相互关系组成的人类活动系统，而城市规划能够通过分类、预测、决策、调控各相关系统，并通过实时反馈，对复杂的城市问题进行决策与控制。McLoughlin 认为，系统方法不仅能够有效研究和理解人与环境的关系，而且能够成为控制这种关系的有力手段。他指出："规划并不主要涉及人为事物的设计，而是涉及连续的过程，这个过程起始于对社会目标的识别，并通过对环境变化的引导而试图实现这些目标。"因此，其规划过程建立在"确定目的"（Goals）、"建立目标"（Objectives）的基础上（见图 4-39、图 4-40）。此外，他还根据控制论的原理，提出了一系列的规划反馈—修正—决策方法。系统规划方法通过建立大量的模型来预测并实施控制，并假定城市是一个"封闭系统"，以利于模型的建立。

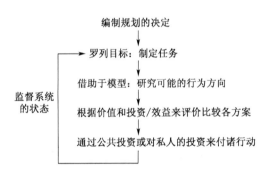

图 4-39　McLoughlin 关于规划过程的概念
图片来源：彼得·霍尔，马克·图德-琼斯. 城市与区域规划［M］. 邹德慈，李浩，陈长青，译. 北京：中国建筑工业出版社，1985.

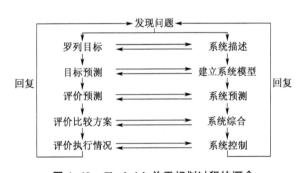

图 4-40　Chadwick 关于规划过程的概念
图片来源：彼得·霍尔，马克·图德-琼斯. 城市与区域规划［M］. 邹德慈，李浩，陈长青，译. 北京：中国建筑工业出版社，1985.

总而言之，系统综合规划贯彻了"理性"的核心思想。这种理性思想不仅贯彻在对于城市的认识上，还贯彻到了城市规划的决策、编制和调整过程中。当然这种"理性"或"科学性"也意味着城市规划成了一个纯粹的科学或技术过程；规划师就像实验室的科学家一般，以一种"价值中立"的态度去处理城市问题。就此而论，系统综合规划将工具理性的思维在城市规划中推向了极致。

2）系统综合规划的问题

首先，系统综合规划的最大问题，简单地说，就是太过复杂。这种方法相当于建构了一个几乎与城市同样复杂的规划系统——特定的城市子系统由对应的城市规划系统实施控制。一方面，系统规划需要建构对城市的系统性认识，而这种认识不可避免地带有简单化的趋势。尽管理性综合

---

① 彼得·霍尔，马克·图德-琼斯. 城市与区域规划［M］. 邹德慈，李浩，陈长青，译. 北京：中国建筑工业出版社，1985：263.

规划非常"科学"地指出了城市是一个复杂系统,并设置了一系列对其实施控制的程序,但城市系统的复杂性,却使得任何试图将其分类化的尝试都显得"挂一漏万"。比如,为了有效建立分析模型,系统综合规划将城市视为一个封闭系统,但事实上绝非如此。另一方面,即便能够有效建立这样一个系统综合的规划框架,其控制机制也相当复杂。不仅需要大量的数据和资料支撑,还需要大量的规划人员进行专门的分析和控制。事实上,当时在这种思路的影响下,带来了规划日趋复杂、编制耗时、规划师疲于奔命、政府机构臃肿等一系列问题。这些问题正是渐进主义学者此后批判的焦点。

其次,系统综合规划理论立足的理性原则强调技术的"价值中立"原则,从一开始就忽视了现实的外部真实的制度环境。采用这种方法的规划师必须抛弃任何既有的价值观念,表现出一副"绝对公正和客观"的态度,来面对充满冲突和矛盾的城市,由此很快就滑向了技术决定论的境地。与此前的"物质空间决定论"相比,虽然其操作方法显得更为"科学",但就其思想方法的本质而言,依然是理性主义思维的延续和发展。以至于"到 1967 年时,一位批判家理查德•玻兰(Richard Bolan)认为,系统规划是穿着华丽外衣的老式综合规划,系统规划和综合规划都忽略了政治现实。"①这一论断无疑是客观的,并且在政治热情高涨的 20 世纪六七十年代,忽视外部社会环境的问题成了系统综合规划在价值观上最大的软肋,受到左翼规划理论家的批评。

这些问题使得综合理性规划虽然体系完整、方法明确,但缺乏可操作性,难以真正对城市规划起到有效的指导作用。20 世纪 80 年代中期,系统方法在城市规划中的应用被其最积极的倡导者 McLoughlin 宣告彻底失败。他不得不声称:"规划不只是一系列理性的过程,而且在某种程度上,它不可避免地是特定的政治、经济和社会的历史背景的产物。"②尽管如此,系统综合规划仍然在实践中产生了很大的影响,依此建立起来的"结构规划"和"地方规划"体系仍然是英国城市规划的主要形式,系统方法在当今城市规划中仍然是有用的规划手段。

4.3.4　反思与批判

以《雅典宪章》为指导思想的现代城市规划理论,在西方国家快速城市化的阶段发挥了重要的作用。对于物质空间和对城市功能需求的关注重点,使得现代城市规划极大地改善了城市机能的混乱状态,自由资本主义使其产生的城市病逐渐缓解。

M. Petersen 于 1966 年在美国规划师协会杂志(AIP Journal)上写道:"我可以稍带夸张,但却颇有几分真理性地说,一代人的规划会成为另一代人的社会的问题。在规划工作中所取得的那些'成绩',往往会成为产生困难的根源。"③随着综合规划体系的日渐成熟,其关注和控制的领域也遍及城市的各个方面,城市规划逐渐取代了市场对城市空间的配置作用,并因此产生了一系列的矛盾。一方面,严格的功能分区使城市空间高度理性化、技术化,现代主义僵硬刻板的形式破坏了城市空间原有的多样性和活力,形成了冷漠、支离的"现代病"。而另一方面,现代城市规划中的精英主义思维将城市规划视为一种自上而下的机制,对于社会制度环境和多元的利益诉求缺乏必要的关注和有效的回应,因此日益受到了人们的质疑。此外,过于强调规划的综合性导致规划周期冗长、机构臃肿、效率低下,对瞬息万变的市场难以有效应对,使规划丧失了灵活性。所有这些问题,

---

①　彼得•霍尔. 明日之城:一部关于 20 世纪城市规划与设计的思想史[M]. 童明,译. 上海:同济大学出版社,2009:379.

②　McLoughlin. 英国城市规划中系统方法应用的兴衰[J]. 赵民,唐子来,译. 城市规划,1988(5):25-26+19.

③　孙施文. 城市规划哲学[M]. 北京:中国建筑工业出版社,1997:220.

在 20 世纪 60 年代以后开始集中爆发,现代城市规划体系受到了各方的严厉批判和深入反思。

1) 过程规划与渐进主义

系统方法对于规划理论的推动来自:从理论的高度对城市规划过程的重要性有了进一步的强化。

因为规划的过程首先需要确立问题,然后进行模型建构,通过一系列的分析找出规律、做出可能的选择,最后需要对这些选择进行全面分析、综合评价,从而做出决策。这一过程不仅应用于城市规划编制,也运用到了城市规划实施之中。系统方法对于规划过程的强调,形成了被称为"过程规划"(Procedural Planning)的方法论思想,并在此后的规划理论中不断发展和深化。A. Faludi 将理性模式分为问题和目标的界定、提出比选方案、评估方案、实施规划和效果跟踪 5 个阶段,从而构成了一个连续和动态的模型。并且他认为,过程规划方法就是一种当系统收到的信息要求变化时就能使计划作出调整的方法,因此,战略性的信息和反馈与行动是紧密地、直接地结合在一起的,这些行动所提供的信号可以直接导致对它的方向和强度进行渐进的调整[①]。过程规划的理论发展使对城市规划的整体认识发生了重大的改变,有关规划过程的讨论也逐渐开始升温。

60 年代以后的城市规划理论对于规划过程都给予了极大的重视,其中以渐进主义规划最具代表性。C. E. Lindblom[②] 发表了《"得过且过"的科学》(*The Science of "Muddling Through"*)一文,提出了渐进规划的思想。他认为由于人类认知力的限制,难以"完全理性"地去处理复杂的社会问题,而是应当注重解决短期现实的目标。他将其方法称为"相继性有限度的比较"(Successive Limited Comparison),又称"不连续渐进主义"(Disjointed Incrementalism),就是通过逐步的、小量的进展一点一滴改变现状,通过达成一个个短期目标以实现长期连续的控制。

渐进主义主张:(1)决策者集中考虑那些对现有政策略有改进的政策,而不是尝试综合的调查和对所有可能方案的全面评估;(2)只考虑数量相对较少的政策方案;(3)对于每一个政策方案,只对数量非常有限的重要的可能结果进行评估;(4)决策者对所面对的问题进行持续不断的再定义:渐进方法允许进行无数次的"目标—手段"和"手段—目标"调整以使问题更加容易管理;(5)因此,不存在一个决策或"正确的"结果而是有一系列没有终极的、通过社会分析和评估而对面临问题进行不断处置的过程;(6)渐进的决策是一种补救的、更适合于缓和现状社会问题的改善,而不是对未来社会目的的促进。[③] 因此,渐进规划方法的特点在于:(1)不需要高深的理论和多学科的知识,也无须为了寻找到一致的社会目标花费大量的时间和精力;(2)规划师不必陷于繁重的资料和信息的收集工作,其所需的资料和资源可以分期解决,因而比较容易进行规划和实施;(3)规划决策的基础相对比较可靠,不必对大的战略进行全面研讨,也不用评估和比较各种可能方案,确定规划政策比较容易;(4)不必事先确定规划重点,优先解决的问题由当时当地的实际需要随时可以确立,所以决策实施的可能性大,也可以比较快地实现;(5)这类决策只解决局部性的问题,牵涉面少,投资量小,资金容易筹措,也容易出效果。[④]

应当说,Lindblom 的渐进主义决策理论具有显著的实用主义色彩,它的基本原则类似于"摸着石头过河"的策略,因此具有很强的现实意义。当然,实用主义倾向必然带来的问题就是只顾眼前而缺乏长远考虑,因此之后埃兹奥尼(Amitai Etzioni)在此基础上提出了混合扫描(Mixed Scanning)的决策模式,对渐进主义理论进行修正。该理论使决策过程既包括基本发展方向的框架,即"战略"决策,又

---

① Faludi A. Planning theory [M]. Oxford: Pergamon Press, 1973.

② Lindblom C E. The science of "muddling through"[J]. Public Administration Review, 1959, 19(2): 79-88.

③ 孙施文. 现代城市规划理论[M]. 北京:中国建筑工业出版社,2007: 453-454.

④ 陈锦富. 城市规划概论[M]. 北京:中国建筑工业出版社,2006.

包含了逐步推进的渐进步骤,即"战术"决策,从而使渐进理论兼具了长期和短期的可操作性。这一模式在英国1968年的"结构规划"和"地方规划"两级规划体系中表现得最为明显。

此外,这种理论也似乎产生了一种自由主义的倾向,与哈耶克对"纯粹技术理性""理性滥用"的批判有着相似之处——即社会是无法通过整体的设计来达到控制目标的,而应当在现有基础上通过不断地"点滴进步"来实现发展。但是这种理论与其说是一种对理性主义的反叛,不如说是对理性主义的折中和调和。对未来的不可知因素的强调,是渐进主义理论与传统的综合规划最大的不同。总体而言,渐进主义并未对现代城市规划的基本原则进行攻击,它只是拆解了城市规划的技术过程,并开启了对规划合理过程的讨论。渐进主义规划将传统的城市规划从一次性的"蓝图式"规划,转变为无数次的"目标—手段"和"手段—目标"过程。受其影响,城市规划开始强调"动态性"和"滚动性",即规划目标根据社会经济发展变化而动态变化调整;规划控制指标也开始从刚性控制向弹性引导转变。

2) 大卫多夫与"倡导式规划"

1962年,大卫多夫(Davidoff)和莱纳(Reiner)发表了《规划的选择理论》(*A Choice Theory of Planning*)一文,提出规划的整个过程都充满着选择,而任何选择都是以一定的价值判断为基础,规划师不应以自己的喜好替代大众的选择,这样的替代选择不具有合法性,城市规划的价值选择应交由公众本身。[①] 大卫多夫在1965年又发表了《规划中的倡导性和多元主义》(*Advocacy and Pluralism in Planning*)一文,提出了倡导式规划(Advocacy Planning)的思想。他不满传统的理性规划中"价值中性"的立场,认为这种所谓的价值中立往往会受到权力的控制,而规划不应该以一种价值判断来压制其他多种价值观,而应为多种价值观的体现提供可能。他主张规划师应该代表弱势阶层的声音、具有公正的思想,应该作为"倡导者"参与到政治进程中去,帮助公众在民主进程中发挥真正的作用。[②] 这一思想的提出,与20世纪60年代西方普遍的民权运动背景是分不开的。

倡导式规划和渐进式规划都是针对理性综合规划的问题而提出的,但这两种理论走向了不同的方向。虽然两者都注重规划的过程,但渐进式规划可以视为理性综合规划的修正和完善,并没有否定城市规划的技术性;而倡导性规划则是对理性综合规划的否定,将城市规划从一种技术过程转变为一种政治过程。

从对理论的影响来看,倡导性规划将城市规划的"价值理性"和"多元主义"提到了一个相当的高度,并开启了城市规划公众参与的先河,成为此后关注多元主义的规划程序理论的理论先导。之后,美国规划师阿恩斯坦(S. Arnstein)又提出了"公众参与阶梯"理论,进一步将公众参与的程度和阶段进行了界定(见图4-41)。她认为,衡量公众参与程度的标志只有一个,即公众所获决策权的大小。她按照公众参与由浅入深的程度,将参与的形式分为三类八个等级,形成了

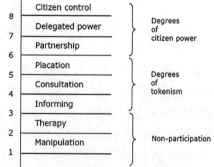

图4-41 阿恩斯坦(S. Arnstein)的"公众参与阶梯"

图片来源:Sherry R A. A ladder of citizen participation [J]. Journal of the American Institute of Planners, 1969, 35(4): 216-224.

---

① Davidoff P, Reiner T A. A choice theory of planning[J]. Journal of American Institute of Planners, 1962, 28(2): 103-115.

② Davidoff P. Advocacy and pluralism in planning[J]. Journal of the American Institute of planners, 1965, 31(4): 331-338.

阶梯状的结构。梯子最下段叫"不是参与的参与"(Nonparticipation),分为两级,最底的是"操纵"(Manipulation):邀请活跃的市民代言人作无实权的顾问,或把支持者安排到市民代表的团体中,实际上是操纵舆论;上一级是"治疗"(Therapy):不求改善导致市民不满的因素,而要求改变市民对政府的反应。这两种类型实际上就是"假参与"。梯子中段是"象征性的参与",分为三级,先是"通知"(Informing):向市民报告既成事实,只是尽告知义务;再上是"咨询"(Consultation):进行民意调查、听取意见,但并不一定采用;然后是"安抚"(Placation):设市民委员会,但是只有参议的权力,没有决策的权力。梯子最上段是"实权的参与",也分为三级,先是"伙伴关系"(Partnership):市民组织与政府分享权力和职责,通过建立伙伴关系实现政府职能分散;然后是"授权"(Delegated Power):即委托市民组织代行政府的某些决策职能;最高是"公众控制"(Citizen Control):市民组织拥有直接管理的决策权。对于公众参与政治过程的关注,是此后城市规划理论的核心问题之一,并衍生出了一系列有关参与、沟通和协调的城市规划过程理论。

但是,倡导性规划只是强调了规划编制和决策的参与过程,而对规划的实施和修正等一整套程序并没有过多涉及。并且,倡导式规划过于强调规划过程中的政治性,并不关注城市物质空间本身的问题,因此很大程度上对规划实践难以起到真正的指导作用。彼得·霍尔不无讽刺地写道:"这种变化可以如此描述:1955 年,典型的刚毕业的规划师是坐在绘图板前面的,为所需要的土地利用绘制方案;1965 年,他或她正在分析计算机输出的交通模式;1975 年,同样的人正在与社区群体交谈到深夜,试图组织起来对付外部世界的敌对势力。"[1]过度政治化的规划工作偏离了规划师原本的职业范围,既不利于实践的开展,也引起了争议。"后来甚至 Davidoff 本人也被边缘化,转而去从事'公平住宅'的工作了。"[2]倡导式规划等规划过程理论的兴起,意味着城市规划关注的重点由物质空间转向了社会过程。然而,这种关注重点的转移也引发了日后城市规划理论的"空心化"。

图 4-42 雅各布斯与她的《美国大城市的死与生》
图片来源:http://gradst.hr/library/books/books2008/bks06-2008.htm

3)雅各布斯与"美国大城市的死与生"

简·雅各布斯(Jane Jacobs)是现代城市规划最著名的批判者。在她的《美国大城市的死与生》一书中,充满着对现代城市规划的基本原则的尖锐批评甚至是刻薄讽刺(见图 4-42)。她认为现代主义建筑及城市规划破坏了城市传统文化的多样性,她写道:"他(霍华德)同时也把规划行为看成是一种本质上的家长式行为,如果不是专制性的话。对城市的那些不能被抽出来为他的乌托邦式的构想服务的方面,他一概不感兴趣。特别是,他一笔勾销了大都市复杂的、互相关联的、多方位的文化生活。"[3]她认为大规模的城市更新是国家投入大量的资金让政客和房地产商获利,让建筑师得意,而平民百姓都是旧城改造的牺牲品;冷漠的功能分区和毫无人情味的城市空间,正是犯罪发生的温床……她在全书最后写道:"有一点毫无疑问,那就是,单调、缺乏活力的城市只

① 彼得·霍尔.明日之城:一部关于 20 世纪城市规划与设计的思想史[M].童明,译.上海:同济大学出版社,2009:380.

② 张庭伟.规划理论作为一种制度创新——论规划理性的多向性和理论发展轨迹的非线性[J].城市规划,2006(8):9-18.

③ 简·雅各布斯.美国大城市的死与生[M].金衡山,译.南京:译林出版社,2005:18.

能是孕育自我毁灭的种子。但是,充满活力、多样化和用途集中的城市,孕育的则是自我再生的种子,即使有些问题和需求超出了城市的限度,它们也有足够的力量延续这种再生能力并最终解决那些问题和需求。"①

作为一名记者,雅各布斯在城市规划领域完全是一个外行。她媒体化的煽动性措辞使得业内的精英人士认为这样的讨论近乎一种市井谩骂,并且她对霍华德理论的批评也似乎并不公允。但是她提出的问题——对多元社会价值的忽视——却完全击中了现代城市规划的软肋。《美国大城市的死与生》把高高在上的规划技术精英拉下了神坛,引起社会各界的强烈共鸣,对城市规划理论的发展起到了重大的推动作用。

4)《马丘比丘宪章》与《华沙宣言》

在现代城市规划遭遇严厉批判和指责的背景下,国际建协于1977年在秘鲁利马召开了国际性的学术会议,总结了"二战"后的城市发展和城市规划思想、理论和方法的演变,展望了城市规划发展的方向,签署了《马丘比丘宪章》。该宪章申明:"《雅典宪章》仍然是这个时代的一项基本文件,但随着时代和环境的改变,《雅典宪章》的一些指导思想已不能适应当前形势的发展变化,因而需要进行修正。……雅典代表的是亚里士多德和柏拉图学说中的理性主义;而马丘比丘代表的却是理性派所没有包括的,单凭逻辑所不能分类的种种一切。"②而1981年国际建筑师联合会第十四届世界会议则通过了《华沙宣言》,提出"改进所有人的生活质量应当是每个聚居地建设纲要的目标",从而将人的生活质量作为评判规划的最终标准,形成了以人为本的评价体系。由这两个文件可以看到,城市规划在指导思想上已经发生了显著的转变,并在业内达成了共识。

首先,是由单纯注重功能分区的物质空间规划走向经济社会全面发展的综合空间规划。《马丘比丘宪章》指出机械的功能分区"没有考虑城市居民人与人之间的关系,结果是城市患了贫血症,在那些城市里建筑物成了孤立的单元,否认了人类的活动要求流动的、连续的空间这一事实。……1933年,主导思想是把城市和城市的建筑分成若干组成部分,1977年,目标应当是把已经失去的它们的相互依赖性和相互关联性,并已经失去其活力和含义的组成部分重新统一起来"。要求城市规划"必须对人类的各种需求作出解释和反应",并"应该按照可能的经济条件和文化意义提供与人民要求相适应的城市服务设施和城市形态"。而《华沙宣言》则确立了将"建筑—人—环境"作为一个整体的概念,指出"经济计划、城市规划、城市设计和建筑设计的共同目标,应当是探索并满足人们的各种需求",即以人为本的理念,认为建筑师和规划师的基本职责就是要在创造人类生活环境的过程中,为满足这样的要求而负担起他们应当承担的责任。总之,这两个文件都强调了城市规划的系统性和综合性,旗帜鲜明地反对僵化的物质空间决定论。这一转变实际上是对城市规划技术性的进化和提升。

其次,是由关注规划结果转向关注规划过程。对规划过程的关注分为两个角度,分别代表了渐进主义和倡导规划的思想方法。一方面强调了从描绘终极蓝图转向动态循环发展:《马丘比丘宪章》认为"规划是个动态过程,不但包括规划的制定,而且包括规划的实施",要求"城市规划师和政策制定人必须把城市看作在连续发展与变化的过程中的一个结构体系",从而强调了城市规划的过程性和动态性。《华沙宣言》则强调了规划监督和评估的重要性,指出"任何一个范围内的规划,都应包括连续不断的协调,对实施进行监督和评价,并在不同水平上用有关人们

---

① 简·雅各布斯. 美国大城市的死与生[M]. 金衡山,译. 南京:译林出版社,2005:503.
② 转引自:张京祥. 西方城市规划思想史纲[M]. 南京:东南大学出版社,2005:254.

的反映进行检查"。另一方面提出了公众参与的重要性:《马丘比丘宪章》提出"人民的建筑是没有建筑师的建筑",认为"城市规划必须建立在各专业设计人员、城市居民以及公众和政治领导人之间的系统的不断的互相协作配合的基础上",并且"鼓励建筑使用者创造性地参与设计和施工",但对城市规划的公众参与着墨不多。《华沙宣言》则明确提出:"市民参与城市发展过程,应当认作一项基本权利",认为城市规划需要通过有效的公众参与"充分反映多方面的需求和权利",从而使城市规划能够真正为人类发展服务。两个文件对规划过程都表现出了相当的关注,《华沙宣言》中体现得更为明确,表现出规划和建筑界对城市规划社会性和政治性的充分认识。

与20世纪初到"二战"前的情况类似,20世纪六七十年代是现代城市规划问题集中爆发的时期,这一时期的挑战性理论仍然处于批判和发展的阶段,并未真正大规模地应用于实践。但是,包括多元主义、公众参与、规划过程等在内的一系列思想的蓬勃发展,也为此后的城市规划理论和实践打下了基础。《马丘比丘宪章》和《华沙宣言》就是20世纪60年代以来对现代主义建筑和现代城市规划一系列批评和反思的总结性文件,具有里程碑式的意义,也为此后城市规划理论和实践的开展奠定了基础。

4.4 协作与参与——20世纪80年代以后的社会、城市与理论发展

20世纪60年代以后的西方社会迎来了一个异彩纷呈而又相对混乱的阶段。在政治上,民权、反战、种族等各种社会运动连续不断,对公民权利的追求进入了一个高潮;在经济上,战后持续繁荣增长的势头开始停滞,持续的经济危机对风光一时的凯恩斯主义经济政策提出了质疑,而同时城市化的速度也开始逐渐放缓,进入相对稳定的发展阶段;而在思想上,一场对现代社会的批判反思在哲学、社会学、文学、建筑乃至城市规划等各个领域开始深入,现代主义的宏伟叙事和英雄主义开始消解,多元化、主观化、碎片化、个体化的思维倾向开始盛行。这一系列的社会现象和理论思潮,在不同的学者笔下具有不同的表述方式:约翰·加尔布莱恩提出了"富裕社会"或"新工业国家",詹明信则称之为"晚期资本主义",丹尼尔·贝尔提出了"后工业社会",而在更多的理论家那里,"后现代主义"成了一种更为广泛的表达方式。80年代以后,随着政治经济政策的一系列转型,西方社会又进入了相对平稳发展的阶段。

与之相对应,在城市规划领域,现代城市规划理论也发生了一系列重要的变革,主要表现为从单纯关注物质空间转向关注社会经济总体发展;从重视规划结果转向重视规划过程;从自上而下的精英规划转向自下而上的多元参与。这一系列的新动向,在经过20世纪六七十年代的争论和发展后,到80年代前后开始逐渐成熟并成为人们的共识,也开始对城市空间的发展产生影响。

4.4.1 社会的转型

1) 经济政策和结构的转向

首先是在经济政策上,西方社会开始向自由主义回归。经过战后近二十年的建设,西方国家社会经济经历了一段高速发展的阶段,逐渐从战争的创伤中复苏。但是,资本主义日益激化的内在矛盾和国家对经济的过度干预,压制了市场自身的调节作用,导致20世纪六七十年代出现了西方从未遇到的严重的经济危机——经济停滞和通货膨胀同时发生的滞涨现象。对此,凯恩斯主义完全无法解释,也难以提出有效的对策:不管政府采取何种经济干预政策,都会加剧通胀或打击经济。1980年前后,撒切尔夫人和里根分别上台,在经济领域开始贯彻"新保守主义""新自由主义"

的策略,减少政府对经济的干预行为。新自由主义政策采取了一系列手段实施对城市规划的改革,如控制权的下放、程序的简化等,使城市规划作为一项政府职能能够更加适应市场。城市规划开始从刚性的控制转向弹性的指导,从而更具有一种公共政策属性而其技术属性被淡化了。

而更重要的变化在于经济结构的转变。20世纪80年代,西方发达国家已经完成了工业化,开始进入后工业时期。这意味着经济的增长已经从依靠资源的扩张式增长转向了依靠信息和服务业的内涵式发展。因此,这一转变也体现在城市的发展上,此时西方国家的城市化已经完成了快速增长的阶段,城市化水平普遍达到70%以上,开始进入平稳发展的时期。"1980年美国城市人口占其总人口的比重为82.7%,西德为86.4%,英国为88.3%,法国为78.3%,日本为63.3%"①。在这种情况下,城市建设的重点从大规模的"增量空间"的建设转向了小规模的"存量空间"的改造和更新。现代城市规划指导城市物质空间建设的用武之地大大减少,并且现代城市规划实施后所带来的矛盾也开始集中爆发,客观上需要采取新的规划思维来应对城市平稳发展时期的新问题。

2)政治上公众权利的发展

20世纪60年代的西方各国爆发了广泛的社会运动。美国出现了一系列争取平等的民权运动。特别是在黑人民权运动领袖马丁·路德·金遇刺后,美国的民权运动达到了高潮,扩展到包括所有人种、性别、群体的政治经济权利诉求。欧洲也爆发了一系列的学生运动和社会抗议,其中新马克思主义的左翼政治力量在运动中扮演了主要角色(见图4-43、图4-44)。公众参与的思想就是在这种背景下孕育产生的。

图4-43　1968年苏黎世罢工和游行
图片来源:转摄于苏黎世博物馆 http://www.fotolog.com/comosifueramos1/45175165

图4-44　1968年巴黎学生运动
图片来源:转摄于苏黎世博物馆 http://www.fotolog.com/comosifueramos1/45175165

一方面是政治结构上民主形式的演进。

战后随着凯恩斯和庇古的干预主义思想成为主导,西方国家的行政权力日益膨胀,立法、行政与司法三权分立的平衡有被打破的趋势。以限制权力为基本出发点的现代资本主义政治体系,开始寻求公民对国家权力的直接制约,来补充国家权力之间的相互制约。因此,原本的代议制民主遭遇了危机,开始向参与式民主演变。

在批评者看来,代议制民主虽然保障了基本的民主权利,但是却忽略了社会政治生活中几个非常关键的问题:(1)日益庞大的官僚机构、政治活动的复杂性以及对民主生活的控制,严重扼杀了公民个人的积极性和创造性;(2)社会政治生活中普遍存在着不平等现象,包括资源占有、信息

---

① 赵民,陶小马.城市发展和城市规划的经济学原理[M].北京:高等教育出版社,2001:1.

获得、性别、种族等方面的不平等;(3)公民个人的民主参与能力以及相应条件的培养被忽略。① 批评者们认为代议制民主实际上仍然是一种精英决策,而非普通民众的直接参与,因此并不是充分的民主。1970 年,美国学者佩特曼出版《参与和民主理论》一书,明确提出参与民主理论,认为一个民主政体如果存在的话,就必须相应地存在一个参与性的社会,即社会中所有领域的政治体系通过参与过程得到民主化和社会化。必须强调的是,参与式民主是在代议制民主的基础上发展而来的,在理论上是代议制民主的补充而非替代。代议制民主是参与式民主的根本前提和保障。当然,参与式民主理论只是提出了目标,并未提供一种有效的方法,此后又导致了协商民主理论的兴起。

　　另一方面是政治思想上公民社会的再认识。

　　公民社会的概念起源于古希腊城邦,在中世纪的城市自治中得到发展,被视为资本主义发展的重要标志和特征,是西方社会和政治的重要传统之一。公民社会的准确定义理论界争议众多,但总体而言,公民社会描述了一种独立于国家政治系统的社会公共事务自主领域。

　　20 世纪 80 年代,有关"公民社会"(Civil Society)的讨论开始升温。美国学者塞拉蒙指出:"四场危机"(福利国家制度危机、发展危机、环境危机和社会主义危机)和"两次革命性变革"(市民革命和通讯革命)导致了国家地位的衰落,并为有组织的志愿行动开辟了道路,其直接的结果是公民社会的再现。② 传统的经济学将市场和政府视为社会经济的两种调节机制,这两种机制主导着社会经济的发展。而按照公民社会的理论,在市场和政府之外,公民社会在这两者难以触及的领域,是一种重要的调节力量,构成了"市场—政府—社会"三者互动的局面。

　　事实上,在西方国家,民间组织和团体有着深厚的历史渊源和传统,在社会日常生活中是一股非常重要的力量。特别在环境保护、社区发展和公民权利保护领域,发挥着市场和政府难以替代的作用。80 年代公民社会概念的重新兴起,反映了西方社会对多样化公民权利保护意识的强化。在 John Friedmann 和 Mike Douglass 看来,争取市民权利主要反映在三个领域:发言权、有差异的权利和人类发展的权利。在对发言权的争取上,就是要加入民主过程的权利,要求政府行为的透明性,要求政府与市民的相互作用是可预期的,所有市民的权利会影响到他们在生活空间和社区方面的利益和利害关系;对有差异的权利的争取反映的是对公共政策所进行的社会斗争,这是由社会建构的差异性所形成并加强的,在多元化城市中经过集体认同而建构起来的;在人类发展方面,就是为了获得社会权利的物质基础,如住房、工作、健康和教育,生活—维持—环境以及财政资源,总之,就是争取生活和人类发展的基本条件。③

　　参与式民主和公民社会的讨论反映了一种多元化的权利诉求,这种诉求的实现需要广大公民通过参与的过程来达到。在这种思想理论和政治背景的影响下,城市规划的过程理论得到了进一步的发展。由于城市规划实际上起到了调整空间权利的作用,因此人们普遍倾向于认为城市规划涵盖多种价值观的判断,具有显著的政治属性。"政府及规划工作与资本主义的政治经济环境紧密联系在一起,是这个环境的组成部分而不是彼此孤立,规划是政府职能的一部分。"④在这种理论视角下,城市规划过程就是一个政治经济过程,倡导多元主义的公众参与过程从而成为城市规划理论关注的核心问题。

① 卡罗尔·佩特曼.参与和民主理论[M].陈尧,译.上海:上海人民出版社,2006:7-11.
② 陶传进.市场经济与公民社会的关系:一种批判的视角[J].社会学研究,2003(1):41-51.
③ Mike D, John F. Cities for citizens[M]. West Sussex: John Wiley & Sons, 1998.
④ 尼格尔·泰勒.1945 年后西方城市规划理论的流变[M].李白玉,陈贞,译.北京:中国建筑工业出版社,2006:99.

3）文化上多元价值的回归

文化上注重多元价值的倾向表现得更为明显，自20世纪60年代始，在哲学、文学、建筑学、大众传媒等一系列领域，出现了对现代思想的反叛和颠覆。"后现代主义"成为西方社会学领域中最为流行也是最具争议的名词。在詹姆森（F. Jameson）看来，所谓"后现代性"代表了资本主义的一个发展阶段，他称之为"晚期资本主义"。在这一阶段，一方面资本主义的基本架构和发展逻辑并未改变，另一方面在文化领域却出现了显著的文化形态变迁。而在吉登斯（A. Giddens）看来，后现代性是现代性的延续，他指出："我们实际上并没有迈进一个所谓的后现代性时期，而是正在进入这样一个阶段，在其中现代性的后果比从前任何一个时期都更加剧烈化、更加普遍化。在现代性背后，我认为，我们能够观察到一种崭新的不同于过去的秩序之轮廓，这就是'后现代'。"①总体而言，强调多样化、不确定性、去中心化、小叙事、个体差异、权力分散等特质，成了后现代主义主要的思维方式。

后现代主义的发展是在对现代主义的批判上展开的。在建筑和城市领域，20世纪60年代前后现代主义建筑和现代城市规划受到了一系列批评和质疑。在列斐伏尔看来，"在工业化时期，建筑学挣脱了宗教和政治的不恰当的限制，但它又跌入了意识形态的圈套中。它的功能贫乏了，它的结构单一化了，它的形式凝固了。"②CIAM十次小组（Team 10）在1955年批判了CIAM的旧思想，从对人的关怀和对社会的关注出发，提出了"簇群城市"的观念；亚历山大（C. Alexander）在1965年发表了《城市并非树形》（*A City Is Not A Tree*）一文，认为实际的城市空间是一种多重复杂的半网络结构，而现代城市规划则倾向于将其塑造成一种树形的结构，因此损失了城市空间的多样性和复杂性，从思想方法上论证了现代主义方法的简单化（见图4-45）；文丘里（R. Venturi）针对现代主义的简单化和平庸化进行了批判，认为需要挖掘建筑的"矛盾性和复杂性"，并提出"向拉斯维加斯学习"，提出了后现代建筑设计的观点；林奇等人重新深入城市设计的形态考察，强调了被现代主义所忽视的主观感受问题；舒尔茨则从现象学出发发展了"场所精神"的理念；柯林·罗则认为现代主义建筑及其城市表现为"复杂的建筑和简单的城市"，这与传统城市所呈现的"简单的建筑和复杂的城市"的关系正好相反，并由此提出了"拼贴城市"的概念。

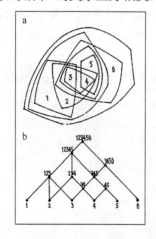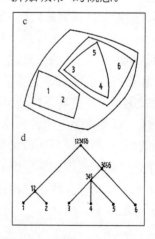

图4-45　C.亚历山大的《城市并非树形》指出了半网络结构与树形结构在城市空间上的差异
图片来源：孙施文. 现代城市规划理论［M］. 北京：中国建筑工业出版社，2007.

---

①　安东尼·吉登斯. 现代性的后果［M］. 田禾，译. 南京：译林出版社，2000：2-3.
②　亨利·列斐伏尔. 空间与政治［M］. 李春，译. 上海：上海人民出版社，2008：8-9.

尽管并非所有批判者都愿意被贴上"后现代"的标签,但对于多元化城市空间和文化价值的探索,却是这些"现代主义之后"的理论所共同关注的焦点。

4.4.2 后现代规划

在哈维看来,现代性具有一种"创造性的破坏"(Creative Destruction)的冲动。现代主义批判过去,注重当前,试图创造更美好的未来,这种特征是现代社会不断进步的思想根源。[①] 后现代城市规划,尽管理论庞杂,但就其总体而言,就是对现代城市规划的批判和颠覆。然而,后现代城市规划理论的建构却陷入了 Harvey 所归纳的"创造性的破坏"的陷阱——它需要在对原有理论体系进行完全破坏的基础上,进行新的"创造"。就此而论,所谓的"后现代城市规划"理论体现着尤为强烈的"现代性"特质,正如詹姆森和吉登斯所暗示的那样,仍然是现代的延续。

1) 后现代城市规划的转变

要建立"后现代城市规划"的理论大厦,需要先将"现代城市规划"的建筑彻底拆除。因此,后现代城市规划的理论家们首先对现代城市规划的特质进行了总结,并加以批判。

L. Sandercock 是其中较具有影响和代表性的学者。她于 1998 年主编了《使不可见成为可见:多元文化规划史》(*Making the Invisible Visible*:*A Multicultural Planning History*)一书,通过12 篇论文对美国多元文化背景下的不同族裔、群体的城市规划互动进行了分析和探讨。通过对主流规划史以外的事实进行阐述,强调了被传统规划理论所遗忘的那些角落。这种关注非主流群体、强调差异性和多元性的论述方式具有了一种显著的"后现代"特征。同年,她又出版了《迈向国际都市:多元文化状况下的城市规划》(*Towards Cosmopolis*:*Planning for Multicultural Cities*)一书,首先对现代城市规划作出解析,然后在此基础上建构与之截然相反的"后现代"规划体系。

在书中,L. Sandercock 将现代城市规划的特点归纳为 5 个方面,并称之为"现代城市规划的支柱":(1)城市和区域规划关系到更理性地作出公共(政治)决策。(2)规划越综合就越有效。(3)规划既是科学也是艺术,尽管都是基于经验,但更强调的是科学。(4)作为现代化事业的组成部分,规划是国家指导未来发展的工程。(5)规划师声称"价值中立",代表"公共利益"。然后,Sandercock 从多元主义思想出发,按照相反甚至对立的方向建构了后现代规划实践的核心内容:(1)社会公正(Social Justice)。不公正和不平等存在于各个领域,需要广泛定义。(2)差异的政治(The Politics of Difference)。需要通过不同政治团体之间的协商达成共识。(3)公民性(Citizenship)。建立包容性的道德观。(4)社区理想(The Ideal of Community)。去除传统社区的界限,代之以多重性质的社区概念。(5)从公共利益走向市民文化(From Public Interest to Civic Culture)。随着社会的分化,规划师理解的公共利益并非市民的真正需求,应该走向更多元和更开放的"市民文化"。[②] 由此,她认为城市规划应当关注"记忆的城市"(The City of Memory)、"欲望的城市"(The City of Desire)和"精神的城市"(The City of Spirit)。

Dear[③] 则认为,现代时期的西方城市化过程,一方面来自资本主义产业发展的需要,另一方面来自国家对资本主义所导致的矛盾和危机的回应。现代城市规划就是针对资本主义土地和房产

① Harvey D. The condition of post modernity:an enquiry in the origins of cultural change[M]. Oxford:Blackwell Publishing,1989.

② Leonie S. Towards cosmopolis:planning for multicultural cities[M]. New York:John Wiley & Sons,1998.

③ Michael J D. The postmodern urban condition[M]. Oxford:Blackwell Publishing,2000.

开发中的无效率和不公正而产生的,同时成为对健康城市的实践性追求并建立了乌托邦社会秩序的话语。他把芝加哥视为现代城市的典型,而洛杉矶则是后现代城市的典型,从芝加哥到洛杉矶的发展模式演变,反映了城市从现代向后现代转变的特征。这种特征就是去中心化,在城市边缘组织中心。"传统城市形态观念认为城市围绕着中心核组织,而后现代城市主义则将城市边缘组织成中心"。他同样强调了少数派、意义、多元主义、解构权威等特征在城市空间中的表现。

J. Friedmann[1] 则显得相对务实,他较为直观地指出规划要从欧几里得式规划(Euclidian Planning)向后欧几里得式规划(Post-Euclidian Planning)转变。他认为传统规划(即欧几里得式规划)以国家直接行动为基础,注重对城市变化进行仔细控制;而后欧几里得式规划则是规范化的(Normative)、启发性的(Innovative)、政治化的(Political)、互动性的(Transactive),并且是基于社会学习的(Based on Social Learning)。Friedmann 认为在后欧几里得式的规划模式中,规划师的工作包括:社区中的组织和动员工作;意识形态工作;理论、社会批判、政策工作;资金的筹措;市民生活中的网络和联盟的建设;政治的联络;法律工作;媒体和宣传工作等。

2)后现代城市规划的特点

总体而言,后现代城市规划理论的价值在于其对现代规划的批判。后现代城市规划理论的创新之处,在于将现代城市规划忽略的那些方面,提取出来加以强化。如果说现代城市规划具有明确的边界,那么后现代城市规划理论就是关注这种边界之外的事物。因此,后现代城市规划给人以一种混乱、复杂、缺乏逻辑的直观印象。由于对现代主义的既定原则采取了一种反叛的态度,后现代主义城市规划至少在理论上,往往表现出一种"敌人的敌人就是朋友"的态度,由此也陷入到了一种"空心化"的境地。在彼得·霍尔看来,"向后现代主义的转变已经使规划师转向一种完全的相对主义,即对于任何形式准则的否定。"[2]城市规划从战后轰轰烈烈的社会实践,转变成理论家们的文字游戏。

当然,多样甚至繁复的后现代城市规划理论仍然有着相似的诉求,体现出一些共同的特征:

首先,是强调多元的价值,反对一元论。后现代主义者把现代主义斥为"大叙事",所谓"大叙事"就是以真理的名义讲话,而反权威、反一元论、反对自负的理性意识则是后现代的精髓。认为不同群体的权益诉求都是有价值的,需要在城市规划活动中得到尊重和保护。需要指出的是,城市规划理论上的多元化也正暗示着后现代的状况,20世纪80年代以后,城市规划理论的发展出现了多元化的倾向。根据吴志强的总结,规划理论的探索和讨论出现了以下几个方面的热点:(1)关于城市及其空间发展理论;(2)重新出现的关于城市物质形态设计的研究文献;(3)关于城市本身的意识形态和职业精神;(4)对妇女在规划中的地位、作用和特征的讨论;(5)生态环境和可持续发展的规划理论研究。[3]

其次,是强调城市规划过程的政治性,反对将城市规划视为一种理性技术的过程。后现代规划理论普遍认为,价值观的问题最终是一个政治过程,是差异的权利得到认可和界定的过程。城市规划的技术性和科学性是"工具理性"的表现,并且通过一种自上而下的方式得以实施,无助于协调多元利益的诉求。由于在价值判断方面,规划师并没有什么独特的技术能正确了解不同人群

---

① John F. Toward a non-Euclidian mode of planning[J]. Journal of the American Planning Association, 1993, 59(4): 482-485.

② 彼得·霍尔. 明日之城:一部关于20世纪城市规划与设计的思想史[M]. 童明,译. 上海:同济大学出版社, 2009: 390.

③ 吴志强.《百年西方城市规划理论史纲》导论[J]. 城市规划汇刊,2000(2):9-18+53-79.

的价值倾向,要实现多元的价值、保护不同群体的权益,必须通过政治途径来解决。一些"激进"的城市规划学者甚至认为,既然城市规划是一个充满价值判断的政治过程,那么城市规划就根本没有必要必须由在价值判断方面和平民不相上下的专门性技术人员来完成。

此外,对于规划师的定位强调协调者、沟通者、倡导者等"平等的"角色,反对其高高在上的技术精英形象。既然城市规划不完全是"综合系统"的行为,而在很大程度上是协商、政治的过程,那么"精英"导向必然需要转变为"大众"导向。这一转变实际上是在前两点基础上的自然延伸。

重视价值判断、政治过程以及规划师技术角色的转变,构成了具有后现代意义上的对现代城市规划的批判,也成为后现代城市规划意识的主流。

4.4.3 多元的协作

在资本主义经济制度下,土地私有制代表的私人利益和城市规划代表的公共利益,是城市发展中的主要矛盾之一。而相互磋商和协调,也就成了化解这种矛盾、达到各方利益均衡的唯一途径。特别是 20 世纪 60 年代以后,规划的过程逐渐取代了规划的结果,城市规划的政治性日益受到重视。在笼统称为"后现代城市规划"的新一代规划理论体系中,公众的参与成了必需。

然而,以倡导式规划为代表的公众参与早期理论,过于强调规划政治性,却并未发展出一种实用的、能够有效进行多元协调的机制。倡导式规划号召规划师关注弱势群体,倾听他们的诉求,事实上将规划师转变成激进的左翼——在很多时候,他们更像是一个社会活动家,而非具有一技之长的专业人士。年轻而且刚毕业的规划师们日益将自己视作类似于赤脚医生的角色:帮助内城街头的穷人,或者为一个政治上可接受的地方政府服务,如果未能如愿,就为社区组织与一个政治上令人厌恶的地方政府做斗争。……"倡导性规划"已经变成"激进的民主",即从底层获取权力。在两者中,规划师并非将自己设定为国王的参谋,而是受压制阶层的参谋。① 在这种情况下,城市规划师从原本的"价值中立者"一下子转变成了"道德卫道士",不仅未能有效解决城市问题,还导致了政治上相互对抗的状态。

1) 沟通和协作的理论基础

西方经过 20 世纪 60 年代激烈的社会运动之后,开始逐渐意识到,用阶级对抗的手段去达成社会目标,将付出巨大的社会代价,并试图通过和解与沟通来获得目标的达成。在协作式规划的代表人物 P. Healey 看来,"协作"的概念的思想来源包括哈贝马斯、福柯和吉登斯。其中福柯对于微观权力的阐述出现得较早,实际上也是后现代城市规划理论追求多元性的理论基础,而哈贝马斯的交往行动(交往理性)和吉登斯的观点则是 80 年代以后的思想新动向。

哈贝马斯的《交往行动理论》(*Theory of Communicative Action*)一书是沟通和协作式规划的重要哲学理论基础。哈贝马斯在该书中对行动与合理性进行了深入分析,并区分出四种行动类型:(1)目的性行动,行动者在比较、权衡各种手段以后,选择一种最理想的达到目的的手段。(2)规范调节的行动,即一个群体受共同价值约束的行动。(3)戏剧式行动,它指行动者在一个观众或社会面前有意识地表现自己主观性的行动。这种行动重在自我表现,通过自我表达达到吸引观众、听众的目的。(4)交往行动,它是行动者个人之间的以语言为媒介的互动。行动者使用语言或非语言符号作为理解其相互状态和各自行动计划的工具,以期在行动上达成一致。相互理解是

① 彼得·霍尔. 明日之城:一部关于 20 世纪城市规划与设计的思想史[M]. 童明,译. 上海:同济大学出版社,2009:380.

交往行动的核心,而语言具有特别重要的地位。①

在哈贝马斯看来,交往行动比其他行动在本质上更具合理性,因为它同时考虑了客观世界、社会世界和主观世界中的事物。交往体现的是人与人之间的关系,行动者试图理解行动状况,以便行动计划和行动得到意见一致的安排。通过交往沟通,能够促进知识的普及掌握,并通过合作使社会形成有机整体,使个体认同社会规范和价值取向,以实现社会的共同目标。

吉登斯则提出了"第三条道路"(The Third Way)的政治口号,希望能够超越传统政治格局中的"左"和"右",在尊重多元化思想的基础上,考虑各利益集团的要求,建立一种包容协作的新型社会关系。"第三条道路"主张建立一种能够团结各种政治力量的新型政治,使每一个体和群体都能够参与到社会活动之中。以此为指导,西方国家在政治领域开始出现了由政府"统治"(Government)向"管治"(Governance)的转变。

张京祥等认为管治与传统的以控制和命令手段为主、由国家分配资源的治理方式不同,管治是指通过多种集团的对话、协调、合作达到最大程度动员资源的统治方式以补充市场交换和政府自上而下调控的不足,最终达到"双赢"的综合的社会治理方式。按照仇保兴②的总结,城市管治的目标包括:(1)优化城市政府的管理效率。(2)建立引导、调控、促进和监督城市社会、经济和生态系统运行的有效组织体制。(3)将市场的激励机制和民营企业的管理手段引入政府的公共服务领域。(4)倡导善治,就是强调效率、法治、责任三者的协调平衡。(5)促进政府与民间、公共部门与私人部门之间的合作和互动。(6)强调完善城市社会的自组织特性。(7)扩展和提升城市社会资本。他继而指出了管治内涵的五个方面:(1)城市权力中心的多元化。(2)解决城市经济和社会问题责任界限的模糊化。(3)涉及集体行为的各种社会公共机构之间存在着权力依赖关系。(4)城市各种经营主体自主形成多层次的网络,并在与政府的全面合作下,自主运行并分担政府行政管理的责任。(5)政府管理方式和途径的变革。

交往行动理论、第三条道路以及管治思想的建立都标志着一种新型政治关系的建立,一种基于沟通、协作、自下而上与自上而下相结合的社会机制,成为城市规划过程所追求的目标。

2)沟通和协作的规划理论

Forester③首先将哈贝马斯的交往理性引入了规划领域,并在此后提出了"通过交流,建立共识"的"沟通式规划"(Communicative Planning)理念。他认为规划师可以通过和公众交流,指出当前问题,并提供技术和政治信息,协助社区采取行动。在此基础上,他指出规划师的工作包括:培育社会联系交流的网络;认真倾听;特别注意没有组织做依托者的利益;教育公民和社区组织;提供技术和政治信息;保证非专业人员得到资料和信息;鼓励社区为基础的团体对提交的方案施加压力;提高规划师自身与其他团体共同工作的技能;在协商讨论之处就加强建立社区组织自己的权威性;鼓励独立的、对以社区为基础项目的反思;预知政治、经济的压力。

而 Patsy Healey④ 则发展了"协作式规划"(Collaborative Planning)理论。该理论强调通过不同"利益相关者"(Stakeholder)的参与,在政策制定和实施过程中开展协作与互动,使城市规划的任务从"建造场所"(Building Places)的物质空间设计过程,转变为共同参与"场所营造"(Place-

---

① 哈贝马斯. 交往行动理论·第二卷[M]. 洪佩郁,蔺青,译. 重庆:重庆出版社,1994:120-121.

② 仇保兴. 城市经营、管治和城市规划的变革[J]. 城市规划,2004(2):8-22.

③ Forester J. Planning in the face of power[M]. Berkeley:University of California Press,1989.

④ Healey P. Collaborative planning:shaping places in fragmented societies[M]. Basingstoke:Macmillan,1997.

making)的制度化进程。Healey① 此前将城市规划师分为以下角色:(1)作为城市建设管理者(Urban Development Manager);(2)作为公共官员(Public Bureaucrat);(3)作为政策分析者(Policy Analyst);(4)作为中介者(Intermediator);(5)作为社会改革者(Social Reformer)。而面对多元化的利益诉求,Healey 强调指出了规划师应充当不同利益集团的调解者。

不管是沟通式规划还是协作式规划,都反映了一种通过协商取得共识的规划过程:首先,通过交流寻找共同利益,达成共识;然后提出多种可行方案供选择和讨论;最后选择或调整能够使各方同意的方案,做出决策并执行。传统的自上而下决策并实施的城市规划,其过程相对封闭,难以在各群体、各部门之间展开沟通,因此也就在实施的过程中产生大量的矛盾和阻力。沟通/协作式规划至少能够在程序上避免这一情况的发生,这是其优于系统综合的理性规划之处。

从沟通/协作式规划的理论渊源来看,是倡导性规划以及规划程序理论的发展,代表了一种对公众参与的强调。然而,传统的"公众参与"理论过于强调其"弱势群体保护神"的角色,"到20世纪70年代中期时,大规模的、自上而下的、专业导向的城市规划整体概念都被它激进的对立面所替代:通过当地社区组织,把规划反转过来。在新规划里,规划师是公众的奴仆。"②与之相比,沟通/协作式规划并没有摆出一副"为民请命"的左翼姿态,而是贯彻了吉登斯"超越左与右"的理念。其创新之处就在于,将一种激进的、口号式的、导致对抗的公众参与过程,转变成一种平和理性的、具有建设性的协商谈判过程。沟通/协作式规划尤其强调了"利益相关者"的概念,这一概念平等地描述受到规划行为影响的群体,并不带有鲜明的政治倾向。考虑到利益的多元化,任何人,无论出于何种政治和经济地位,都不应受到排斥。这样既保障了弱势群体的基本利益,又不至于一味强调弱势群体的权利而使规划陷入于一种激进的政治过程中。规划当中各方力量都需要在同样的平台上,诚恳地展开协作。因此,这是其比六七十年代一系列"公众参与"规划理论更为务实之处。

从这个意义上看,沟通/协作式规划实际上相当于建立了一种优化了的市场机制:即通过不同利益群体之间进行和平的谈判、协商以达成一致(即讨价还价),而不是通过对抗、发泄争取权益。这样就相当于建立了良好的市场交易秩序,从而大大减少达成共识(交易)所耗费的成本,因此也有助于推动城市建设的发展。

3)沟通和协作规划的不足

沟通/协作式规划并非完美,这种方式只是西方社会在城市进入稳定发展状态后,不断进行利益调整过程中所出现的一种规划思维,因此也具有明显的局限性。其核心问题正如奥尔森(Olson)所提到的,虽然具有相同意见和利益的市民们可以组织成一个团体表述他们的意见,但这个团体中的每个成员又有自己的利益和意见,而且有别于同一团体其他的成员。因此,在利益多元化的社会,要达成社会共识"知易行难",绝非理论上那么简单。

并且,要达到共识也必须付出包括时间上的和经济上的巨大成本。只要有少数利益群体的权益没有被满足,共识就无法达成,建设计划就会被搁置。这也引发了社会公平与发展效率、短期建设与长期战略、局部利益与总体利益之间的矛盾。当然,这些矛盾在城市基础建设已经完善、城市发展较为平稳的西方社会,相对并不突出。

---

① 转引自:张兵. 城市规划实效论[M]. 北京:中国人民大学出版社,1998.
② 彼得·霍尔. 明日之城:一部关于20世纪城市规划与设计的思想史[M]. 童明,译. 上海:同济大学出版社,2009:407.

4.4.4　后现代城市空间发展——以苏黎世西区(Zurich-West)为例①

　　包括沟通/协作式规划在内的后现代时期的城市规划,尽管在理论上著述繁多,但应用于实践的机会较少,值得参考的典型案例更是凤毛麟角。这种情况,一方面在于西方国家的城市化已经基本完成,城市建设相对缓慢。城市建设的重点从大规模的"增量"空间建设,转向了小规模、渐进式的"存量"空间调整和优化;另一方面是随着城市规划从注重结果走向注重过程,也就很难出现一个明确化、具有可读性的"样板"——除非了解其整个规划过程,否则光凭结果很难说明规划的真实意图。

　　笔者对瑞士苏黎世西区(Zurich-West)进行了详细调研,通过与该市城市管理人员、开发商以及当地居民的直接沟通,获取了第一手的资料,有助于了解西方当代城市规划理论的真实实践过程及其客观效果。对规划过程、多元文化以及历史和生态的关注,在苏黎世西区的改造规划中得到了明显的体现。

1) 苏黎世西区概况

　　苏黎世是瑞士最大的工商业城市,世界著名的金融中心,并且连续多年被评为"世界最佳人居城市"。"苏黎世西区"位于利马河(Limmat)与瑞士联邦铁路(SBB)之间,在地理位置上邻近市中心,交通区位条件优越。西区曾经是苏黎世的重工业集中区,随着城市规模的扩展,它逐步从城市边缘区变为城市中心区的重要组成部分。目前,该地段是当地政府着力打造的重点发展地区之一,并计划被改造成为苏黎世最具活力和吸引力的地区。

　　自19世纪末进入苏黎世行政区划以来,西区的发展经历了发展、繁荣、衰败和复兴的历程,而这一历程是有着深刻的社会经济背景的。1890年到1966年是瑞士重工业的鼎盛时期,随着城市的不断扩张,越来越多的工业企业从老城区迁到了集中的工业区,苏黎世西区成为整个瑞士重工业最为密集的地区之一。但是到1966年以后,瑞士的工业部门开始逐渐萎缩,到1976年,建筑业和纺织业的就业机会累计减少了38万个,到1986年,工业部门的就业机会减少了26%。这种形势一直持续到了20世纪90年代,据统计在这一时期工业部门的就业人数又减少了18%。在这样的背景下,苏黎世西区逐渐从繁荣走向了衰败。

图 4-46　苏黎世的产业和就业结构
图片来源:苏黎世统计局

　　不仅如此,20世纪90年代以后,由于贸易保护、人口老龄化等结构性问题,瑞士经济一度陷入了长时间的低增长状态,缺乏活力使其国际竞争力也出现了下降,面临着严峻的结构改革问题。为此,瑞士政府加强了产业转型和科研投入的力度,高新技术产业和金融服务业逐步成了经济的支柱。在苏黎世,金融信贷、科技研发、信息服务等新兴产业已经逐渐代替了传统的制造业,成了城市的主导产业。在2007年的统计数据中,在总计348 400的城市劳动人口中,从事制造业和工业的比例仅占9.8%,员工数则从1998年的45 070

　　① 本节已作为阶段性成果《后工业化时代城市老工业区发展更新策略:以瑞士"苏黎世西区"为例》,发表于《中国科学》(E辑:技术科学)的2009年第5期,略有删改。

人下降到了 2007 年的 34 143 人,而从事各种服务业的比例则达到 90.2%(见图 4-46)。在这种产业转型和升级的背景之下,苏黎世西区的复兴计划被提上了政府的议事日程。从 1996 年起,通过各方不断的讨论和协商,陆续确定了西区的发展目标、指导原则和行动框架,并在 2001 年批准了详细的规划方案。

截至目前,西区的更新发展已经取得了良好的社会和经济效益,受到各界的广泛关注,成为后工业化时代城市老工业区更新的范例之一(见图 4-47、图 4-48)。

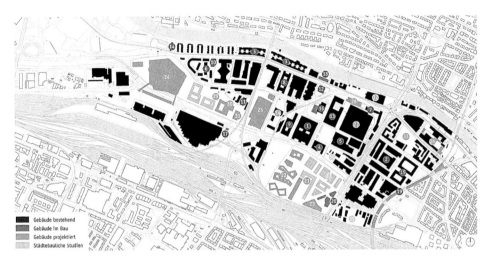

图 4-47 苏黎世西区总平面

图片来源:Entwicklungsplanung Zurich-West Leitlinien Fur Die Planerische Umsetzung[R]. Zurich: Stadt Zurich, 2007.

图 4-48 苏黎世西区总体鸟瞰

图片来源:Entwicklungsplanung Zurich-West Leitlinien Fur Die Planerische Umsetzung[R]. Zurich: Stadt Zurich, 2007.

2)系统综合的目标定位

苏黎世西区的发展目标,并不仅仅是改造衰败地区的城市美化,而是着眼总体发展的功能复兴,是一个整体化、综合化、系统化的定位。

西区发展规划的思想核心是强调"可持续发展"的基本原则,指出该原则是"决定一切工作的前提",并在此原则的指导下提出了五点具体目标:(1)促进多种城市功能的融合。规划力求在西区实现"混合型"的城市功能,未来的西区将包含居住、高科技研发、设计及传媒、餐饮酒店、文化娱乐、商业零售以及体育健身场馆等多种城市功能。(2)完善必要的基础设施建设。主要包括学校、公共交通、道路网络、公共空间以及其他必要的辅助设施。(3)注重固定设施的灵活运用。在建筑物和其他固定设施的设计上,注重利用功能的高度灵活性,以满足市场变化条件下长期使用的需求。(4)因势利导、循序渐进的开发时序。各开发单位必须处理好实际发展目标、产权界定与规划法律的关系,并在此基础上确定发展的时序。(5)强调经济、社会和环境相协调的可持续发展。规划认为发展应当从属于经济、社会和环境所构成的"三角"框架内,"可持续性"是发展的前提条件。

在经济方面,西区的目标和苏黎世产业结构升级的发展思路是一脉相承的。瑞士大多数公司是中小型企业,其中约88%是员工不足10人的微型企业,这些微型企业提供着四分之一的就业机会,许多是从事研发、设计、艺术、信息服务等高附加值的新兴产业。当地政府希望能够依托苏黎世的科研、文化、信息和资金优势,鼓励新兴行业和中小企业发展。西区的租金相对低廉,使之具有"孵化器"的作用,能够促进新兴产业的集聚,并提供可观的就业机会。就实际效果来看,2000年17 900人在苏黎世西区工作,2005年底就业人数已增加至19 200人。如果规划的各个项目顺利实施,2015年就业人数将会达到30 000人左右,远期预计会有40 000人最终选择苏黎世西区作为他们的工作场所。

在文化方面,西区面临着多元融合任务。一方面,西区保留了大量工业时代的遗存,许多厂房、仓库具有一定的历史和艺术价值,留下了工业文明的历史印记,并构成了独特的城市记忆。作为城市文化的容器,城市空间需要承载和延续这段历史的记忆。基于这种共识,西区的改造和复兴需要保留旧工业区的鲜明特色,在原有的基本空间结构和形象上进行功能的置换。另一方面,苏黎世是现代先锋艺术的重镇,拥有浓郁的艺术氛围,20世纪初的"达达主义"即发源于此。西区的更新发展将强化这种氛围,使之成为苏黎世未来现代艺术研究、创作和展示的中心。此外,由于老城的严格保护,使西区有条件进行大体量现代建筑和高层建筑的建设,成为苏黎世主城区集中展示现代化风貌的地区。

在环境方面,西区的人居环境与老城相比有着较大的差距。工业厂房搬迁后留下的"棕色地段"(Brown Field),以及相对欠缺的公共设施,使得该区长期以来无法吸引居民。西区的改造需要通过完善基础设施、优化公共空间来改善人居环境,聚集人气。随着改造的深入,该区的居住人口也不断增加,目前已有3 000多常住人口,预计到2015年将达到7 000人,规划目标完成后最终将达到8 000人左右。

通过以上目标的设定,西区的更新发展力求形成一种系统化的改造模式。这种模式建立在对城市整体功能结构调整和促进的基础上,其目标与定位综合地考虑了经济、社会和文化等因素,对城市结构性衰退、功能性衰退和物质性老化做出了一个全面的回应。

3)广泛协作的论证决策

苏黎世西区的更新过程,是政府"自上而下"主导和公众"自下而上"参与的融合。协作式规划的理念在论证决策的过程中,得到了深入的贯彻。规划指出:"(西区的)发展将实现一个合作的过程,这一过程应包括全部的土地所有者和其他利益相关者"。为此政府成立了专门机构,以协调市政当局、公共机构(例如州政府及联邦铁路)、土地所有者、土地使用者以及设计施工单位之间的关系。其作用是确保规划建设的整个过程能充分体现各方共识,并实现共同的目标(见图4-49)。

经过多次协商,2000年6月,苏黎世市政府及其区内的土地所有者共同确立一个相互协作的规划发展框架,确立了西区的发展目标、城市规划原则、公共空间意象、交通组织概念以及行动计划表,并完成了详细的规划方案。值得一提的是,西区的总体规划方案并没有采用某一家设计机构的单一方案,而是在结合多家著名设计机构方案的基础上,通过广泛深入的讨论共同得出的结果。2002年项目启动后,市政府每半年举行一次公开的听证会,邀请行政主管部门负责人、相关设计机构、开发单位、土地业主和当地居民共同讨论西区发展的各项建设问题,至今已进行了11次。政府发布的西区建设情况半年总结,内容包括政府和议会关于西区的各项决议、各方反对意见的内

图4-49　苏黎世西区半年一次的公开听证会
(发言者为规划当局负责人)
图片来源:自摄

容、各个项目的最新设计修改成果和实施进度等,对公众体现了相当高的透明度。

　　苏黎世西区的论证决策过程,是一个各方利益的博弈过程。由于审批和决策过程的公开和透明,相关的利益团体和公众能够不断对整体规划和具体设计提出意见和质询,也直接导致了其论证、审批和建设的周期较长。许多行政部门通过的项目,因为部分公众提出反对意见而进入了漫长的复议程序,使西区的总体开发进程相对缓慢。

　　但从实施的效果看,协作式的规划过程和广泛深入的公众参与,一方面能够保障各方的经济利益,另一方面在充分了解"地方性知识"(Local Knowledge)的基础上,满足当地居民的情感需求,从而也较大程度地维持了城市的独特地域风貌,并构成了独特的城市记忆。这无形中把城市规划的"社会评价"环节提到了建设环节之前,最大程度消减了发展带来的利益冲突和情感失落,用效率换取了质量和公平,确保项目能够获得良好的公众认同和综合的社会效益。市场、行政和公众力量的平衡,使苏黎世西区的发展始终保持在良性轨道上。

4) 融合共生的设计思路

　　苏黎世西区的复兴并不是简单的旧建筑改造的叠加,而是一个系统化的更新方案。协作式规划的实质,是达到一种多元平衡的状态,这种思路也进一步贯彻到了具体的设计之中。在西区发展总体和局部的层面上,都充分体现了对立、融合与共生的理念。

　　在功能上,通过引入多种功能使其重新焕发活力。一方面,西区的功能设置与苏黎世总体的产业定位有着密切的联系,通过异质空间承载新兴产业,以完成新一轮的产业转型,使之成为城市经济发展的引擎。另一方面则显示出,重视功能混合的新城市主义思维已经取代了重视分区明确的"理性主义"思维,深入到规划的实践中。根据土地利用规划,西区的土地功能构成包括:公寓22%,综合写字楼42%,零售2%,文化餐饮体育5%,贸易产业23%,学校6%。这种被称为"鸡尾酒"式的开发模式,形象地描述了多元功能的融合对城市活力复兴的重要作用(见图4-50)。

　　西区在引进项目的选择上,尤其注重社会的综合效应。在政府的协调下,2007年8月成立的苏黎世艺术大学(ZHdK)已经确定将搬迁至西区。这所大学是由原来的苏黎世音乐戏剧学院(HMT)和苏黎世艺术设计学院(HGKZ)合并组建的,约有2 000名学生,是目前欧洲最大的艺术学校之一。该校以培养设计、电影、媒体、音乐、舞蹈、戏剧方面的艺术人才为目标,并从事相关领域的研究和创作。苏黎世艺术大学的引入,使西区拥有了一个具有国际影响力的艺术教育、研究基地。更重要的是,学校的教学研究成果,包括各类艺术作品的展览和表演,都将为公众提供丰富的文化产品。而其附属的博物馆、剧场、音乐厅等设施,也将完善西区的公共文化设施。通过艺术大学的设置,实现了西区的功能升级,也巩固了苏黎世的文化中心地位(见

图 4-51 至图 4-53)。

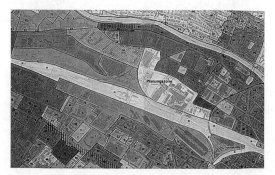

图 4-50 苏黎世西区用地性质图（以混合使用为主）

图片来源：Entwicklungsplanung Zurich-West Leitlinien Fur Die Planerische Umsetzung[R]. Zurich：Stadt Zurich，2007.

图 4-51 由废弃仓库改建的苏黎世艺术大学（ZHdK）基本保留了原有的建筑体量和空间特征（一）

图片来源：http://www. stadt-zuerich. ch/hbd/de/index/entwicklungsgebiete/zuerich_west/projekte_geplant/toni-areal. html

图 4-52 由废弃仓库改建的苏黎世艺术大学（ZHdK）基本保留了原有的建筑体量和空间特征（二）

图片来源：http://www. stadt-zuerich. ch/hbd/de/index/entwicklungsgebiete/zuerich_west/projekte_geplant/toni-areal. html

图 4-53 由废弃仓库改建的苏黎世艺术大学（ZHdK）基本保留了原有的建筑体量和空间特征（三）

图片来源：http://www. stadt-zuerich. ch/hbd/de/index/entwicklungsgebiete/zuerich_west/projekte_geplant/toni-areal. html

在空间上，旧工业区的建筑体量庞大、空间开敞，其形态与中世纪街巷的紧凑和巴洛克时期街区的严整，以及现代居住区的松散截然不同。与周边区域相比，工业区的城市肌理是城市中的一个明显的异质部分。西区的更新发展，并不试图抹平这种历史形成的空间形态差异，而是力求保留这种异质的城市空间（见图 4-54）。这样的做法一方面是为了维持空间特色，另一方面也是出于客观条件的限制——西区的主要道路已经基本成形，各片用地的边界因为土地私有的原因也难以改变，因此无法做出大规模的调整。为了达到设计目的，规划还提出了 12 条详细的城市设计原则，包括交通、景观、公共空间、地标营造、地下设施等方面，为详细设计提出了具有可操作性的控制准则（见图 4-55）。

西区内新建的建筑采用了与周边相近的尺度，与城市其他地区相比显得较为庞大，强化了工业区独特的空间感受。而结构完好的旧工业建筑则大多得到了保留和改造，以延续原有的空间格局。改造的方式手法多样，不管是保留外观、内部改造，还是保留结构、外部翻新，或者是新旧结合、加建扩建，都体现出了新旧和谐相处的原则。设计通过材料和体量的对比，使新建与保留的部分既界限明确，又融合统一。例如名为 PLUS 5 的建筑综合体，其前身是建于 1893 年的铸造车间，现改造为室内的公共广场。尽管容纳着现代功能，但建筑物原有的结构和内部特色构建被完好地保留了下来，锈迹斑斑的钢铁构件不时唤起了人们对工业时代的记忆。建筑外部用 U 形玻璃和金

A:中世纪形成的城市肌理
B:巴洛克时期形成的城市肌理
C:工业化时代形成的城市肌理
D:现代居住区形成的城市肌理

A　　　B　　　C　　　D

图 4-54　苏黎世不同时期空间发展的城市肌理对比
图片来源:根据苏黎世地图改绘

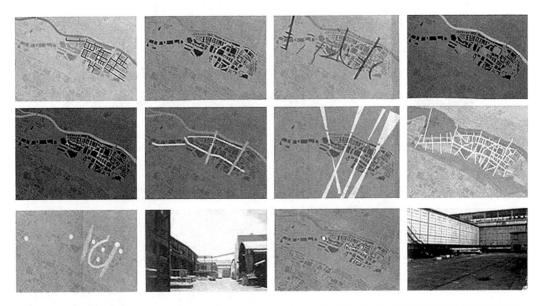

图 4-55　各方达成共识的 12 条详细的城市设计原则,为详细设计提出了具有可操作性的控制准则
图片来源:Entwicklungsplanung Zurich-West Leitlinien Fur Die Planerische Umsetzung[R]. Zurich: Stadt Zurich, 2007.

属百叶包裹,简洁现代。新旧部分的结构体系有意识的脱离,保持了各自的独立性,形成一种相反相成的效果(见图 4-56 至图 4-59)。而在其一侧的 SCHIFFBAU 船厂,则保留了旧厂房的外观,着重在内部进行现代化改造,并加建了公寓、办公、电影院等现代功能的体量,使新老建筑物成为一组生长着的有机整体(见图 4-60 至图 4-62)。

图 4-56　PLUS 5 内部空间（一）
图片来源：自摄

图4-57　PLUS 5 内部空间（二）
图片来源：自摄

图 4-58　PLUS 5 外部空间
图片来源：自摄

图 4-59　PLUS 5 外部改造时的
新旧交融
图片来源：自摄

图 4-60　SCHIFFBAU 外部形象
图片来源：自摄

图 4-61　旧集装箱改造
的商业设施
图片来源：自摄

图 4-62　具有鲜明工业
区特色的外部
环境
图片来源：自摄

　　苏黎世西区的建设始于 20 世纪 90 年代后期，集中体现了 60 年代以后城市规划理论的一系列新动向。例如对多元价值和利益的关注，对城市记忆和历史文化的高度重视，对规划实施自上而下与自下而上相结合的特征。就此而论,苏黎世西区的发展走出了一条注重各方利益平衡、注重可持续发展、注重高品质空间的道路。当然,规划实施的过程中出现的问题也是所有"后现代"城市规划理论所共同具有的:一方面论证建设周期冗长,要协调各方利益需要付出大量时间成本,导致许多项目长时间停留在纸面上;另一方面由于政治权力高度分散,加之市民维权意识很高、民间组织发达,政府无法也不愿过度介入建设行为,导致许多建设问题议而不决。

近年来,随着城市规模的迅速扩大和产业结构的不断调整,我国许多城市已开展或正在进行大规模的老工业区更新改造。苏黎世西区的成功经验和具体操作模式,对我国城市规划,特别是城市更新以及老工业区改造具有重要的参考和借鉴价值。当然,我国的现实国情与欧洲发达国家相比有很大的不同:苏黎世人口长期保持着相对静止的状态,且各项基础设施已经较为完善,因此对城市建设的需求并不十分迫切。西区的更新改造,更大程度上是实现产业升级和提高竞争力的一种手段,导致其对于发展质量的重视要远远大于对发展速度的追求。而我国城市人口多、密度高,且各项机制仍处于转型期的完善阶段,因此旧工业区的更新涉及面更广,改造难度更大。同时,我国城市也正处于快速城市化的阶段,面临着更为迫切的建设发展需求。因此,在认真学习规划经验的同时,也需注重城市空间背后的社会结构与制度环境,结合我国现实的制度环境和实际需求,促进城市"又好又快"地发展。

4.5 本章小结

本章着重讨论了西方产业革命以来,社会结构、城市发展与规划理论发展的互动过程,重点分析了各种现代城市规划理论产生、发展、实践和转型的内部和外部因素。

1) 城市空间发展轨迹古代向现代的结构转变

在政治上,西方传统的政府权力出现了现代意义上的转型:一是原本专属于君主的政府权力逐渐转化成一种公共权力;二是在分权理论的推动下,集中的权力逐渐转变为分散的权力。在经济上,资本主义制度对人类经济生活产生重大影响:一是在生产关系上,资本主义对人的解放带来了私有财产的所有权,并在心态上构造了一种追求利益最大化的经济动机;二是在生产方式上,科学推动下的产业革命带来了经济和城市的快速发展。这两方面的变革,改变了城市空间发展的轨迹。古代社会与现代社会在城市空间发展方面最大的不同,在于空间产权的形成方式。城市空间发展现代化的过程实际上就是,以财产权利界定空间逐渐取代以权力和等级界定空间。

2) 19—20世纪初的社会、城市与理论发展

在政治上,受到启蒙运动和自由主义思维的影响,西方国家普遍建立了资产阶级民主政府。并且以立法的形式限制政府权力,以保护个人的人身和财产权利,为资本主义发展奠定了制度基础。在经济上,以亚当·斯密、李嘉图等人为代表的古典经济学认为政府应充当"守夜人"的角色,尽可能少地干预市场配置各类资源的机制。这一观点影响了整个19世纪的政府政策,构成了自由资本主义社会的理论基础之一。在此影响下,政治和经济上的放任自由成为西方社会普遍的共识,政府除了负责国防、治安等基本职能外,对具体的经济行为采取了"不干预"的放任态度,对城市发展的介入非常有限。

在城市发展方面,这一时期成为城市问题集中爆发、严重"城市病"产生的时期。其一,城市规模迅速扩大,新兴工业城市不断出现。其二,传统城市的结构在资本主义生产方式下受到严重的破坏。其三,环境污染、住宅短缺、卫生条件恶化成为该阶段城市内部的真实写照。西方国家开始

通过相关法律的建立,避免城市问题的恶化。这些法律法规坚持政府"不干预"和"守夜人"的基本原则,是一些最基本的卫生和环境规范,然而对于城市总体结构的优化,对于解决城市中的根本性空间布局问题仍然显得无能为力。19世纪末期,城市规划的思想理论出现了新旧思潮混杂的局面。一方面,传统的城市规划方式无力完成对现代城市的控制。另一方面,现代城市规划思想作为一种"竞争性理论"已经开始萌芽。具有代表性的人物和理论包括霍华德的"田园城市",沙里宁的"有机疏散",赖特的"广亩城市",格迪斯的"区域规划理论",戈涅的"工业城市",玛塔的"带形城市",柯布西耶的"三百万人口的现代城市","伏瓦生规划"以及"光明城市"等。这些早期城市规划理论的共同特点是都对物质空间环境表现出了极大的关注。这一点在《雅典宪章》中得到了突出的反映,为"二战"后到60年代的规划实践提供了完整的思想基础。然而,20世纪上半叶的城市规划理论尚停留在纸面上,城市发展实际上处于缺乏有效理论指导的状态之下。城市建设中普遍性的"无政府"状态直到"二战"后才开始真正地扭转。

3)1945—20世纪80年代的社会、城市与理论发展

"二战"后,西方世界建立了崭新的政治和经济格局,并迎来了较长时间的稳定和快速发展时期。在经济上,政府抛弃了战前"放任自由"的政策,开始奉行以凯恩斯、庇古为代表的干预主义。作为干预政策的一部分,西方国家的立法部门开始制定一系列的法律,授予并扩大了政府进行城市规划的行政权力。现代城市规划作为一种政府干预行为开始进入大量实践、应用和发展的阶段,以《雅典宪章》为代表的城市规划思想在战后重建、新城建设以及旧城改造等城市建设活动中占据了主导的位置。对物质空间的强烈关注,是这一阶段城市规划理论和实践的重心。在"理性思维"和"空间规划"的基本前提下,现代城市规划的理论从早期的"功能主义"向更为系统化、技术化的方向发展。这一倾向发展的高潮就是"系统综合规划"。系统综合规划将工具理性的思维在城市规划中推向了极致。这一阶段的城市空间发展,体现出一种市场机制和政府干预共同主导的二元机制。

20世纪60年代后,现代城市规划的问题逐渐显现:一是现代主义僵硬刻板的形式破坏了城市空间原有的多样性和活力,形成了冷漠、支离的"现代病"。二是现代城市规划中的精英主义思维将城市规划视为一种自上而下的机制,对于社会制度环境和多元的价值、利益诉求缺乏必要的关注和有效的回应。三是过于强调规划的综合性,导致规划周期冗长、机构臃肿、效率低下,使规划丧失了灵活性。这些问题导致现代城市规划体系受到了各方的严厉批判和深入反思,具有代表性的包括雅各布斯的《美国大城市的死与生》,林德布洛姆的渐进主义规划,大卫多夫的倡导式规划以及亚历山大的《城市并非树形》等。此后,城市规划理论开始由关注结果转向关注过程,形成了"过程规划"的方法论思想,使对城市规划的整体认识发生了重大的改变,并在此后的规划理论中不断发展和深化。其中,渐进式规划可以视为理性综合规划的修正和完善,它并没有否定城市规划的技术性;而倡导性规划则是对理性综合规划的否定,它将城市规划从一种技术过程转变为一种政治过程,并开启了城市规划公众参与的先河,成为此后关注多元主义的规划程序理论的理论先导。这一系列主张在1977年和1981年先后签署的《马丘比丘宪章》和《华沙宣言》中得到了充分的表现,标志着城市规划在指导思想上已经发生了显著的转变,并在业内达成了共识。这一时期的挑战性理论仍然处于批判和发展的阶段,并未真正大规模地应用于实践。但是,包括多元主义、公众参与、规划过程等在内的一系列思想的蓬勃发展,也为此后的城市规划理论和实践打下了基础。

4)20世纪80年代以后的社会、城市与理论发展

20世纪80年代,政治经济经过一系列转型后,社会又进入了相对平稳发展的阶段。在经济领

域,经济政策上西方社会开始向自由主义回归,贯彻"新保守主义""新自由主义"的策略,减少政府对经济的干预行为。城市规划开始从刚性的控制转向弹性的指导,从而更具有一种公共政策属性而淡化了技术属性;经济结构上,80年代西方发达国家已完成了工业化,开始进入后工业时期,经济增长已经从依靠资源的扩张式增长转向了依靠信息和服务业的内涵式发展。并且西方国家的城市化已经完成了快速增长的阶段,开始进入平稳发展的时期,客观上需要采取新的规划思维来应对城市平稳发展时期的新问题。在政治领域,一方面,政治结构上出现了民主形式从代议制民主向参与式民主的演进;另一方面,政治思想上公民社会的讨论开始升温,构成了"市场—政府—社会"三者互动的局面。在这种思想理论和政治背景的影响下,城市规划的过程理论得到了进一步的发展,倡导多元主义的公众参与过程从而成为城市规划理论关注的核心问题。在文化领域,注重多元价值的倾向表现得更为明显,强调多样化、不确定性、去中心化、小叙事、个体差异、权力分散等特质,成了后现代主义主要的思维方式。

60年代以后出现的城市规划理论新动向,到80年代前后逐渐成熟并获得人们的认同,理论体系逐渐完善。L. Sandercock、M. J. Dear等系统建构了"后现代城市规划"的理论框架,将现代城市规划忽略的那些方面,提取出来加以强化。多样繁复的后现代城市规划理论体现出的共同特征包括:一是强调多元的价值,反对一元论;二是强调城市规划过程的政治性,反对将城市规划视为一种理性技术的过程;三是对于规划师的定位强调协调者、沟通者、倡导者等"平等"的角色,反对其高高在上的技术精英形象。但是,由于对现代主义的既定原则采取了一种反叛的态度,城市规划也从实践转向了理论,陷入到一种"空心化"的境地。80年代以后,随着哈贝马斯的"交往行为理论"、吉登斯的"第三条道路"理论以及"管治"理论的兴起,城市规划开始试图通过和解和沟通来获得目标的达成。最具代表性的是Forester的"沟通式规划"理论和Patsy Healey的"协作式规划"理论。沟通/协作式规划反映了一种通过协商取得共识的规划过程,将一种激进的、口号式的、导致对抗的公众参与过程,转变成一种平和理性的、具有建设性的协商谈判过程。沟通/协作式规划在目前西方城市规划实践过程中成为一种共识。这种理论的局限在于:在利益多元化的社会,要达成社会共识"知易行难",必须付出包括时间上的和经济上的巨大成本。这也引发了社会公平与发展效率、短期建设与长期战略、局部利益与总体利益之间的矛盾。笔者通过对瑞士苏黎世西区(Zurich-West)的案例分析,对西方当代城市规划理论的实践过程及其客观效果进行了介绍和评述。

5 范式与结构
——城市空间发展的范式结构及其特征

　　"所有的社会科学都基于一个普遍的假定:历史不是绝对的混乱或偶然,在人类的行为中存在着某种程度的可观察到的秩序和模式,可以部分预见的规律性。否认自然界的统一性和因果规律,也就意味着把宇宙变成了一堆彼此之间毫无可以辨认的联系的碎片。"

——阿诺德·汤因比

　　"我们必须在表面结构之外,去发掘能说明多种多样可观察现象或有意解释及其表面矛盾的深层结构和实际结构。"

——阿尔多·罗西

5.1　城市空间形态演变的范式

5.1.1　范式的概念

1) 范式理论

　　范式(Paradigm)在英文中的原意是一种语法规则,美国科学哲学家托马斯·库恩(见图 5-1)在《科学革命的结构》(*The Structure of Scientific Revolutions*)一书中借用了这一概念,并赋予其新的内涵,指的是科学理论和科学研究者在一定时期内认同并遵循的学术基础和原则体系。库恩指出:"一方面它代表着一个特定共同体的成员所共有的信念、价值、技术等构成的整体。另一方面,它指谓整体的一个元素,即具体性的谜题解答;把它们当作模型和范例可以取代明确的规则作为科学中其他谜题解答的基础。"①

图5-1　托马斯·库恩
图片来源:http://baike. baidu. com/view/122429. htm

　　根据范式理论,科学的发展遵循着一种周期性的规律。在一个完整的发展周期中,科学史经历了前科学时期、常规科学时期、反常和危机时期、科学革命时期、新的常规科学时期这一系列的过程。从本质上看,范式是一种理论体系,代表了在一定时期和条件下科学研究者们共同遵循的信念、方法、规范、理论的集合。库恩把这种统治常规科学时期的一整套理论和方法体系用"科学共同体"的术语加以概括,并指出:"按既定的用法,范式就是一种公认的模型或模式。……在科学实际活动中某些被公认的范例——包括定律、理论、应用以及仪器设备统统在内的范例——为某种科学研究传统

---

　　①　托马斯·库恩.科学革命的结构[M].金吾伦,胡新和,译.北京:北京大学出版社,2003.

的出现提供了模型。"①因此,就此加以引申的话,范式也可以描述为一种受到公认的世界观、价值观和方法论。这样,范式理论就不仅仅可以应用于科学史的研究,而是上升到了哲学的层面。所以在社会科学的研究中,范式理论也成了一种有力的分析和解释工具。

对此,一些学者对范式的基本含义进行了归纳,主要包括以下特征:(1)某一学科或相关联的科学领域即"科学共同体"所具有的共同的基本理念,包括中心观点和价值取向;(2)以这种共同理念为基础,形成科学共同体的行为规则、模式;(3)具有公认的研究问题和解决问题的方法和框架;(4)有十分典型的范例作为模板或者典范。

2)范式转换

从范式理论视角来看,"科学革命"的实质就是"范式转换"(Paradigm Shift):当原有范式的理论和方法已经无法解决现实中新出现的"例外"情况时,就从"常态科学阶段"进入了"反常和危机阶段"。这时,原有的理论和方法就不得不面临着批判和新理论的挑战。新理论日益受到人们的认同,并逐渐取代原理论成为科学研究新标准和规范的过程,就是"科学革命"的过程。简言之,"科学革命"就是新范式取代旧范式的过程。

由于不同范式背后的限制条件和理论基础完全不同,因此不同范式之间也难以进行横向的比较。按照范式的字面意思"语法规则"来理解,不同范式之间的对话就像是"鸡同鸭讲",完全处于不同的话语体系之中。所以,范式的转化是一种根本性的彻底转变,而不是一个渐进的过程。用库恩的话说:"像形态转变那样,它必须立刻产生(尽管不必要在一个瞬间)或者根本不产生。"②在库恩看来,范式转换并不是一个连续积累的过程,而是由那些极具洞察力的新思想推动的。也就是说,范式转换依赖于全新理论的发展和推动,而原有范式中的理论发展只是完善并强化了现有的体系,因此并不适合用"量变到质变"的说法来概括范式转换的过程。

当然,新范式的确立需要形成系统化的理论和方法体系,能够解释或解决原有范式所无法解决的新问题,并且受到广泛的认同,因此这往往是一个较为漫长的过程。一个偶然的"例外"或"反常"现象也许预示着范式的危机,但并不意味着范式转换将会立刻来临。范式同样拥有自我完善的能力,这体现在范式中的理论在现有的平台和框架下,能够通过理论修正来寻求问题的答案,并适应新的条件。但是,如果"例外"和"反常"一再发生,在现有的理论架构之下已经无法给出解决方案,那么旧范式也就走向了崩溃。所以,范式转换的过程也可以视为范式中出现的矛盾从无到有、逐渐扩大到转换"临界状态"的过程。

从这个意义上说,理论本身没有对、错之分,只有适合与不适合的区别。理论的合理性是相对的,只有在特定的历史条件下,也就是在范式中才具有合理性。例如,爱因斯坦的相对论力学并不能证明牛顿力学是错误的,因为后者在大部分的情况下仍然被成功地运用着。但是爱因斯坦理论指出了牛顿力学的适用范围,即只有当物体的相对速度同光速相比较小的情况下,牛顿力学才能够提供一个较好的近似解。因此,牛顿力学的合理性在其适用条件严格界定之后仍然存在。而相对论的替代效应则需要在牛顿力学适用条件之外,才能较好地体现出来。由此可见,理论的合理性及其应用范围是需要被严格界定的。

这一观点遭到了一些人士的批评,认为其消解了真理与谬误的界限。反对者认为,如果将自然科学理论视为科学家们的集体价值选择,那么科学与宗教也就没有什么区别了,因此有可能滑向了一种反科学的境地。事实上,也的确有许多范式理论的拥护者对范式转换的意

---

① 托马斯·库恩. 科学革命的结构[M]. 金吾伦,胡新和,译. 北京:北京大学出版社,2003.
② 托马斯·库恩. 科学革命的结构[M]. 金吾伦,胡新和,译. 北京:北京大学出版社,2003.

义进行了过度的解读和阐述。但是必须承认,这恰恰是范式理论的精髓之处——合理而又辩证地指出了科学进步和理论演进的实际过程,因此范式理论也受到了人文社会领域研究者的广泛推崇。

5.1.2 城市空间发展范式

1) 城市空间发展的范式

城市空间发展最显著的特征体现在空间形态上。由于空间形态的产生和演变有赖于各个层次的社会、经济、思想要素,是多重因素复合作用产生的结果,空间形态的演变能够较为直观地反映城市空间发展的范式转换。齐康指出:"城市形态是构成城市所表现的发展变化着的空间形式的特征,这种变化是城市这个'有机体'内外矛盾的结果。在历史的长河中,由于生产水平的不同,不同的经济结构、社会结构、自然环境以及人民生活、科技、民族、心理和交通等,构成了城市在某一时期特定的形态特征。……城市形态不是静止不变的,而是随着历史的发展而变更,但相对来说在一个历史阶段,也有一定的'格式'。"①

这种"格式"的存在,说明城市空间的发展并不是一个简单的自然增长和扩张过程,其发展和演变的过程并非是"线性"的,在很大程度上是阶段性的(见图 5-2)。在每一个阶段性发展的城市空间背后,隐藏的是相同或相似的发展"逻辑",这种"逻辑"支配着一定时期内的城市空间发展走向,并在形态上形成了一种特殊的、可识别的差异。与此同时,当我们试图为一种特定的城市空间发展"逻辑"定位时,仅有一条时间轴是不够的。这种"逻辑"一方面具有时间上的维度,即在各个历史时期存在不同的发展规律;另一方面则在空间上展开,不同地域背景下的城市空间往往具有不同的发展轨迹。当然,这种"地域性"更多体现在文化层面而非地理层面,因为地理因素所导致的更多的是微观的个体差异,这种差异是普遍存在的,并不构成一种整体性发展"逻辑"的根本差异。因此,"地域性"是文化和社会意义上的,主要描述了一种存在于空间之上的社会制度差异。

图 5-2　同一城市在不同时代形成的城市空间形态特征
图片来源:根据苏黎世地图自绘

因此,城市空间演变发展的规律是在时间和空间两个维度上展开的,观察和归纳城市空间发展的规律也需要从这种"阶段性"和"地域性"特征入手。这样,范式理论就为研究城市空间发展的规律提供了一个适宜的理论平台。引入范式理论进行空间研究的目的,就在于认识并解读这种空间发展的"逻辑",并且找出这种逻辑发展演变的走向。城市空间在形态经历不同的历史时期时所出现的突变现象,从范式转换的角度就能够很好地加以解释。在城市空间研究中应用范式理论,有助于寻找空间形态发展演变的客观规律,并能够从一种历史的、宏观的视角去发现城市规划理论发展的总体脉络。

---

① 齐康. 城市的形态(研究提纲初稿)[J]. 南京工学院学报,1982(3):14-27.

2）城市空间发展范式转换的条件

范式理论虽然在哲学和社会领域得到了大量的应用，但是也出现了大量的套用和误用现象，"范式"几乎变成了一个时髦的术语。在许多情况下，是将普通的"模式"夸张地表达为"范式"，似乎只要一出现新的理论、新的动向，就会迎来一场范式转换，这显然是不可能，也是不符合实际的。因此，在城市空间发展范式的研究中，关键的问题在于：如何判断一种新的变化仅仅是一种普通的转变，还是一种结构性的范式转换？而具体到城市空间发展过程中，范式转换的临界条件又是什么？判断城市空间发展范式是否出现转换的依据，笔者认为有以下三点：

一是新的规划理论是否形成了一个替代原有理论框架的完整体系，并且能够在实践上对城市规划活动进行指导。

城市规划理论的研究者通常将规划的理论分为"规划的理论"（Theories of Planning）和"规划中的理论"（Theories in Planning）两大类型。前者是城市规划的认识论，主要的研究对象是城市规划本身，对城市规划的本质问题进行了阐述。回答"城市规划是什么"，即"What"的问题，在城市规划的价值层面展开；后者则是城市规划的方法论，主要研究对象是规划过程中的规律和方法，回答"如何规划"，即"How"的问题，在城市规划方法和技术层面展开。一个完整的城市规划理论体系，应当既包括"规划的理论"，也包括"规划中的理论"。两者是相互依赖的整体，只有两者相结合，才能形成认识论和方法论的统一。

当然，理论和思想上的创新是构成范式转换的必要条件，却并非充分条件。柯林伍德（R. G. Collingwood）虽然提出"一切历史都是思想史"，但他同时也指出："历史的过程不是单纯的时间的过程，而是行动的过程。"[①]新的城市规划理论如果没有形成系统性的理论框架，不具备面向实践的技术和方法，那么新的理论就无法对旧的理论产生替代效应。

二是规划师共同体是否出现了价值取向上的集体性转变。

新的理论体系需要得到广大规划师群体的普遍认可和接受，并且成为指导城市规划实践的准则。所谓规划师共同体，包括具体编制规划的规划师、规划学者、规划管理部门的技术官员等，涵盖了全体规划从业人员。规划师共同体对于新的规划理论的接受程度，决定了一种竞争性理论能否对原有理论产生替代。受到多数规划师认可的城市规划理论，就成了一种"主流理论"。新理论所倡导的价值准则，由规划师共同体在城市规划理论的编制、实施、管理等一系列过程中加以贯彻，并最终对城市空间的发展产生影响。

在这一过程中，价值观的转变往往伴随着理论上的激烈交锋，因此最具有说服力的方式是通过实践进行检验。新理论的完善和示范性的案例的出现，会大大加快这种价值转变的进程，并完成新旧理论的替代。

三是形成城市空间形态的社会基础是否出现了结构性的变化。

政治和经济制度是一个特定历史阶段最基本的产物，制度的存在为特定的时代提供了一个思想和行为的平台，并直接构成了具有时代性特征的文化逻辑和行为逻辑。从城市空间形态的发展演变历史来看，每一个不同时期的空间形态特征都对应着特定的政治和经济结构。政治经济结构的变化，引起了城市空间形态发展动力和发展逻辑的改变。政治经济结构出现剧烈改变的时期，往往也在城市空间形态上引起了"突变"。

在城市空间形态研究中，制度条件构成了类似科学研究中的应用条件和适用范围。仅限于思

---

① R. G. 柯林伍德. 历史的观念[M]. 何兆武，张文杰，译. 北京：中国社会科学出版社，1986.

想层面上的变革,并不能导致城市空间发展范式的转换。只有当合适的条件,也就是新的制度开始出现时,新的理论指导下的实践才能得以展开。如果没有社会结构的变革、政治和经济制度的更新,那么空谈理论的变革和转型也就显得毫无意义。因此,制度上的变革构成了城市空间发展和城市规划范式转换的临界条件。

以上三个方面构成了城市空间发展范式转换的判断依据。这三点是相辅相成的,一方面制度转型暗示着价值观的转型,往往会加快理论转型的步伐;另一方面,理论转型和整体价值观的转变,也成为促使制度转型的先导。只有满足这三个方面的转变,我们才有理由相信城市空间发展出现了范式转换。

5.1.3 西方城市空间形态发展的古代范式

1) 希腊范式

古代希腊最显著的政治特征是城邦制度。自然条件的制约形成了许多相互隔绝的空间,它们并不具备建立完整帝国的地缘政治基础。城邦各自为政,处于一种分散的自治状态,规模普遍较小。在这种状态下发展出了以雅典为代表的早期民主政治,并在希波战争之后的伯里克利时期达到了顶峰。当时拥有公民权的民众已经把政治作为日常生活中的重要内容,几乎全体公民都参与了城邦的公共生活。

在这样的社会背景下,雅典城市空间形态体现出一种自由灵活的特征。城市总体上是围绕着卫城自发形成的,并没有经过预先的规划。广场是城市生活的中心,其形态并不规则,没有轴线和明确的控制性建筑物,显示出一种多元的特征。卫城位于城市的制高点,体现出宗教和精神生活在城邦中的重要地位。基础设施和卫生状况较差,住宅普遍局促狭小,总体上成组地围绕着卫城、公共建筑物和广场而建。道路曲折狭小,缺乏必要的铺装和排水系统,市政工程显得非常简陋。受到政治制度和财产权利的影响,雅典在希波战争后的重建过程中仍然保留并延续了原有的城市格局。古希腊城市空间形态特征的形成并没有明确的理论指导,在这一过程中,政治体制和文化传统起到了显著的作用。城市的规模很大程度上受到了城邦制度和民主政体的制约,而城市的形态所体现出的多元、有机和显著的"自下而上"的特征,一方面显示了政治权力上的相对分散,另一方面也体现了重视精神生活的文化传统。

伯罗奔尼撒战争之后,希腊的社会结构出现了危机,城邦制度和雅典的民主政体都开始动摇。而在思想领域则出现了以苏格拉底、柏拉图以及亚里士多德等人为代表的思想家和哲学家,他们运用理性思维在政治和社会领域展开了思索。尽管这些思想家代表了古代希腊文化的最高峰,但他们却并非古希腊城市空间发展的思想根源。就历史阶段而言,他们不是希腊文化形成时期的奠基者,而是危机时期的思想者;就其思想脉络和政治倾向来看,他们是当时社会结构的批判者——苏格拉底直接地死于"民主"政治,柏拉图幻想一个哲学家皇帝统治的理想国,亚里士多德则成为此后统一希腊的马其顿亚历山大大帝的老师;就其思想所产生的历史价值而言,他们是新型政治结构的鼓吹者和奠基人,也是城市规划理性思维的最早的理论来源;就希腊传统城市空间形态的生成机制而言,这些思想理论显然充当了一种"批判者"和"竞争者"的角色。希波丹姆首先将这种理性思维运用于城市空间,被誉为"城市规划之父",他开创的米利都城的重建规划被认为是理性城市思维最早,也是最具代表性的系统化实践。由于在实践的过程中体现出了清晰的空间秩序和巨大的效率优势,希波丹姆式规划在此后希腊化和罗马帝国时期的快速城市化运动中成了主要的城市建设模式。而随着外部制度环境的改变,雅典城市中灵活自由的空间形态,已经无法在快速城市化的背景下延续,城市空间发展范式也开始从危机走向变革。

2) 希腊化—罗马范式

马其顿帝国的兴起结束了希腊各城邦割据自治的状态,建立了统一的君主制国家,并进入了"希腊化"时期。罗马帝国则继承了马其顿帝国的遗产,延续了大一统的政治格局。权力的高度统一和集中,构成了这一时期政治上的显著特征。由于政治和社会结构上的相似性,罗马帝国的城市与希腊化时代的城市,无论在发展过程还是形态演变上都体现出了许多相似的特征。集中的政治权力以及殖民化的建设需求,使地中海沿岸的城市化水平在希腊化和罗马帝国初期得到了快速的发展,自上而下的城市规划有了大规模实践和发展的机会。

城市化的热潮随着罗马帝国的扩张一直持续到了2世纪末期,形成了城市空间发展范式的常态时期。城市化运动的快速推进得益于统治者在政治上强有力的支持,这种支持包括统一帝国带来了和平稳定的政治局面、制度化的城市化政策以及中央政府投入的大量资金。帝国初期的城市化贯彻了一种自上而下的政治意志,集中的权力起到了一种良性的推动作用。政治上相对集权而经济上相对自由,是这一阶段社会结构的基本特征。在此期间,城市数量显著增长,城市结构基本定型,各项基础设施逐步完善。新建的城市贯彻了简单实用高效的原则,普遍采用方格网式的道路格局,在很大程度上是以希波丹姆式规划为原则或基础的。基础设施和公共建筑不论在完备程度还是在规模上,都达到了前所未有的高度。而在具体的城市空间形态上则体现出以下特征:一是公共建筑的规模尺度不断扩大,公共建筑,如剧场、竞技场、浴场、巴西利卡等十分活跃。二是公共空间日趋规整化和封闭化,城市空间形态从自由走向了规整,这一点在新建的城市和罗马城在帝国时期的建设项目中有较为明显的体现。三是特定类型的纪念空间不断出现,凯旋门、记功柱和帝王广场等成为纯粹显示权力的标志物。

城市空间发展范式的危机同样始于政治危机。首先,政治上过度集权的统治损害了地方利益。2世纪以后,随着帝国的危机四起,财政已经无法维持帝国的必要开支了。中央政府开始征收各种名目的捐税,这使地方政府的负担大大加重。过于集中的权力使地方经济因素无法在城市化过程中扮演更为积极的角色,不仅抑制了经济的发展,也成为明显的城市化阻碍因素。其次,由于罗马的城市化运动带有明显的自上而下的政治特征,罗马城市具有明显的寄生性特征,也成了一种超越生产力发展水平的城市化进程。此外,思想上过于注重实用的功利主义,城市生活日益奢侈和堕落,精神和活力也日益腐化损减。最终,随着罗马帝国的崩溃,相应的城市空间发展范式也走向了终结。

3) 中世纪范式

在中世纪的城市中,自上而下的政治权威彻底瓦解,形成了一种相对分散的权力结构。这种权力分散在宏观上体现为大一统国家的分崩离析和政治权威的瓦解。而在微观上,各个城市内部也形成了相互牵制甚至对立的政治势力。中世纪的城市就是在这种权力相互纠缠争斗的条件下发展成型的。城市的权力结构可以归纳为三种主要力量:第一种力量是以教会为代表的宗教力量,第二种力量是以封建国王和地方王侯为代表的封建贵族,第三种力量是市民阶层及其代表的城市自治组织。这三股政治力量在长期的争斗中此消彼长,但总体维持在势均力敌的状态,没有任何一支力量能够完成对城市生活全面控制。相对而言,教会更注重精神领域的控制,封建贵族掌握军事力量,而市民自治组织更关注城市的日常生活,特别是经济上的权利。

在这种社会背景下的城市空间产生了以下的形态特征:一是完整封闭的城市边界。普遍存在的封闭边界表现出政治上分裂和对峙的状态,并暗示着城市与乡村的对立。二是明确显著的城市中心。早期教堂占据主导地位,而在城市自治政府出现以后,市政广场日益成了城市日常生活的中心。这种空间上的变化表现了权力结构演变的结果。三是灵活自由的空间形态。由于政治上缺乏主导性的支配力量,经济上缺乏内在的增长动力,因此其形态生成也伴随着一个相对缓慢的过程,两方面的因素使城市在形态上出现了一种自由、有机的特征。城市中难以找到几何化、图案化的构图原则,这表明中世纪城市并不存在一个预先设定的发展目标,而在很大程度上是一种从需要出发进行建设,并不断地修正以适应需要的发展模式。中世纪城市所遵循的原则和价值,一方面是不同势力相互斗争、协商,最后达到平衡的结果,另一方面来自宗教信仰及其派生出的一系列道德和美学标准。基督教经院哲学几乎将一切知识都纳入庞大的神学体系中,政治、文化、艺术、哲学等各个领域都带有强烈的宗教色彩。

中世纪的城市空间发展范式危机始于文艺复兴。在政治上,教会和地方封建贵族的势力受到了极大的削弱,王权和市民自治组织的力量开始日渐壮大。在经济上,出现了资本主义生产方式的萌芽,冲击了原有的庄园经济和城乡二元对立的局面,并开始了经济结构上的历史性变革。在思想上,科学和理性的思维日益兴盛,宗教影响持续减弱。由于文艺复兴时期的社会尚未出现结构性变革,城市中虽然出现了新的建筑形式和新的空间形态,但总体的结构并没有发生根本性的变化。但是随着思想的解放和理性的回归,关于理想城市的思想开始逐渐兴起。在15—17世纪涌现出的"理想城市"理念大致可以分为两种类型:一种几乎是纯技术性的,以阿尔伯蒂、P. 费拉雷特、斯卡莫奇等建筑师或工程师的方案为代表;另一种则是社会性或者政治性的,以托马斯·莫尔的《乌托邦》、托马斯·康帕内拉的《太阳城》以及安德里亚的《基督城》为代表。尽管他们的政治诉求并不相同,但都体现了城市问题上理性思维的回归。文艺复兴时期的理想城市在总体结构上延续了中世纪的典型城市模式,是中世纪城市抽象化和理性化的结果,其特征是几何化构图元素的应用,因此成为此后城市空间形态演变的理论先导。

4)巴洛克范式

巴洛克时期,权力格局转变为王权和新兴资产阶级的二元结构。在政治上,王权在中世纪末期成了进步的象征,并重新掌握了世俗权力,建立起了中央集权的统治结构以取代教会统治,欧洲各国也相继建立起了中央集权的民族国家。在经济上,商业资本主义进一步发展,资产阶级的力量不断壮大。从资本主义经济变革的角度看,巴洛克时期是一个短暂的过渡时期,体现了政治结构为适应新的经济变革而进行的调试,是在中世纪的权力格局基础上发展而来的。

在思想领域,启蒙运动带来了理性意识的勃发,以笛卡尔为代表的唯理论不仅在科学领域取得了巨大的成就,在社会和政治领域也产生了深刻的影响。一方面,唯理论所倡导的社会理性为君主专政下的封建等级体系提供了思想上的基础,因此受到了统治阶层的青睐。另一方面,唯理论主张用理性代替盲目信仰,反对宗教权威,这不但适应了资本主义发展的需要,也受到了王权的支持。在绝对君权时期,政府出于统治需要在文化领域推行了一系列以理性主义思想为指导的规范措施。这些措施顺应了资本主义发展的需求,推动了社会经济的不断发展,也符合当时的知识界对科学进步和自然秩序的推崇。这样,巴洛克时期政治上的君主专制统治、经济上的资本主义发展,就与理性主义的哲学思维完美地结合在了一起。这种政治、经济和思想上的特征对城市空间形态产生了巨大的影响。

新的外部环境也形成了新的规划思想和空间形态特征。权力的再次集中,使实施城市规划的能力大大提高,能够推动自上而下的空间塑造过程。巴洛克城市一方面强调横平竖直的几何特征,塑造富有纪念性、标志性的城市景观,形成壮观优雅的城市形象;另一方面突破了城墙等防御界限的束缚,使城市规模得以快速壮大。因此,其在 18—19 世纪成了一种新的城市景观标准,并逐渐形成了完整成熟的一整套设计体系。城市中宏伟的轴线、星形广场以及一系列纪念性构筑物,基本都是这个时代的产物。典型的巴洛克城市空间在手法上是双重秩序的叠加:一种是正交的网格体系,另一种是"中心+放射"的体系,轴线的设置进一步强化了中心的地位。这两种体系也具有政治—经济上的双重意义,一方面满足了君主不断膨胀的权力欲,另一方面也适应了资本主义快速、高效利用城市空间的经济意图。这种双重空间秩序是王权和资产阶级共同意志的体现,反映了当时社会政治的基本结构。

巴洛克时期的权力结构是在中世纪三元权力结构的基础上发展而来的。虽然在经济上,资本主义的生产方式已经得到了确认;但是在政治上,资产阶级革命的目标尚未完成,集中的王权已经成为资本主义发展道路上的最大障碍。经济上的自由在专制的统治下也无法得到有效保障,资产阶级也日益感到政治地位与经济实力的不相称。随着专制王权与资本主义经济模式的内在矛盾的不断升级,资产阶级革命最终爆发,城市空间发展范式也随着社会结构开始转型。

5.1.4 西方城市空间形态发展的现代范式

古代社会与现代社会在城市空间发展方面最大的不同,在于空间产权的形成方式。城市空间发展现代化的过程实际上就是,以财产权利界定空间逐渐取代以权力和等级界定空间。

1)前现代范式

在社会结构方面,19 世纪的城市在产业革命的推动下,处于快速发展的时期。在政治上,受到启蒙运动和自由主义思维的影响,传统的宗教权力和封建权力受到了改造,出现了一种新的政府形式。英国、美国、法国等西方国家相继爆发资产阶级革命,普遍建立了资产阶级民主政府。并且以立法的形式限制政府权力,以保护个人的人身和财产权利,为资本主义发展奠定了制度基础。在经济上,以亚当·斯密、李嘉图等人为代表的古典经济学认为政府应充当"守夜人"的角色,尽可能少地干预市场配置各类资源的机制。这一观点影响了整个 19 世纪的政府政策,构成了自由资本主义社会的理论基础之一。在此影响下,政治和经济上的放任自由成为西方社会普遍的共识,政府除了负责国防、治安等基本职能外,对具体的经济行为采取了"不干预"的放任态度,对城市发展的介入非常有限。

在城市发展方面,这一时期成为城市问题集中爆发、严重"城市病"产生的时期。其一,城市规模迅速扩大,新兴工业城市不断出现。其二,传统城市的结构在资本主义生产方式下受到严重的破坏。其三,环境污染、住宅短缺、卫生条件恶化成为该阶段城市内部的真实写照。在严峻的城市问题面前,西方国家开始通过相关法律的建立,避免城市问题的恶化。具有代表性的包括:英国 1848 年的《公共卫生法》(Public Health Acts)、1855 年的《消除污害法》(Nuisance Removal Acts)、1868 年的《托伦斯法》(Torrens Acts)、1875 年《克罗斯法》(Cross Acts)等。1909 年,英国产生了第一部城市规划法《住房、城镇规划诸法》(Housing,Town Planning,Etc. Act),赋予地方政府编制规划的权力,是世界上第一部现代意义上的城市规划法。美国则出台了《标准州立区划实施通则》(A Standard State Zoning Enabling Act),授权地方政府用区划控制土地的开发,防止因建设行为而导致对周边地块产生的不利影响。总之,这些法律法规坚持政府"不干预"和"守夜人"的基本原则。其出台是为了解决"市场失效"而带来的紧迫的城市问题,是一些最基本的卫生和环境规范,而并非对城市的总体结构进行战略调整。这些法案杜绝了最坏情况的发生,然而对于城市总体结构的优化,对于解决城市中的根本性的空间布局问题仍然显得无能为力。

19 世纪末期,这一城市发展模式开始进入了全面危机和转换时期。这一点,体现在城市规划的思想理论方面,出现了新旧思潮混杂激烈交锋的局面。一方面,传统的城市规划方式无力完成对现代城市的控制。另一方面,现代城市规划思想作为一种"竞争性理论"已经开始萌芽。从 19 世纪末期开始,部分精英建筑师和社会学者对城市问题进行了深入的反思,为解决城市中出现的种种问题提出了一系列的设想和理论。具有代表性的人物和理论包括霍华德的"田园城市",沙里宁的"有机疏散",赖特的"广亩城市",格迪斯的"区域规划理论",戈涅的"工业城市",玛塔的"带形城市",柯布西耶的"三百万人口的现代城市","伏瓦生规划"以及"光明城市"等。这些早期城市规划理论的共同特点是都对物质空间环境表现出了极大的关注。无论是从建筑学、社会学、生态学还是地理学的视角,这些先驱者们都意识到:要解决城市中出现的种种问题,必须从物质空间环境入手。这一点在《雅典宪章》中得到了突出的反映,为"二战"后到 20 世纪60 年代的规划实践提供了完整的思想基础,现代城市规划此后的种种发展都可以在这一时期的思想探索中找到源头。

但现代城市规划在 20 世纪上半叶尚停留在理论层面,处于完善时期,真正得到实践的案例寥寥无几,并未对城市空间发展产生实质性的影响。在政治上,两次世界大战打断了社会经济和城市发展的正常步伐,西方社会动荡不安;而在经济上,自由主义的"不干预"指导思想仍然维持统治地位。因此,19 世纪到 20 世纪上半叶的城市发展实际上处于缺乏有效理论指导的状态之下。城市建设中普遍性的"无政府"状态直到"二战"后才开始真正地扭转。

2) 现代范式

"二战"后,西方世界建立了崭新的政治和经济格局,并迎来了较长时间的稳定和快速发展时期。在经济上,政府抛弃了战前"放任自由"的政策,开始奉行以凯恩斯、庇古为代表的干预主义。作为干预政策的一部分,西方国家的立法部门开始制定一系列的法律,授予并扩大了政府进行城市规划的行政权力。具有代表性的有:英国 1944 年发表的《土地使用的控制》白皮书,宣告国家有权对各类土地进行规划控制;1946 年的《新城法》赋予有关规划部门征用和开发新城土地的权力。1947 年英国颁布的《城乡规划法》,从法律的层面完成了国家对开发权的控制,强化了政府在城市发展,特别是土地与房地产市场的干预作用。美国则在凯恩斯主义的背景下出台了一系列的具体法案进行经济扶持和刺激,如城市更新、高速公路规划、环境和地方经济发展规划等。这样,现代城市规划作为一种政府干预行为开始进入大量实践、应用和发展的阶段,以《雅典宪章》为代表的城市规划思想在战后重建、新城建设以及旧城改造等城市建设活动中占据了主导的位置。对物质空间的强烈关注,是这一阶段城市规划理论和实践的重心。这一阶段的城市空间发展,体现出一种市场机制和政府干预共同主导的二元机制。

现代城市规划在"二战"后迎来了真正的实践时期,在西方国家快速城市化的阶段发挥了重要的作用。以《雅典宪章》为指导思想的现代城市规划理论对于物质空间和城市功能需求的关注重点,极大地改善了城市机能的混乱状态,使自由市场所产生的城市病逐渐缓解。无论是强调区域的城市分散主义,还是强调功能的现代主义建筑运动,在战后的城市建设热潮中得到了巨大的发展。与此同时,在"理性思维"和"空间规划"的基本前提下,现代城市规划的理论也得到了进一步的发展,从早期的"功能主义"向更为系统化、技术化的方向发展。这一倾向发展的高潮就是在1960 年代末以 McLoughlin、Chadwick 为代表的"系统综合规划"。该理论吸取了系统论和控制论的基本思想方法,认为规划研究的对象是多种要素及其相互关系组成的人类活动系统,而城市规划能够通过分类、预测、决策、调控各相关系统,并通过实时反馈,对复杂的城市问题进行决策与控制。系统综合规划将工具理性的思维在城市规划中推向了极致，是在现代城市规划思想范式基础上的"精湛化"。

现代城市规划的危机始于20世纪60年代。在政治上，民权、反战、种族等各种社会运动连续不断，对公民权利的追求进入了一个高潮；在经济上，战后持续繁荣增长的势头开始停滞，持续的经济危机对风光一时的凯恩斯主义经济政策提出了质疑；而在思想上，一场对现代社会的批判反思在哲学、社会学、文学、建筑乃至城市规划等各个领域开始深入，现代主义的宏伟叙事和英雄主义开始消解，多元化、主观化、碎片化、个体化的思维倾向开始盛行。现代城市规划的问题也在这一时期逐渐显现：一是现代主义僵硬刻板的形式破坏了城市空间原有的多样性和活力，形成了冷漠、支离的"现代病"。二是现代城市规划中的精英主义思维将城市规划视为一种自上而下的机制，对于社会制度环境和多元的价值、利益诉求缺乏必要的关注和有效的回应。三是过于强调规划的综合性，导致规划周期冗长、机构臃肿、效率低下，使规划丧失了灵活性。这些问题导致现代城市规划体系受到了各方的严厉批判和深入反思，具有代表性的包括雅各布斯的《美国大城市的死与生》，林德布洛姆的渐进主义规划，大卫多夫的倡导式规划和亚历山大的《城市并非树形》等。

此后，城市规划理论开始由关注结果转向关注过程，形成了"过程规划"（Procedural Planning）的方法论思想，使对城市规划的整体认识发生了重大的改变，并在此后的规划理论中不断发展和深化。具有代表性的：一是林德布洛姆提出的渐进主义规划思想，强调规划目标根据社会经济发展变化而动态变化调整，即"动态性"和"滚动性"，规划控制指标也开始从刚性控制向弹性引导转变。二是大卫多夫提出的倡导式规划的思想，强调规划应为多种价值观的体现提供可能，主张规划师应该代表弱势阶层的声音、具有公正的思想，应该作为"倡导者"参与到政治进程中去。虽然两者都注重规划的过程，但渐进式规划可以视为理性综合规划的修正和完善，它并没有否定城市规划的技术性；而倡导性规划则是对理性综合规划的否定，它将城市规划从一种技术过程转变为一种政治过程，并开启了城市规划公众参与的先河，成为此后关注多元主义的规划程序理论的理论先导。这一系列主张在1977年和1981年先后签署的《马丘比丘宪章》和《华沙宣言》中得到了充分的表现：与《雅典宪章》相比，城市规划指导思想开始由单纯的物质空间规划走向经济社会全面发展的综合空间规划；由关注规划结果转向关注规划过程，强调从描绘终极蓝图转向动态循环发展，并突出了公众参与的重要性。标志着城市规划在指导思想上已经发生了显著的转变，并在业内达成了共识。

与20世纪初到"二战"前的情况类似，20世纪六七十年代是现代城市规划问题集中爆发的时期，这一时期的挑战性理论仍然处于批判和发展的阶段，并未真正大规模地应用于实践。但是，包括多元主义、公众参与、规划过程等在内的一系列思想的蓬勃发展，也为此后的城市规划理论和实践打下了基础。《马丘比丘宪章》和《华沙宣言》就是60年代以来对现代主义建筑和现代城市规划一系列批评和反思的总结性文件，具有里程碑式的意义。

3）后现代范式

西方社会经历了20世纪六七十年代的这一异彩纷呈而又相对混乱的阶段，到80年代，政治经济经过一系列转型后，社会又进入了相对平稳发展的阶段。在经济领域，经济政策上西方社会开始向自由主义回归，贯彻"新保守主义""新自由主义"的策略，减少政府对经济的干预行为。城市规划开始从刚性的控制转向弹性的指导，从而更具有一种公共政策属性而淡化了技术属性；经济结构上，80年代西方发达国家已完成了工业化，开始进入后工业时期，经济增长已经从依靠资源的扩张式增长转向了依靠信息和服务业的内涵式发展。并且西方国家的城市化已经完成了快速增长的阶段,城市化水平普遍达到 70％以上,开始进入平稳发展的时期,客观上需要采取新的规划思维来应对城市平稳发展时期的新问题。在政治领域,60 年代后的社会运动推动了政治理论和治理结构的变化。到 80 年代,一方面政治结构上出现了民主形式从代议制民主向参与式民主的演进;另一方面,政治思想上公民社会的讨论开始升温,构成了"市场—政府—社会"三者互动的局面。在这种思想理论和政治背景的影响下,城市规划的过程理论得到了进一步的发展,倡导多元主义的公众参与过程从而成为城市规划理论关注的核心问题。在文化领域,注重多元价值的倾向表现得更为明显,强调多样化、不确定性、去中心化、小叙事、个体差异、权力分散等特质,成了后现代主义主要的思维方式。对于多元化城市空间和文化价值的探索,是这些"现代主义之后"的理论所共同关注的焦点。

与之相对应,在城市规划领域,现代城市规划理论经过 20 世纪六七十年代的争论和发展后,到 80 年代前后逐渐成熟并获得人们的认同,理论体系逐渐完善。L. Sandercock、M. J. Dear 等系统建构了"后现代城市规划"的理论框架,将现代城市规划忽略的那些方面,提取出来加以强化。多样繁复的后现代城市规划理论体现出的共同特征包括:一是强调多元的价值,反对一元论;二是强调城市规划过程的政治性,反对将城市规划视为一种理性技术的过程;三是对于规划师的定位强调协调者、沟通者、倡导者等"平等的"角色,反对其高高在上的技术精英形象。总体而言,重视价值判断、政治过程以及规划师技术角色的转变,构成了具有后现代意义上的对现代城市规划的批判,也成为后现代城市规划意识的主流。但是,由于对现代主义的既定原则采取了一种反叛的态度,城市规划也从实践转向了理论,陷入到一种"空心化"的境地。

在 20 世纪 60 年代以后发展的、笼统称为"后现代城市规划"的新一代规划理论体系中,公众的参与成了必需。但城市规划公众参与的早期理论过于强调政治性,并未发展出一种实用的、能够有效进行多元协调的机制,不仅未能有效解决城市问题,还导致了政治上相互对抗的状态。80 年代以后,哈贝马斯的"交往行为理论"、吉登斯的"第三条道路"理论以及"管治"理论的兴起,都标志着一种新型政治关系的建立。一种基于沟通、协作、自下而上与自上而下相结合的社会机制,成为城市规划过程所追求的目标,城市规划开始试图通过和解与沟通来获得目标的达成。最具代表性的是 Forester 的"沟通式规划"(Communicative Planning)理论和 Patsy Healey 的"协作式规划"(Collaborative Planning)理论。沟通/协作式规划反映了一种通过协商取得共识的规划过程,将一种激进的、口号式的、导致对抗的公众参与过程,转变成一种平和理性的、具有建设性的协商谈判过程。沟通/协作式规划尤其强调了"利益相关者"(Stakeholders)的概念,平等地描述受到规划行为影响的群体,并不带有鲜明的政治倾向。这样既保障了弱势群体的基本利益,又不至于一味强调弱势群体的权利而使规划陷入一种激进的政治过程中,体现了其务实之处。沟通/协作式规划实际上相当于建立了一种优化的市场机制:即通过不同利益群体之间进行和平的谈判、协商以达成一致(即讨价还价),而不是通过对抗、发泄争取权益。这样就减小了达成共识(交易)所耗费的成本,因此也有助于推动城市建设的发展。

作为一种新型范式,沟通/协作式规划在目前西方城市规划实践过程中成为一种共识。这种范式是西方社会在城市进入稳定发展状态后,不断进行利益调整过程中所出现的一种规划思维,因此也具有明显的局限:在利益多元化的社会,要达成社会共识"知易行难",绝非理论上那么简单,必须付出包括时间上的和经济上的巨大成本。这也引发了社会公平与发展效率、短期建设与长期战略、局部利益与总体利益之间的矛盾。当然,这些矛盾在城市基础建设已经完善、城市发展较为平稳的西方社会,相对并不突出(见表 5-1)。

表 5-1　城市空间发展范式演进示意表

范式			历史时期	典型案例	代表人物及思想理论	形态特征	社会结构
古代范式	形成时期	希腊	常态时期	雅典卫城;广场	以伯里克利等为代表的民主派政治家	自由灵活,以卫城和广场作为城市中心。基础设施落后,卫生条件差	城邦制度,直接民主,权力分散
			转换时期 前479—前30年	米利都城;比雷埃夫斯;普南城;亚历山大城	柏拉图《理想国》;亚里士多德《政治篇》;希波丹姆;维特鲁威等		
	常态时期	罗马	常态时期 前30年—3世纪	罗马营寨城;提姆加德;帝王广场群		理性、严格、方格网规划轴线;对称;设施完善、空间封闭;公共建筑体量庞大	大一统国家,君主专制,权力集中。早期实行地方自治,后期中央集权程度逐渐加强
			转换时期 3—10世纪	罗马城市的衰落期	基督教思想占统治地位。以阿奎那为代表的经院哲学对政治、文化、艺术、哲学等各个领域产生了全方位的影响		
	转换时期	中世纪	常态时期 10—15世纪	圣米歇尔山;锡耶纳;伯尔尼;明斯特等典型中世纪城市		完整封闭的城市边界;明确显著的城市中心;城市形态上体现自由、有机的特征	政治分裂。教会、贵族、市民自治。城乡二元对立。权力分散。城市缓慢发展
			转换时期 15—17世纪	佛罗伦萨;罗马改造;帕尔曼诺伐城;理想城市	文艺复兴;以笛卡尔为代表的唯理主义;莫尔《乌托邦》;托马斯·康帕内拉《太阳城》;安德里亚《基督城》;阿尔伯蒂、费拉雷特等人的理想城市;勒·诺特的园林;路易十四		
		巴洛克	常态时期 17—18世纪	凡尔赛宫;维贡特府邸花园		强调几何特征、纪念性、标志性,形成壮观的城市形象;突破固定界限的束缚;中心+放射体系	统一民族国家,君主专制,中央集权。"朕即国家"权力集中,城市化开始加速
			转换时期 18—19世纪	奥斯曼巴黎改造;华盛顿、堪培拉规划	工业革命;孟德斯鸠、卢梭启蒙运动;亚当·斯密自由主义经济学;达尔文进化论;奥斯曼巴黎改造;美国城市美化运动;英国公共卫生运动;戈涅、玛塔;伯恩海姆		
现代范式	转换时期	前现代范式	常态时期 19世纪末—20世纪初	拉绍德封;工业城市;纽约、旧金山方格网		城市无序扩张,新兴工业城市出现;传统城市结构受到破坏;城市病暴发,并不断恶化	政治上为资产阶级民主政府,经济上奉行自由市场,政府应充当"守夜人"的角色。城市化快速无序发展
			转换时期 1898—1945年	花园城市;光明城市;广亩城市;有机疏散;郊区化开始	凯恩斯、庇古福利经济学;英国城乡规划法;霍华德花园城市;柯布西耶;赖特广亩城市;沙里宁有机疏散;格迪斯区域规划;现代主义运动;《雅典宪章》;系统综合规划		
	常态时期	现代范式	常态时期 1945—1960年	战后重建;新城建设;巴西利卡;昌迪加尔		早期关注物质空间的功能分区,注重对空间的有效利用。后期强调系统综合。僵硬刻板、冷漠支离	受凯恩斯主义影响,强调政府的干预作用;自上而下规划,精英决策。处于城市调整发展期
			转换时期 1960—1980年	旧城更新	现代规划批判:雅各布斯、亚历山大、大卫多夫等;新马克思主义;后现代规划;L. Sandercock、M. J. Dear等;沟通/协作式规划Forester、P. Healey等;《马丘比丘宪章》;公共参与;城市设计;人居环境与可持续发展	注重政治过程;强调城市功能的复合,反对功能主义。多元形态拼贴效应	新自由主义、参与式民主、公民社会、第三条道路、管治;强调多元价值和利益。城市化基本完成
		后现代范式	常态时期 20世纪80年代至今	社区更新;工业区改造等			

5.2 城市空间发展范式的特征和规律

5.2.1 常态时期和转换时期交替演进

我们也许注意到,城市规划理论思潮的发展进程与城市空间发展的实际进程是不同步的。这种不同步实际就是理论与实践、意识形态与客观世界发展的不同步。城市发展的思想理论往往会跨越不同的历史时期,产生一种承前启后的历史效应。产生于一个时代的思想理论可以服务于这个时代,就像中世纪阿奎那的经院哲学那样;也可以背叛这个时代,就像希腊时期的柏拉图和亚里士多德那样。因此,单纯地以一个特定的历史时期作为考察思想演进的窗口,显然是不够全面的,需要以一种更为宏观和历史的眼光去考察规划理论与城市空间发展的互动关系。从这个意义上说,通过城市空间发展范式的建构,将城市空间发展的历程描述为一种常态时期与转换时期交替发展的结构,从而形成一种较为清晰的思想与实践互动结构(见图5-3)。

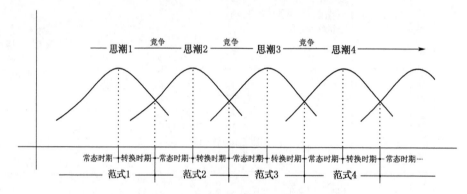

图 5-3 城市空间发展范式演进示意图
图片来源:自绘

1) 常态时期

常态时期是一种或一个体系的城市规划理论占据主导地位,有效地指导城市发展和建设活动,并且在城市空间形态上形成鲜明时代特征的时期。在这一时期内,前一种城市规划理论已经基本失去了指导城市建设的能力,而竞争性的理论尚未出现或完善,主导性理论成为这一时期主要的城市建设指导思想。例如3世纪以前的罗马帝国时期,11世纪以后、文艺复兴之前的中世纪,路易十四至法国大革命前夕的绝对君权时期,以及"二战"后至20世纪60年代,都是一种理论或理论体系支配下的城市空间发展范式常态时期。这一时期也是城市化发展和城市建设快速或稳步发展的阶段,具有较为稳定的政治和经济结构。

2) 转换时期

转换时期是一种或一个体系的城市规划理论在实践中遭遇越来越多的问题,开始难以适应日渐变化的社会政治结构,受到竞争性城市规划理论的挑战,并逐渐丧失主导地位的过程。在这一时期内,各种类型的"城市病"层出不穷,已经形成的城市空间形式日益受到人们的质疑和厌倦。对于城市的批判和反思逐渐出现,一些新的竞争性理论也开始形成并完善。形形色色乌托邦式的"理想城市"规划思想,以及一些具有开创性的先锋实验作品,都在这一时期开始出现。最终,在社会政治经济结构变迁的契机下,竞争性理论取代原有理论的主导地位,开始广泛地应用于城市发展和建设的实践中。例如,伯罗奔尼撒战争之后的希腊社会,3 世纪以后的罗马帝国,中世纪后期的文艺复兴时期,20 世纪上半叶的现代城市规划理论发展期,以及 20 世纪 60—80 年代的现代规划批判反思时期。在城市空间发展范式的转换时期,城市发展的速度偏离原本的轨迹——要么停滞衰退,要么不受制约地快速发展以致问题丛生。而这一时期通常也对应着社会政治经济结构的转型期。

新的竞争性城市规划理论跨越新旧两种范式,在旧范式的危机时期形成,在范式革命时期逐渐成熟,在新范式的常态时期不断完善,经历了一个不断发展的过程。因此,常态时期和转换时期交替演进的范式结构合理地解释了城市规划理论和实践的不同步现象,也形成了城市空间形态历史演变的实际结构。

5.2.2 城市发展理论的有限合理性

1) 范式中的合理性

对范式理论的基本结构加以延伸,可知任何一种理论只有在其所属的范式中才具有合理性,而从范式之外的视角观察时,却可能是荒谬的。比如,中世纪基督教思想主导下的城市发展思维,显然不能指导工业化时期的城市建设;同样,现代主义的城市规划思想和模式也不可能在古希腊得到认可。因此,城市发展理论的合理性存在于范式之中,并且只有在同一范式之内的理论才具有相互比较的平台。从这个意义上说,城市发展理论的合理性是历史的也是相对的,是一种受到制约的有限合理性。

2) 阶段性和地域性

城市发展理论的有限合理性是在时间和空间两个维度展开的,表现出一种明显的阶段性和地域性。关于城市发展理论的阶段性,历史上一系列"理想城市"的遭遇可以充分地证明:尽管一种新的城市规划或设计思想可能具有划时代的革命性意义,但在城市空间发展范式发生转换之前,往往沦为纸上方案,难以得到实际应用。落后于时代——就像维特鲁威的理想城市,或领先于时代——就像阿尔伯蒂等人的理想城市,都无法使规划理论具有合理性。

地域性则表现为,即便在同一历史时期,不同地域背景下的城市空间往往选择不同的发展模式。例如,巴洛克式的城市设计手法最先在教皇统治下的罗马和确立中央集权的法国出现,而此时欧洲其他地区的城市还延续着中世纪的城市发展轨迹;从更宏观的角度看,西方文明所产生的城市空间形式与东方文明中的城市完全不同。这就表明,城市空间发展理论的适用范围不仅仅是历史的,也必定是空间的、地域的。当然,这种"地域性"更多体现在文化层面而非地理层面。地理因素所导致的,更多的是微观的个体差异,这种差异是普遍存在的,并不构成一种整体性发展"逻辑"的根本差异。因此,"地域性"是文化和社会意义上的,主要描述了一种存在于空间之上的社会制度差异。

城市发展理论的合理性是与特定的社会制度密切相关的,因此不仅需要研究西方城市规划思想的理论主张,更需要研究西方城市规划理论的历史背景、出场路径和应用条件,界定其时代和地域特征。理论的产生,服务于特定的社会历史背景,并且只有在这样的背景下才具备了指导实践的能力,产生实际的价值。一旦脱离了理论产生的背景(Context),认为其具有放之四海而皆准的普适性而进行简单的移植,则无法产生并发挥理论应有的价值。从这个意义上来说,城市空间发展范式体系的建立,为分析和研究各种城市规划理论设立了一个坐标系。

5.2.3　城市空间发展的路径依赖效应

城市空间发展范式常态时期和转换时期的交替出现说明,建立一种新的空间发展范式并不是一蹴而就的,新型的指导性理论从出现到完善需要经历一个漫长的过程。而旧的范式也并不是一遇到问题就开始崩溃的,往往会在批判声中维持了相当长的时间。公元前 479 年,希波丹姆方格网式的理性规划就已经在米利都实施,也受到亚里士多德等哲学家的推崇,但是直到近两个世纪以后的希腊化时期才得到广泛应用。15 世纪阿尔伯蒂等人提出的理想城市形式中,已经形成了理性化的思想方法和几何化的轴线＋格网设计体系,但直到 17 世纪以后这种想法才成为城市发展和改造的主流手段。早期现代主义城市规划在 20 世纪 60 年代就已经遭受严厉批判,但其基本思想和方法在 80 年代以前仍然是城市空间发展的主流。为什么会出现如此长时间的转换时期呢?

1) 路径依赖效应

路径依赖(Path Dependence)的原始概念来自生物学,用以描述物种进化过程的某些特征:即进化一方面取决于外部环境和基因的随机变化,另一方面还取决于基因本身存在的等级序列控制。1975 年,美国经济史学家 Paul A. David 在其著作《技术选择、创新和经济增长》中首次将"路径依赖"概念用以分析技术进步和创新的过程,将其纳入了经济学的研究范畴。Arthur 认为被采用的现代复杂的技术显示了报酬递增的特性,这种技术被越多的采用越是会获得更多的经验,最终导致这种技术取得更多的进步,而随机的小事件使得多种相竞争的具有报酬递增特性的技术获得了最初的优势。[①]

新制度经济学的代表人物诺斯(D. C. North)则将路径依赖原理用以分析制度变迁的过程:类似于物理学中的惯性现象,一旦进入了某一种制度路径,无论其产生的效果是好是坏,都会对这种路径产生依赖,从而形成良性或恶性的循环。诺斯认为,在制度变迁中存在一种自我增强机制(Self-reinforcing Mechanisms),即制度会在其发展过程中沿既定方向不断强化自己。现行的制度体系以及人类的行为方式,很大程度上并非根据理性计算设计的结果,而是初始的制度状态演化而来的。从这个意义上说,文化信仰、技术方法等各种传统的形成,都是路径依赖效应的体现。出于成本的考虑,人们总是倾向于在原有的路径上朝既定的方向前进,而不是频繁地改变路径。路径依赖的含义,一言以蔽之,就是"人们过去做出的选择决定了他们现在可能的选择。"[②]在诺斯看来,路径依赖是分析历史变迁和理解长期经济变化的关键。

2) 城市空间发展的路径依赖

城市空间发展范式之所以延续并出现长时间的转换时期,非常明显地体现出一种路径依赖效应。具体表现为:形成价值观和技术方法体系的城市发展范式,已经深深地植入规划师共同体的观念和职业技艺中,以至于在面对实际的城市建设实践时,这种既定的方法和观念会自然而然地成为第一选择。并且,这种价值和技术体系通过规划教育、规划实践、法律法规等环节得到了固化和强化,形成了一种正统的规则。新的竞争性理论要想取代旧理论的地位,必须使规划师共同体接受新的知识,掌握新的技能。例如,几何学的发展就是早期城市规划出现的技术基础,建筑师或规划师必须掌握几何学和测量土地的基本技术才能够开展城市规划实践;巴洛克时期的规划师和

---

① Brian W A. Competing technologies, increasing returns, and lock-in by historical events[J]. The Economic Journal, 1989, 99(394): 116-131.

② 道格拉斯·C. 诺斯. 制度、制度变迁与经济绩效[M]. 刘守英,译. 上海:三联书店,1994:45.

城市设计师,坚信理性清晰的空间形式代表着崇高的人类价值,并熟练地掌握着轴线、中心、放射等具体的规划手法;而在 20 世纪 60 年代,大卫多夫等人则指出规划师需要掌握"沟通、协调、教育"等新的社会化职业技能,以适应城市规划的社会化转型。总之,打破对原有价值、技术、知识和方法体系的路径依赖,是实现城市空间发展范式转换的重要前提条件。

从制度经济学的视角看,路径依赖效应实际上体现了交易中的"社会成本"问题。新的城市空间形态之所以无法对旧的形态产生替代,是由于在替代的过程中存在着交易成本,这种交易成本既体现在经济上,也体现在技术和意识形态的层面上。如果新的理论及其对应的城市空间形态无法支付完成交易所产生的社会成本,那么城市空间形态上的变革也就无法完成。因此,要实现城市空间发展范式转换,就需要借助某种外部效应,打破对原有范式的路径依赖。

5.2.4 城市空间发展范式的制度门槛

1) 城市空间发展范式转换的临界条件

政治和经济制度是一个特定历史阶段最基本的产物,制度的存在为特定的时代提供了一个思想和行为的平台,并直接构成了具有时代性特征的文化逻辑和行为逻辑。正如诺斯所说:"制度是为约束在谋求财富或本人效用最大化中个人行为而制定的一组规章、依循程序和伦理道德行为准则。"① 从城市空间形态的发展演变历史来看,每一个不同时期的空间形态特征都对应着特定的政治和经济结构。政治经济结构的变化,引起了城市空间形态发展动力和发展逻辑的改变。政治经济结构出现剧烈改变的时期,往往也在城市空间形态上引起了"突变"。城市形态从希腊时期的自由向希腊化时期的严整演变的过程,也是城邦制度向统一帝国转型的时期;中世纪灵活有机的城市形态向巴洛克时期的轴线+格网体系转型的时期,在经济上对应着资本主义生产方式转型,在政治上则对应着分散权力向集中权力的转型;西方城市空间 20 世纪 60 年代以后出现的多元化、复合化等"后现代"倾向的时期,不仅是政治上民权运动高涨、传统代议制民主向参与式民主转变的历史时期,也是经济上凯恩斯主义向新自由主义转型的过程,更是快速城市化进程逐渐放缓的时期。

因此,在城市空间研究中,外部制度条件构成了类似科学研究中的应用条件和适用范围。仅限于思想层面上的变革,并不能导致城市空间发展范式的转换。只有当合适的条件,也就是新的制度开始出现时,新型理论指导下的实践才能得以展开。"作为制度安排的规划工作明显受制于社会形势,没有合适的社会条件,规划理论创新几乎无法推广。同样,当社会气候变化,一种制度安排渐渐失效,新的制度创新就在酝酿之中了。"② 如果没有社会结构的变革、政治和经济制度的更新,那么空谈理论的变革和转型也就显得毫无意义。比如,维特鲁威在罗马帝国初期提出的理想城市就理论而言无疑是开创性的,但由于缺乏社会基础,仍然难以发展为一种新的"范式";20 世纪上半叶,现代城市规划的基本理论已经成型,但由于相应的社会结构尚未完全转型,因此仍停留在理论阶段,直到"二战"后才得以全面实践。正如芒福德所说:"我们需要构想一种新的秩序,这种秩序须能包括社会组织的、个人的,最后包括人类的全部功能和任务。只有构想出这样一种新秩

---

① 道格拉斯·C.诺斯. 经济史上的结构和变革[M]. 厉以平,译. 北京:商务印书馆,2007:227.

② 张庭伟. 规划理论作为一种制度创新——论规划理性的多向性和理论发展轨迹的非线性[J]. 城市规划,2006(8):9-18.

序,我们才能为城市找到一种新的形式。"①新的竞争性城市规划理论如果顺应了外部制度变化的趋势,也就具备了受到认可和付诸实践的可能,并取代旧的理论成为新的规则,实现范式的转换。因此,外部制度的变革构成了城市空间发展和城市规划范式转换的临界条件。

2)经济制度与城市空间形态②

诺思在 1981 年出版了其代表作《经济史上的结构和变革》,完整地提出了一套系统性的经济史理论,并用这套理论详细地考察和解释了人类自史前到现代的经济生活及经济增长历程。在诺思看来,人类经济活动的历史经历了两次重大的经济革命③,对经济发展的轨迹产生了结构性的影响。第一次经济革命发生在约一万年前,人类从狩猎和采集活动过渡到固定的农业生产。这一变化加快了人类进步的速度,并产生了一系列的文明成果。城市的出现就是第一次经济革命最直接的产物,与此同时,国家的政治组织也在这一时期逐步形成。第二次经济革命则是以科学和技术发展为先导,以产业革命为标志的一系列经济变革。

经济制度的第二次变革将城市空间发展的轨迹分为了古代范式和现代范式,其主要的差异体现在城市增长的速度上。第一次经济革命的结果产生了城市,但城市的发展仍然是相当缓慢的。第二次经济革命以后,城市化率、城市数量、城市规模出现了显著的加速发展,在增长曲线上形成了明显的拐点。1800 年以前,全世界的城市人口只占总人口的 3%,城市经济也从未超过农业经济,而在 1800—1950 年的 150 年间,地球上的总人口增加了 1.6 倍,而城市人口却增加了 23 倍。第二次经济革命所带来的产业变革形成了资本主义经济制度,使城市发展的速度和根本逻辑发生了改变,并且使城市在人类经济生活中开始占据主导地位。这种根本性的发展轨迹差异,形成了城市空间发展古代和现代的基本范式。

当然,古代范式向现代范式的转型过程也是漫长的,跨越了数个历史时期。资本主义生产关系的萌芽从文艺复兴开始出现,巴洛克时期所发生的启蒙运动、产业革命和资产阶级革命推动了这种生产关系的发展,并逐渐建立了适应这种变革的政治结构。然而,新的经济因素所带来的政治结构上的调试却仍在进行,一种相对稳定、持续的社会结构直到"二战"以后才基本定型。诚如诺斯所说:"现代社会在组织上的危机只能被理解成第二次经济革命的一部分。"④关于这一论断,可以从城市空间形态的演化中得到证实。笔者在描述中世纪、巴洛克以及前现代时期的城市空间发展历史时,也已经对这种城市形态长期变化中的政治和经济因素进行了详尽的论述。从这个意义上来说,中世纪后期到"二战"结束的这一段时间可以视为古代和现代范式之间的转型时期。

因此,经济结构对城市空间形态的发展和范式的形成转换起到了基础性的作用。

3)政治制度与城市空间形态

如果将城市空间发展的历程视作一个经济过程,那么政治结构就为这种经济行为设定了基本

---

① 刘易斯·芒福德.城市发展史:起源、演变和前景[M].刘俊岭,倪文彦,译.北京:中国建筑工业出版社,2005.

② 这里的经济制度是指由于基本生产方式变革所形成的经济运行方式,并非微观的经济权力结构。微观经济权力关系的变化和调整一直贯穿在整个经济生活之中,建立在一定政治结构基础之上。

③ 诺斯解释,"经济革命"一词旨在表述一种经济制度中的两种不同的变革:一种是知识存量的重大变化引起的社会生产潜力的重大变化,另一种是为实现那种生产潜力而在组织上必然发生的、同样是基本的变化。这两种经济革命都称得上革命,因为它们改变了产量的长期供给曲线的斜率,使人口的不断增长不致承受古典经济模型的悲观后果。

④ 道格拉斯·C.诺斯.经济史上的结构和变革[M].厉以平,译.北京:商务印书馆,2007:193.

的规则。国家结构与经济结构密切相关,并且在很大程度上影响了经济发展的方式和效率。因此在诺斯看来,将国家理论从产权交易的方法中脱离出来是很有必要的。

诺思把政治制度的载体——国家,用两个看似矛盾的目标来概括其在经济活动中的作用。"一个目标是规定竞争与合作的基本规则,以便为统治者的租金最大化提供一个产权结构(即在要素和产品市场上界定所有制结构);另一个目标是,在第一目的的框架内,减少交易费用,以便促进社会产出的最大化,从而增加国家的税收。"① 尽管这个双重目标在一定条件下是相容的,但在更多情况下却形成了一种矛盾的状态——国家制定有利于经济增长的产权制度时,国家就会对经济增长产生强大的推进作用,即所谓的"国家契约论"。而当统治者谋求垄断租金最大化时,国家就会成为经济发展的绊脚石,即所谓的"国家掠夺论"。这就形成了著名的"诺斯悖论":"国家的存在是经济增长的关键,然而国家又是人为经济衰退的根源"。②

"诺斯悖论"揭示了政治制度对于长期经济发展的影响。这种悖论在城市空间发展过程中有着明显的体现,政治制度双重属性的差异必然导致不同的价值观和行为方式,并最终造成城市空间形态发展的长期变化。罗马帝国城市化的兴衰过程就很好地证实了"诺斯悖论"在城市空间上的影响作用。在罗马帝国初期,帝国的收入能够通过扩张掠夺和经常性的税收来满足,中央和地方形成了稳定的契约关系,而这种产权结构是有利于经济增长的。城市化运动的快速推进得益于统治者在政治上强有力的支持,这种支持包括制度化的城市化政策以及中央政府投入的大量资金。这时,国家就对经济发展和城市化形成了一种良性的推动作用。而到了 2 世纪以后,帝国停止扩张并面临外部挑战,一方面丧失了战争掠夺的经济来源,另一方面经常性的税收入不敷出,中央政府不得不加强对地方的经济盘剥。这时,越来越高的集权程度带来了沉重的税收和官僚体制,成为明显的城市化阻碍因素,最终导致了城市的衰落和帝国的崩溃。同样,凯恩斯主义把西方从 20 世纪 30 年代的经济危机中挽救了出来,带来了战后的繁荣,并使现代城市规划具备了实现的条件;但却在 70 年代由于过度干预市场而导致了"滞胀",现代城市规划也在这一时期遭到了批判——就城市发展而言,现代城市规划既是快速城市化的关键,也是此后城市矛盾的根源。因此,"诺斯悖论"描述了一定时期内,特定政治制度在长期经济发展中所表现出的矛盾。换言之,它描述了一种范式内的制度作用。这种政治制度虽然有其矛盾性,但也在一定时期内保持了稳定性。这种制度稳定性是城市空间形成形态特征的基础,因此也成了城市空间发展范式的基础。

然而,外部危机或内部矛盾会导致国家政治制度出现崩溃和更迭。政治制度的更替和演变使界定产权关系的基本方式发生了变化,从而改变经济行为的模式。在宏观上,政治制度变革会形成"有效率"或"无效率"的产权关系,推进或抑制经济的增长,影响城市化的总体进程;而在微观上,政治制度变革重新定义了初始的空间产权关系,界定了一系列的经济权力。交易成本的改变使城市空间发展的基本逻辑和规则相应改变,导致在形态上出现新的特征③。

政治结构不仅定义了包括空间在内的一系列产权关系,也支持或发展出了与权力结构相适应的意识形态,这种意识形态包括传统、价值观甚至知识本身。也就是说,城市发展的理论和知识有着明确的政治背景,并非是完全客观中立的,特定的知识和权力结构形成了一个共生体。关于知识与权力的关系,福柯作出了精彩的论述:"我们应该承认,权力制造知识(而且,不仅仅是因为知

---

① 道格拉斯·C.诺斯. 经济史上的结构和变革[M]. 厉以平,译. 北京:商务印书馆,2007:29.
② 道格拉斯·C.诺斯. 经济史上的结构和变革[M]. 厉以平,译. 北京:商务印书馆,2007:25.
③ 当然,这里指的是政治制度的基本权力结构出现变化,政权本身的更替并不意味着权力结构发生改变。例如,中国在历史上出现了多次朝代的更替,然而基本的政治制度和权力结构却未发生很大变化,因此城市空间形态也相对稳定。

识为权力服务,权力才鼓励知识,也不仅仅是因为知识有用,权力才使用知识);权力和知识是直接相互连带的;不相应地建构一种知识领域就不可能有权力关系,不同时预设和建构权力关系就不会有任何知识。……认识主体、认识对象和认识模态应该被视为权力—知识的这些基本连带关系及其历史变化的众多效应。……权力—知识,贯穿权力—知识和构成权力—知识的发展变化和矛盾斗争,决定了知识的形式及其可能的领域。"①成为范式的城市发展思想背后都得到了政治权力的鼎力支持,这一点我们可以在城市规划理论发展过程中找到许多例证。比如,中世纪的城市发展思想体现了教会所推崇的基督教经院哲学和基督教伦理,巴洛克式的城市设计手法体现了绝对君权时期所推崇的"唯理论"等。

因此,政治制度在理论和实践两方面都对城市空间形态的发展产生了影响,起到了关键性的作用。政治制度的革新往往成为实现城市空间形态范式转换的门槛。

5.3　本章小结

(1) 本章利用范式理论概括和描述城市空间、城市规划思想以及社会结构发展互动的历史,从而完成了对城市空间发展的历史结构建构。城市空间发展最显著的特征体现在空间形态上,因此空间形态的演变能够较为直观地反映城市空间发展的范式转换。在城市空间研究中应用范式理论,有助于寻找空间形态发展演变的客观规律,并能够从一种历史的、宏观的视角去发现城市规划理论发展的总体脉络。

(2) 本书指出,判断城市空间发展范式转换的依据有以下三点:一是新的规划理论是否形成了一个替代原有理论框架的完整体系,并且能够在实践上对城市规划活动进行指导。二是规划师共同体是否出现了价值取向上的集体性转变。三是形成城市空间形态的社会基础是否出现了结构性变化。

(3) 据此,本书把西方城市发展的历史分为古代和现代两大基本范式。古代范式包括希腊范式、希腊化—罗马范式、中世纪范式和巴洛克范式,各自对应着截然不同的社会结构、空间形态和指导思想。现代范式分为前现代(市场一元)范式、现代(市场—政府二元)范式和后现代(市场—政府—公众三元)范式,城市规划的实施机制和指导思想出现了显著变化。

(4) 通过范式体系的建构,总结出城市空间发展过程中的以下特征和规律:①常态时期和转换时期交替演进。常态时期是一种或一个体系的城市规划理论占据主导地位,有效地指导城市发展和建设活动,并且在城市空间形态上形成鲜明时代特征的时期。转换时期是一种或一个体系的城市规划理论在实践中遭遇越来越多的问题,开始难以适应日渐变化的社会政治结构,受到竞争性城市规划理论的挑战,并逐渐丧失主导地位的过程。②城市发展理论的有限合理性。城市发展理论的合理性存在于范式之中,并且只有在同一范式之内的理论才具有相互比较的平台。城市发展理论的合理性是历史的也是相对的,是一种受到制约的有限合理性。③城市空间发展的路径依赖效应。长时间转换时期的存在体现出一种路径依赖效应。新的竞争性理论要想取代旧理论的地位,必须打破对原有价值、技术、知识和方法体系的路径依赖。④城市空间发展范式的门槛效应。只有新的制度开始出现时,新型理论指导下的实践才能得以展开,因此外部制度的变革构成了城市空间发展和城市规划范式转换的临界条件。其中,经济结构对城市空间形态的发展和范式的形成转换起到了基础性的作用。政治结构不仅定义了包括空间在内的一系列产权关系,也支持或发展出了与权力结构相适应的意识形态,起到了关键性的作用。

---

① 米歇尔·福柯. 规训与惩罚[M]. 刘北成,杨远婴,译. 北京:生活·读书·新知三联书店,1999:29-30.

6 机制与动因
——城市空间与城市规划发展的经济动力

> "经济的前提和条件归根到底是决定性的。但是政治等等的前提和条件,甚至那些萦回于人们头脑中的传统,也起着一定的作用,虽然不是决定性的作用。"
>
> ——恩格斯

如果说西方城市空间的历史发展遵循了范式演进的路径,那么,是什么根本因素导致了城市空间发展方式的差异? 城市空间发展思潮的此起彼伏,是一种理论进化还是一种价值回归? 通过城市空间发展范式体系的建立,分析归纳历史上存在的城市发展思想理论和实践,我们也许可以总结出一些表层规律。但更重要的是,我们需要寻找并解释促使城市空间发展范式发生转换的根本动因。

6.1 空间演变的经济分析——形态变迁的成本问题

6.1.1 交易成本、产权和城市空间

1) 空间发展的经济过程

从经济的角度解释城市空间的演变往往是最充分也是最有效的。

正统的经济角度解释城市形态的理论主要包括区位理论、地租理论和集聚效益理论。区位理论试图为城市各种功能找到获取最佳收益的城市区位,并相继发展出了工业、商业、服务业的区位理论;地租理论探讨了地租与城市土地利用之间的关系,希望在市场条件下的城市土地使用者与供给者之间达到价格和区位的均衡(见图 6-1);集聚效益理论则认为聚集效应有助于增加积极的经济"外部性"[①],有助于促进城市规模不断扩大(见图 6-2)。

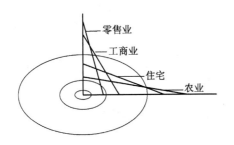

图 6-1 Alonso 的级差地租—空间竞争理论
图片来源:William A. Location and land use[M].
Cambridge: Harvard University Press, 1965.

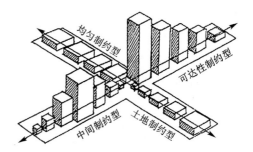

图 6-2 规模效应的城市空间发展图谱
图片来源:段进. 城市空间发展论[M]. 南京:江苏科学技术出版社,1999:150.

---

① 当然,新制度经济学则提出了不同的解释,认为聚集效应减少人们进行经济行为的交易成本,而过度的集聚则增加了这种成本,因而希望能够找到一个边际均衡的状态。

即便在新马克思主义城市学者那里,经济分析也是最有力的批判工具。在他们看来,城市化的进程本质上就是资本主义不断扩大再生产的过程。列斐伏尔在 20 世纪 70 年代末提出了"空间生产"的概念,其基本内容是:随着资本主义再生产的扩大,城市空间已经成了一种生产资料,加入了资本进行商品生产的过程中。城市空间发展已经不仅仅是一个单纯的自然或者技术过程,而是资本利用城市空间实现再生产的一个过程,其中贯穿着资本的逻辑。在这样的一个过程中,资本通过占有空间——生产空间、消费空间,最终达到了空间增值的目的。城市空间的发展实际也表现了资本对于空间占有、分配、流通和消费的循环。"空间作为一个整体,进入了现代资本主义的生产模式:它被利用来生产剩余价值。"在新马克思主义者那里,全球化城市、房地产业等一系列城市空间现象都是资本主义生产关系发展的产物。但是,新马克思主义城市学者似乎并不关注"空间生产"的具体成本构成,资本主义与生俱来的贪婪本性、巧取豪夺和贱买贵卖的生产行为才是他们关注和批判的中心,并试图通过改造社会结构来"完美"地解决城市问题。

尽管此后新马克思学者将研究的重点转向了对资本主义体系的反思,试图寻找"彻底解决矛盾"的出路,但是"空间生产"的基本框架却完全符合经济学的分析规范。"空间生产"与古典经济学的城市分析有着如出一辙的思路——不管城市空间的属性和特征是什么,其产生改变必然存在着一种最基本的经济动机,即获得更多的"利润"(不管这种利润是具体的还是抽象的)。只有当城市空间形态改变的预期收益大于预期成本,能够带来"利润"时,空间的交易或生产行为才有可能发生,这一点与其他所有经济行为没有任何不同。

然而,在古典经济学的分析框架中,特别是在区位理论和地租理论中,空间成本仅是由自然条件所决定的。这种成本取决于区位、交通、功能、资源等客观因素,可以被精确地度量,因此也就能建立一个相对简单而清晰的均衡模型。但是其分析的结果,与早年从社会生态角度进行推论的芝加哥学派几乎是殊途同归的——只不过它使用一个更精准的数学模型取代了较为抽象的同心圆模式。这一点不难理解,早年达尔文就曾深受古典经济学的影响和启发,"物竞天择"和"市场竞争"完全是同一种概念在生物学和经济学的延伸。总之,古典经济学描述了一种在完全竞争状态下的"无摩擦"的理想状态。

2) 交易成本和产权

交易成本(Transaction Costs)的概念是由科斯(R. H. Coase,1991 年获诺贝尔经济学奖)于 1937 年在《企业的性质》一文中首先形成的。其最初的价值在于对企业的本质加以解释:由于专业分工和市场价格机制的存在,利用市场进行资源配置将面临高昂的交易成本。企业就是为了降低内部交易成本,提高经济效率而出现的经济组织。肯尼思·阿罗(K. Arrow,1972 年获诺贝尔经济学奖)给交易成本下的定义是"经济系统的运行成本"[①],他认为交易成本类似于物理学中的摩擦力,与传统的古典经济学中所关注的生产成本是完全不同的概念。

科斯于 1960 年又发表了著名的《社会成本问题》,提出了后来被称为"科斯定理"(Coase Theorem)[②]的经济规律,概括而言就是:当交易成本为零时,无论初始产权如何定义,都能够通过谈判自动形成最有效率的安排;而在交易成本不为零的情况下,不同的初始产权配置,将会导致不同的资

---

① 奥利弗·E. 威廉姆森. 资本主义经济制度[M]. 段毅才,王伟,译. 北京:商务印书馆,2002:31.
② 科斯本人并没有归纳所谓的"科斯定理",该定理是由斯蒂格勒(Stigler,1982 年获诺贝尔经济学奖)命名的,并有多位经济学家对该原理作出各自的归纳。

源配置结果。① 在交易成本为零的条件下,通过市场而无须外部干预就能够达到最优化的资源配置——这实际上就是传统古典经济学的基本前提。然而,在真实世界里是不存在"交易费用为零"的情况的。因为市场是由一系列的交易行为构成的,在市场达到最优配置的过程中,必然会出现交易成本。并且交易越频繁,所产生的交易成本也就越高。交易成本的存在使得在真实世界中完全由市场进行资源配置,并不能达到理论上的"最优"②。因此,交易成本概念和科斯定理的提出,就使经济学从零交易费用的理想世界走向正交易费用的现实世界,从而获得了较强的解释力。

在科斯看来,交易费用应包括度量、界定和保障产权的费用,发现交易对象和交易价格的费用,讨价还价、订立合同的费用,督促契约条款严格履行的费用等。威廉姆森(O. Williamson,2009年获诺贝尔经济学奖)则将新制度经济学称为"交易费用经济学"(Transaction Cost Economics, TCE),进一步将交易成本区分为事前与事后两大类。事前的交易成本包括签约、谈判、保障契约等成本。事后的交易成本包括契约不能适应所导致的成本、讨价还价的成本——指两方调整适应不良的谈判成本;建构及营运的成本;为解决双方的纠纷与争执而必须设置的相关成本;约束成本——为取信于对方所需之成本③。总而言之,交易成本泛指在完成交易过程中形成的成本,交易成本随着交易类型的不同而不同。

一旦考虑到交易成本,制度的重要性就体现出来了。诺斯(D. C. North,1993 年获诺贝尔经济学奖)曾经指出:"制度对经济绩效的影响是无可非议的。不同时期的经济绩效的差异受到制度演进方式的根本影响也是无可非议的。"④一方面,制度本身的出现就是为了替代高昂的交易成本。另一方面,在现实世界中为了达到社会总体效益的最大化,无论是初始产权的配置方式还是降低交易成本,都有赖于特定的社会制度形式。"增长与停滞或衰退相比要少见得多。这一事实表明,

---

① 在这里引用一个案例来说明科斯定理:假定一个工厂周围有 5 户居民户,工厂的烟囱排放的烟尘导致居民户晒在户外的衣物受到污染而使每户损失 75 美元,5 户居民总共损失 375 美元。解决此问题的办法有三种:第一种是在工厂的烟囱上安装一个防尘罩,费用为 150 美元;第二种是每户安装一台除尘机,除尘机价格为 50 元,总费用是 250 美元;第三种是每户居民户获得 75 美元的损失补偿,补偿方是工厂或者是居民户自身。假定 5 户居民户之间,以及居民户与工厂之间达到某种约定的成本为零,即交易成本为零,在这种情况下:如果法律规定工厂享有排污权(这就是一种产权规定),那么,居民户会选择每户出资 30 美元去共同购买一个防尘罩安装在工厂的烟囱上,因为相对于每户拿出 50 元钱买除尘机,或者自认了 75 美元的损失来说,这是一种最经济的办法。如果法律规定居民户享有清洁权(这也是一种产权规定),那么,工厂也会选择出资 150 美元购买一个防尘罩安装在工厂的烟囱上,因为相对于出资 250 美元给每户居民户配备一个除尘机,或者拿出 375 美元给每户居民户赔偿 75 美元的损失,购买防尘罩也是最经济的办法。因此,在交易成本为零时,无论法律是规定工厂享有排污权,还是相反的规定即居民户享有清洁权,最后解决烟尘污染衣物导致 375 美元损失的成本都是最低的,即 150 美元,这样的解决办法效率最高。这个例子说明,在交易成本为零时,无论产权如何规定,资源配置的效率总能达到最优。这就是"科斯定理"。现在假定 5 户居民户要达到集体购买防尘罩的契约,需要 125 美元的交易成本,暂不考虑其他交易成本。在这种情况下,如果法律规定工厂有排污权,那么居民户会选择每户自掏 50 美元为自己的家庭购买除尘机,不再会选择共同出资 150 美元购买防尘罩了。因为集体购买防尘罩还需要 125 美元的交易成本,意味着每户要分担 55 美元(买防尘罩 30 美元加交易成本 25 美元),高于 50 美元。如果法律规定居民户享有清洁权,那么,工厂仍会选择出资 150 美元给烟囱安排一个防尘罩。由此可看出,在存在 125 美元的居民户之间交易成本的前提下,权利如何界定直接决定了资源配置的效率:如果界定工厂享有排污权,消除外部性的总成本为 250 美元(即每户居民选择自买除尘机);而如果界定居民户享有清洁权,消除外部性的总成本仅为 150 美元。在这个例子中,法律规定居民户享有清洁权,资源配置的效率高于法律规定工厂享有排污权。在交易成本不为零的现实世界中,产权如何界定的重要性通过上述例子就清楚了。(资料来源:http://baike.baidu.com/view/882.htm)

② 斯科斯本人就曾说:"我不想再讨论交易费用为零的情形。我不想在想象的世界中讨论问题。"

③ 奥利弗·E.威廉姆森.资本主义经济制度[M].段毅才,王伟,译.北京:商务印书馆,2002:539-540.

④ 道格拉斯·C.诺斯.制度、制度变迁与经济绩效[M].刘守英,译.上海:三联书店,1994:4.

'有效率'的产权在历史中并不常见。"①因此,需要界定一种减少交易成本的制度形式,从而达到经济效益增长的目的。

诺斯是制度经济史的先驱者和开拓者,建立了包括产权理论、国家理论和意识形态理论在内的"制度变迁理论"。在他看来,制度是社会的博弈规则,并且会提供特定的激励框架,从而形成各种经济、政治、社会组织。制度由正式规则(法律、宪法、规则)、非正式规则(习惯、道德、行为准则)及其实施效果构成。并且诺斯以成本—收益为分析工具论证产权结构选择的合理性、国家存在的必要性以及意识形态的重要性。这样,经济学的分析和解释能力就不仅限于经济领域,而是涵盖了政治、文化等几乎所有人类行为,从而弥补了古典经济学分析框架无视社会现实、只关注"理想状态"的天然缺陷。

这就意味着,城市空间发展这一复杂的"经济、政治、文化"过程,能够通过新的经济学理论得到完整的分析。城市空间的发展机制和城市规划的行为机制,因此可以有效地利用新制度经济学的分析框架进行全新的阐述。

3) 空间形态的经济含义

从微观的经济角度来看,城市空间就可以视为一组空间产权关系(权利)的集合——形成城市空间的过程就是形成空间产权关系的过程;而城市空间形态的演变过程,也就是一种空间产权关系不断调整的过程。城市空间形态,是空间产权关系最显著也是最直观的体现——它不但是历史上一系列空间交易的结果,也同时成了未来进行空间交易的"初始产权配置"关系(见图 6-3)。

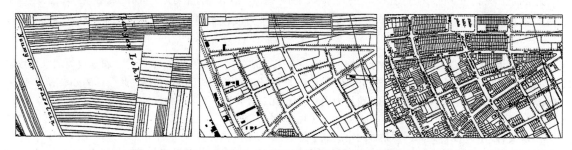

图 6-3　瑞士巴塞尔(Basel)郊区演变过程中的土地组织和细分
图片来源:阿尔多·罗西. 城市建筑学[M]. 黄士钧,译. 北京:中国建筑工业出版社,2006.

因此,城市空间形态的形成过程实际上是由一系列的空间交易(或生产)行为构成的,空间形态的转换即产权关系的变更,必然存在着交易成本的问题。一方面,在空间形态转换之前,要达成空间交易的契约,需要寻找交易目标并付出谈判和决策成本(事前成本)。另一方面,在城市空间形态转换之后,由于新的空间形态而造成的经济、社会和生态损失,也构成了城市空间发展的交易成本(事后成本)。例如,产业革命以后在"自由市场"原则指导下,城市快速发展所导致的一系列问题,就是这种交易成本的鲜明体现。

6.1.2　演替与择优——微观空间形态变迁的成本分析

1) 城市空间形态的演替

演替(Succession)原本是一个生物学术语,表示一个生物种群对另一个生物种群的替代现象。在城市空间发展的过程中,"所谓演替是指地域上一种城市空间类型被另一种替代的过程。本质

---

① 道格拉斯·C. 诺斯. 经济史上的结构和变革[M]. 厉以平,译. 北京:商务印书馆,2007:10.

上,演替是一种空间发展与进化过程。"①

在城市经济发展、规模扩张的时期,不同使用功能、不同开发强度对城市空间的"演替"现象几乎构成了城市空间发展的常态。在一个处于上升通道的经济背景下,城市空间中的"优质"区位往往会进行功能升级,完成空间进化的过程。比如,市中心的住宅、工业用地被更高端的商业和商务功能逐渐取代的产业升级,或者低密度的地块代之以高密度的开发。这种类型的演替现象是较为容易理解的,不再赘述。

然而在生物学中,演替现象不只是高等生物取代低等生物的进化过程,也存在相对低等的生物种群取代高等生物种群的现象。同样,城市不但有进化的现象,在很多时候也会出现我们通常意义上所认为的"退化"现象。

例如,罗马帝国崩溃以后,其殖民城市中原有的公共建筑被私人逐渐侵蚀,而严谨的城市形态也在中世纪逐渐从严整走向凌乱。阿尔多·罗西②在他的《城市建筑学》一书中提到,教皇西克斯图斯五世(Sixtus V)曾经试图改大斗兽场为纺织厂,并已经完成了方案设计。在方案中,底层为实验室,上面几层安排了工人宿舍。人们甚至已经开始平整周围的地形,如果教皇再多活上一年,大斗兽场就会变为住房。同时,他也提到了佛罗伦萨和尼姆城竞技场的形态变迁问题(见图6-4至图6-6)。科斯托夫③也详细地分析了罗马时代严整的公共空间逐渐被私人侵蚀的过程。他认为城市形态的解体分为三个阶段:首先是"解放几何规则对活动的约束",人的活动和商业行为不适应直角转弯,原有网络最薄弱的地方会打通形成新的穿越地块的街道;然后是"街块的重组",不同的居住方式导致了地块的破碎;最后是"新的公共中心对城市结构的影响",新的城市中心会把交通网络拉向自身,导致原来城市系统的永久解体(见图6-7)。

类似的现象在我国也是屡见不鲜。比如南京的明城墙城砖曾被蚕食移作私宅围墙;违章建筑在"三不管"的城郊结合地带大量出现;商贩占据公共空间进行经营活动等。而在我国的城市更新过程中也往往遇到这样的矛盾:一些有价值的历史文化街区,本应受到有效保护,却在更新过程中被拆除用于空间的再生产;而一些具有改造潜力、能够通过改造优化城市空间结构的地块——例如军区用地、政府机构、行政大院等——却根本难以触动,成为城市空间中的所谓"固结界线"(Fixation Line)④。

城市衰落会导致空间价值的损减,从而降低了空间经济行为的门槛,使"演替"得以发生。这一点当然很正确,"物质性老化、功能性衰退、结构性衰退"说明了空间自然价值衰减的过程。但是,正如利维所指出的:"即使这座建筑物已经完全荒废了,它的拥有者或其他的投资者也都认为在当时的情况下这样的建筑不再存在任何的价值,但作为这座建筑物的所有者,绝不可能不要任何补偿就放弃这座建筑物。"⑤也就是说,空间的交易价值,并非仅仅取决于空间的自然禀赋,还取决于空间的产权形式。

① 段进. 城市空间发展论[M]. 南京:江苏科学技术出版社,1999:150.
② 阿尔多·罗西. 城市建筑学[M]. 黄士钧,译. 北京:中国建筑工业出版社,2006:88.
③ 斯皮罗·科斯托夫. 城市的形成[M]. 单皓,译. 北京:中国建筑工业出版社,2005:48-49.
④ "固结界线"是 M. R. G. Conzen 提出的概念,指城市物质空间发展的障碍,包括自然因素、人工因素和无形因素。城市空间经历着"遇到障碍—克服障碍—遇到新的障碍"的发展循环。
⑤ 利维. 现代城市规划[M]. 5版. 张景秋,等译. 北京:中国人民大学出版社,2003:184.

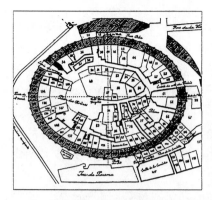

图 6-4　古代罗马竞技场
　　　　被私人占有

图片来源:阿尔多·罗西.城市建筑学
[M].黄士钧,译.北京:中国建筑工业出
版社,2006.

图 6-5　古代罗马竞技场
　　　　被私人占有

图片来源:阿尔多·罗西.城市
建筑学[M].黄士钧,译.北京:
中国建筑工业出版社,2006.

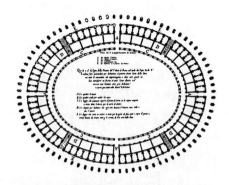

图 6-6　罗马竞技场被改为纺织厂的
　　　　方案

图片来源:阿尔多·罗西.城市建筑学
[M].黄士钧,译.北京:中国建筑工业出版
社,2006.

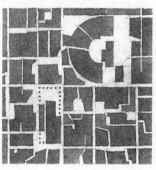

图 6-7　罗马城市结构逐渐解体的过程

图片来源:[美]斯皮罗·科斯托夫.城市的形成[M].单皓,译.北京:中国建筑工业出版社,2005.

2)城市空间发展的择优

段进①认为城市空间形态演变存在着"区位择优"的规律,城市由于与区域间其他城市间的关系而形成不同方向区位的密切关系,并因此影响到城市空间形态的扩展方向,在城市内部,区位优劣随着城市发展在时间和空间轴线上演替和变换,而不同类型的空间因为要求不同,导致城市空间内部形态的复杂性。"区位择优"的理论完全符合经济学的基本前提,即人的行为都是理性而自利的,"择优"就是选择利益最大化的空间区位进行发展的行为。问题的关键在于,什么才是最优的?

上述那些看似"非理性"的行为,在古典经济学的框架下,始终是一个难以面对的问题。只能通过设置先决条件,将这些"例外"纷纷剔除,这样也就降低了其解释实际问题的能力。古典经济学模型遭遇的问题表明,单纯以土地自然条件的经济价值来衡量空间交易或生产行为的成本,是远远不够的。

从城市空间的经济含义(空间权利/产权的集合)和新制度经济学的基本原理出发,城市空间形态的演变不仅取决于空间的自然禀赋,还取决于以下因素:其一是初始的空间产权配置关系,

---

①　段进.城市空间发展论[M].南京:江苏科学技术出版社,1999.

初始的空间产权配置关系直接决定了空间要素的实际价值,形成了空间交易的初始成本,从而影响了交易的结果,进而对城市空间形态的发展产生影响。其二是实现空间转变的事前交易成本①。交易成本越低,就越趋向高效率的空间资源配置方式;交易成本越高,空间资源的配置效率就越低。

因此,在新制度经济学的分析框架中,实现空间交易或生产的总成本可以表示为:总成本＝初始成本＋(事前)交易成本。一旦潜在的总成本高于交易的预期收益,那么也就无法达成交易,形态转变也就无从谈起。

空间权利(产权)只有当被清晰界定并严格保护的前提下,才能够在空间交易或生产的过程中形成价值,成为有效的初始成本。可以想象,在罗马帝国的鼎盛时期,没有人胆敢侵犯公共建筑以作私用,因为其空间产权被清晰地界定和保护着。而改变其产权的行为,即可招来杀身之祸——任何一个理性的个人面对如此巨大的成本,都不会轻举妄动。然而,罗马帝国覆灭后,"那双曾经控制整个帝国的手已无力再抓牢帝国的任何一部分了。手指一松,掌中物纷纷失落。"②随着产权界定者和维护者的消失,这些公共空间沦为无主之地,其初始成本也就趋近于零。这样,对其作任何改造都是无本万利的,空间的再生产于是得以发生。

同样道理,城市中之所以会出现"固结界限",也是由于产权和交易成本的制约。理论上,如果产权没有被界定,山川、河流,或者其他任何自然条件的制约都不构成空间交易的障碍,只不过需要付出更多的改造成本(事实上也的确有许多地方曾经通过挖山填湖的方式进行建设,侵犯泄洪通道的建设行为也屡见不鲜)。而产权一旦有效界定并严格保护,这种改造的成本也就大大提升了。再比如,南京城市发展中经常遇到的城中军事用地问题。在新古典的土地经济框架中,这些地块具有显著的开发潜力,并且能够优化城市总体布局。然而一考虑到产权变更时所发生的高昂交易成本——军事用地调整报中央军委批准——这种空间交易也就基本不可能完成了。强力部门能够有效地保障其空间的权益,无形中提高了其空间用作生产的成本,使之不被市场化的空间开发所侵蚀;而如果无法真正有效地保障空间产权,也就降低了空间用作生产的成本,使特定类型的空间在经济利益的驱使下被"演替"。历史街区之所以被代之以商业开发,违章建筑之所以在城郊结合部,摊贩之所以不进入私人空间而占用公共空间,都是因为未能有效界定或保护的空间产权降低了空间经济行为的成本门槛。

所有这些现实中发生着的空间现象表明,外部制度环境以及在其制约下的空间产权和交易成本因素,在城市空间的微观发展中起到了至关重要的作用。而这些因素却在城市空间发展的研究中,长期处于被忽视的状态。

3) 城市空间发展的成本壁垒

M. R. G. Conzen③ 认为城市空间演变具有周期性演变特征,是"加速期—减速期—静止期"的轮回。每完成一个周期循环,城市空间系统本身经历了一次从平衡态向不平衡态的过渡。城市物

---

① 这里指的是事前交易成本,即为了达成空间交易谈判和决策的成本。空间交易一旦达成,城市空间形态也就发生了改变。因此,城市空间形态改变仅仅取决于事前成本。

② 刘易斯·芒福德. 城市发展史:起源、演变和前景[M]. 刘俊岭,倪文彦,译. 北京:中国建筑工业出版社,2005:260.

③ Conzen M R G. Alnwick, Northumberland：a study in townplan analysis[J]. Institute of British Geographers，1960(27)：iii＋ix‐xi＋1＋3‐122.

质空间在"遇到障碍—克服障碍—遇到新的障碍"的发展循环中,不断产生新的边缘地带。武进①
把城市空间的演变视为"形态不断地适应功能变化要求"的过程,认为社会经济的发展是导致其变
化的决定性因素,并将城市空间的演变过程分为四个阶段,即"适应—不适应—重新适应—再次不
适应"的过程。这两种说法虽然分析角度不同,但有着相近的表述。

通过城市空间演变的微观成本分析,我们可以把城市空间的演变发展视为一个"空间交易—
无法完成交易—进行新的交易"的经济过程,是不同的城市功能在预期成本—收益的判断基础上,
进行城市空间的交易/生产行为的活动。不同的外部制度条件、不同的区位条件形成了不同的空
间成本;而不同的城市功能、不同的区位条件形成了不同的空间收益。所谓"固结界线"也就是一
个个的成本壁垒,阻止了空间生产行为的发生。外部制度环境的改变,带来一系列空间产权和交
易成本的变革,导致旧的成本壁垒消失,新的成本壁垒产生,城市空间发展随之进入新的阶段。

在经济增长的时代,特定的政治经济关系所形成的外部制度成本较低,社会经济活动的交易
成本普遍较低,因此促使了空间交易和生产行为的发生,并推动了城市化的发展;而在经济停滞或
衰退时期,外部制度成本高昂,抑制了经济行为的发生,城市空间也因此发展缓慢。回顾新中国成
立以来的历史,改革开放的过程实际上就是一个不断降低交易成本的过程。交易费用的降低使得
更多的经济活动成为可能,其中也包括了城市空间的经济行为。随着计划经济向市场经济的转
变,土地由无偿划拨变为有偿使用,空间的价格机制开始发生作用,空间经济行为的成本—收益状
况发生了改变,使一系列空间的生产活动得以发生,并有力地推动了城市化的进程。单位大院逐
渐破除、第二产业外迁、中心区商业商务功能集聚、城市郊区开发等一系列演变,从局部到整体改
变着城市空间的形态特征。

在古典经济学的分析范式中,城市空间的价值取决于其本身的资源禀赋和使用者的实际需求,并
不注重产权的问题。也就是说,对于特定的功能类型,空间的初始成本(或者说交换价值)是一个恒定
的量。然而在制度经济学的视野中,城市空间的实际价值还取决于其产权形式,是通过外部制度环境
而赋予的,并且会随着外部制度环境的改变而改变,是一种变量。因此,通过制度经济学修正的城市
空间发展的经济模型,不仅能够解释处于成长时期的城市空间发展,同样能够解释衰退时期的城市空
间演变。而后者——按照诺斯的说法——在漫长的历史变迁中占据了更多的时期。

6.1.3 约束与自由——宏观空间形态变迁的成本分析

1) 空间形态的约束与自由

在西方城市空间发展范式的发展演变过程中,城市空间形态在不同的时期体现出了不同的特
征。希腊时期灵活自由的城市空间,到了希腊化—罗马时期又趋向于严整规则;中世纪自然有机
的空间肌理,到了巴洛克时期又被规模宏大的轴线和格网所取代。产业革命以后,城市空间曾一
度出现了无序快速发展的情况,经过现代城市规划和现代主义运动,在"理性、功能、系统"的目标
指导下,城市空间形态又从无序走向了有序。20世纪60年代以来,自上而下的系统理性城市规划
又受到了激烈的批判,强调多元混合、功能拼贴、规划过程的后现代城市规划理论使得城市空间形
态又出现了自由随机的特征。

一些学者将城市空间形态的特征简单地与当时的社会政治结构联系在一起。例如,舒尔茨
(Norberg-Schulz)在评价希波丹姆的格网规划时指出:"与埃及建筑中直交空间所普遍具有的象征

---

① 武进. 中国城市形态:类型、特征及其演变规律的研究[D]. 南京:南京大学,1988.

上的重要性相反,它代表的是一种使殖民地新城的建设变得更容易的实用工具,也因此是一种民主城邦公民人人平等的中性网络概念。"①然而,这种说法显然是经不起推敲的。为什么方格网在希腊、纽约就代表民主,而在埃及、罗马或中国古代都城就代表专制呢?如果方格网式的城市空间形态既能象征民主又能象征专制,那么,空间形态与社会结构之间的联系就绝不会那么表面化。

从城市空间发展范式的总结和归纳结果来看,城市空间上所体现的形态特征,的确与当时的制度结构密切相关——空间形态的约束和自由与社会政治权力结构的集中和分散有着明显的对应关系。对于这种对应特征,德国学者穆勒(Wolfgang Müller)曾经这样总结:一方面轴线与对称性,另一方面自由与非对称。这两个极点总是非常忠实地反映着不同时代的权力形式特征②。"城市空间表达权力意志"和"政治权力对轴线和秩序有着特殊的偏好",这样一系列命题或许是正确的,因为这种说法归纳了曾经发生的历史现象。但是,这样的论断带有浓厚的经验特征,并未说明其产生的原因,显得过于含糊和笼统。

因此,总结"范式"是重要的,但更重要的在于解释其之所以产生的必然原因。城市空间形态的约束与自由对应着政治权力的集中与分散,是简单的巧合还是必然的结果?城市空间总体形态与政治结构的关系究竟为何?关于这些问题,有必要通过建立城市空间形态演变的成本和制度分析框架进行论证。

2) 交易成本对城市空间宏观形态的影响

我们来分析一下产权和交易成本对于城市空间总体形态的影响。

笔者在分析希波丹姆的城市规划思想时,对米利都和雅典的重建进行了详细的对比。城市重建的过程也就是一个重新界定空间产权关系的过程。在这个例子中,雅典和米利都同样被夷为平地,但是雅典转移了全部的公民,而米利都的居民则被屠杀殆尽。换句话说,雅典仍然保留了原有的制度结构和空间产权关系,而这一切在米利都都不复存在了。这样,要采用一个新的城市规划方法进行战后重建,米利都规划的交易成本几乎为零。按照科斯定理的描述,无论其初始产权如何定义(民主政治或寡头政治),产权将自动形成最有效率的配置,在当时来看即采用希波丹姆式的方格网进行规划③。而对于雅典,原有的土地产权关系并没有受到破坏,新规划意味着土地产权关系的重新配置;同时原本的民主政治制度仍然完好无损,这就界定并保障了雅典公民空间权利的合法性,因此重建活动就意味着一系列的产权关系调整,面临着极其巨大的交易成本问题。这种情况下,在当时看来先进、高效、理性的格网式规划在巨大的初始成本和交易成本面前无法完成交易。雅典最终选择了原样重建的方式,恢复了原有的城市格局。由此可见,交易成本、产权结构以及界定产权结构的制度存在,导致了两种截然不同的重建方式。

值得一提的是,雅典尽管原样重建了老城,却在后来聘请了希波丹姆对比雷埃夫斯(Piraeus)进行了规划。比雷埃夫斯是一个用于商业和军事目的的港口,常住人口较少,主要是一些外邦移民、商贩和士兵,没有雅典城内那些复杂的社会关系所带来的制约,也就意味着较小的交易成本,使之有条件趋向于高效整体空间配置。实际上,近年来西方国家普遍进行旧工业区、港口改造,也是出于类似的原因。相对于居民较为集中的地区,工业区常住居民较少,并且土地权属较为集中,不像其他地区那样分散,这样就大大降低了开发的谈判成本,具备了进行改造的良好条件。因此,

① 舒尔茨. 西方建筑的意义[M]. 李路珂,欧阳恬之,译. 北京:中国建筑工业出版社,2005:26.
② Wolfgang M. Stadtebau[M]. Stuttgart:Technische Grundlagen, 1974:471-472.
③ 从经济效益的角度而言,理性的、方格网式的城市空间形态,在土地划分、建设、使用、转让的过程中,都是最高效的。

近年来西方国家进行工业区改造,交易成本和土地的产权结构是很重要的一个因素。

类似的原理也可以用来说明为什么欧洲城市能够普遍较好地保留老城区。我们通常认为,欧洲城市的老城之所以能够得到良好的保留,是由于采用了保护性规划措施的原因。但事实上还有更深层次的经济原因,即受到明确界定和保护的初始产权结构。在私人财产权利得到有效界定和保护的制度环境下,即便不采用保护性的规划政策,大规模的旧城改建仍然难以出现。这是因为老城区的土地产权仍然被清晰地界定和保护着,并且产权是大量分散在私人手中的,这就构成了一种初始的产权关系。与这些分散的产权所有人进行谈判、协商将会面临极其高昂的交易成本。在这种情况下,只要存在闲置的土地资源,那么跳出老城进行新区建设就完全符合经济利益最大化的目标。"二战"以后,德国许多历史城镇受到了严重的破坏,几乎被夷为平地,但是在重建的过程中仍然保留了原有的城市格局——即便像法兰克福这样没有刻意保存老城的现代城市,其原有老城的肌理和空间格局也得到了较好的保留。部分是出于保护旧城历史文化的原因,而更重要的则是受到交易成本和土地产权关系的制约(见图6-8、图6-9)。

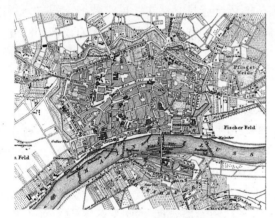

图6-8 法兰克福历史地图
图片来源:http://www.tcnj.edu/~mckinney/

图6-9 法兰克福目前地图,老城空间结构基本维持原貌
图片来源:http://www.tcnj.edu/~mckinney/

从经济效益最大化的角度出发,只要交易成本足够小,城市空间就会趋向于高效布局方式。因此,无论是民主政治还是集权政治,当面临大规模的新区开发时,都会趋向采用理性的、具有明显几何特征的空间形态——这完全是出于追求经济效率的做法。在城市化高速发展阶段,城市的空间发展以规模扩张为基本特征。新区建设,实际上相当于实现了福利经济学中的"帕累托改进"(Pareto Improvement),即在全社会整体收益提高的同时,没有任何人的收益受到损失[1]。"帕累托改进"往往是在资源闲置的情况下实现的[2],因为可以利用闲置资源扩大生产的方式使人从中受益,却不会损害其他人的利益。这种情况下,城市规划主要是对"闲置"的土地资源进行利用和开发,受到的阻力和交易成本相对较小,因此趋向于一种高效的土地利用模式。所以在这种情况下,无论处于什么制度背景,理性的、自上而下的城市规划思想都会占据主导地位(见图6-10、图6-11)。

---

[1] 当然,这只是相对而言的。新区扩张时同样会遇到产权调整的成本问题,比如我国现在频繁出现的侵占农民土地问题而引起的"群体性事件",就是产权调整的交易成本的直观体现。但与城市内部更新的空间产权调整成本相比,新区开发所遇到的交易成本仍然相对较小。

[2] 另一种实现"帕累托改进"的情况是在市场失效的情况下,采取正确措施可以消减福利损失而使整个社会受益。例如,我国20世纪80年代用家庭联产承包制取代传统人民公社体制,形成激励机制并提高了生产效率,就遵循了这一原则。

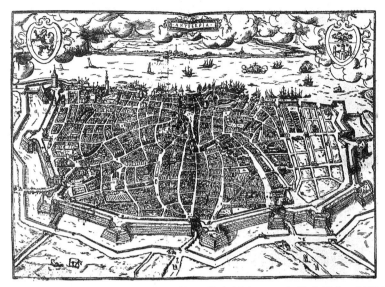

图 6-10 16 世纪下半叶的安特卫普,图的右侧为 1548 年扩建部分,采用了高效的方格网式规划,与其他部分形成了鲜明对比

图片来源:阿尔多·罗西. 城市建筑学[M]. 黄士钧,译. 北京:中国建筑工业出版社,2006.

图 6-11 维也纳霍夫堡(中世纪自然形成的城市形态与 19 世纪快速兴建的部分产生了明显的差异)

图片来源:柯林·罗,弗瑞德·科特. 拼贴城市[M]. 童明,译. 北京:中国建筑工业出版社,2003.

正是由于考虑到了这一点,现代城市规划的先驱们在提出"高效"的城市规划蓝图时,都对城市土地的产权问题给予了高度关注。霍华德把土地的产权问题作为一个讨论重点,认为实行规划的地方政府需要得到足够的授权,通过合法的途径获得土地,才能有效地推动城市规划的发展。"……要获得必要的国会权力以购置土地,并一步一步地落实必要的工作就没有大困难了。各个郡议会正在要求更大的权力,而负担过重的国会愈来愈迫切地要移交一些职责给它们。但愿这种权力给得愈来愈多。但愿能给予愈来愈大的地方自治权。"①在外部制度条件尚不具备的 20 世纪初期,霍华德只能通过自筹资金购置土地进行实践,因此田园城市构想只停留在实验的阶段,无法

① 埃比尼泽·霍华德. 明日的田园城市[M]. 金经元,译. 北京:商务印书馆,2000:117.

大规模地展开。而柯布西耶在他的"300 万人口现代城市"中,为了实现生态保护区构想,认为政府所必须承担的最必要和最迫切的任务就是收购周边地块的产权。沙里宁则指出:必须使所需的所有土地都归规划中心机构所管辖;必须致力于修改征用土地的法令,使之适用于有机分散的目的;必须要制定一套实施地产权的转移的法令。①

显然,这些现代城市规划的先驱者们都很清楚地意识到,如果城市土地的产权问题不得到解决,那么"美好的、高效率的"城市蓝图,就会止步于产权纠纷所带来的巨大交易成本面前。只有通过国家收购统一产权,才能有效地降低交易成本,使自上而下的城市规划得以实现。实际上,这些先驱者的这一系列观点,也成了战后西方城市规划立法工作中的核心内容,现代城市规划的实践随之大规模展开。

3) 政治制度对城市空间宏观形态的影响

然而,"帕累托改进"并非无限度。当经济发展到一定程度就会出现所谓的"帕累托最优"(Pareto Optimality),即帕累托改进的机会都用尽了,再要对任何一个人有所改善,就不得不损害另外一些人的利益。当缺乏闲置空间资源,或者城市化发展到一定程度(完成了扩张式的增长,从外延式发展进入了内涵式发展阶段),就必须对城市空间的存量进行改造才能获得经济上的进一步增长。调整存量空间意味着空间产权关系的重新配置,涉及复杂的利益分配,必定会造成部分群体利益的损失。这就形成了所谓的"卡尔多—希克斯改进"(Kaldor-Hicks Improvement)增长方式——即一项政策或经济行为使一部分人的收益提高,而另一部分人的收益减少,但社会总体收益获得增加。理论上,只要转换中的谈判和交易成本为零,所有的"卡尔多-希克斯改进"都能转换为"帕累托改进"。因为社会总收益仍有增加,可以通过补偿利益受损群体的方式促成转变。但在现实中,谈判和交易过程都需要大量成本,这就导致了相当一部分潜在的"帕累托改进"无法实现。

这时候,外部制度环境差异导致的初始空间产权配置,就对城市空间发展方式产生了重要的影响。

在权力分散的政治结构下,社会的各利益群体都掌握一定的政治资源,达成交易需要漫长的谈判和博弈,因此会带来高昂的交易成本,这就导致了高效的空间产权配置无法达成。如果空间经济行为总体上有收益,但损害了一部分人的利益,交易行为就很难完成。例如西欧中世纪,原本统一集权的政治结构随着罗马帝国的崩溃逐渐被教会、贵族和市民组织的三重权力结构所替代。权力的分散化和利益群体的多样化,使城市无论是向外部扩张还是在内部进行产权调整都受到了重重阻力,使空间发展的交易成本大大提高。在这种情况下,不仅城市化发展的速度相对缓慢,也难以形成"有效率"的空间产权配置,因此在城市空间上形成了"有机"的空间形态。这种空间形态,从经济角度而言显然是低效的,但是从其形成的过程来看,是各利益群体长期博弈、兼顾各方利益的结果。也就是说,在这种模式下,遵循的是"帕累托改进"的路线,而很大一部分"卡尔多-希克斯改进"就会面临极大的成本问题而难以实现。同样道理,柯布西耶的"伏瓦生"方案中的旧城改造模式,无论在战前还是战后都没有得到实现,就是因为该方案的前提是将大片建成区夷为平地。不管这种方案在经济预算和技术手段上如何可行,由于涉及大量产权调整所带来的巨大交易成本,足以使任何感兴趣的政府都望而却步。

而在权力集中的政治体制或者空间产权未得到有效界定的环境下,情况就完全不同。政府可以判定私人的空间产权无效,或者无须谈判直接决策,从而使空间交易的初始成本和交易成本大

---

① 伊利尔·沙里宁. 城市:它的发展衰败和未来[M]. 顾启源,译. 北京:中国建筑工业出版社,1986:259.

大降低,城市空间也因此趋向于一种"有效率"的形态特征。罗马帝王们和教皇对罗马的更新改造、奥斯曼与拿破仑三世对巴黎的改造,以及墨索里尼、斯皮尔等人的城市改造,都是在这种权力相对集中的制度背景下实现的。如果放弃道德上的标准,仅以经济效率来衡量,这些改造无疑提高了空间资源配置的效率。也就是说,威权政治有能力突破"帕累托最优"的限制,实现更多的"卡尔多-希克斯改进"。由于后者实现的条件远比前者要宽泛得多,权力集中的制度往往能够带来更多经济上的增长。

必须指出,尽管城市建设的成本被人为压低了,并因此产生了"高效"的配置,但就社会总体而言,由此产生的外部社会成本将会转移到促使这一切发生的政治制度名下,成为政治制度的巨大成本。如果这种成本不断增长,就会使现有的政治制度的长期收益下降,以致影响社会的稳定。

6.1.4 城市空间形态演变的规律

回到书中提出的问题,城市空间为什么会出现退化式的演替,为什么会出现难以触动的空间区块? 城市空间形态的约束与自由和政治权力的集中与分散是否具有对应的关系? 通过交易成本和空间产权的引入,我们能够从经济的角度更为全面地理解城市空间演替和择优的机制,更深入地揭示总体形态在约束与自由之间演变的动因。

1)城市空间形态演变的微观规律

从微观上看,城市空间的发展就是不同的城市功能趋向于选择预期总收益最高的区位或地段进行发展的过程,是一个"发生空间交易—无法完成交易—进行新的交易"的经济过程,是不同的城市功能在预期成本—收益的判断基础上,进行城市空间的交易/生产行为的活动。城市空间演变的成本既取决于其本身的自然禀赋,也取决于通过外部制度环境赋予的初始产权形式,因此会随着外部制度环境的改变而改变。

这种机制不仅可以解释城市发展阶段的扩张问题,也同样可以解释一些明显的"退化"式的空间发展。在城市内部—外部作用的共同影响下,只要空间交易的预期收益大于预期成本(包括初始成本和交易成本),那么空间形态的转变就有可能发生。

2)城市空间形态演变的宏观规律

在交易成本极小的情况下,制度和初始产权的作用并不那么显著,因为根据科斯定理,城市空间自然会趋向于相对高效的安排。历史上大规模的新城建设,无论政治制度如何,都会采用自上而下、理性、"有秩序"的城市空间形态,这一点在产业革命以后西方的快速城市化时期有明显的体现。

而在考虑交易成本的情况下,政治制度对城市空间形态的发展就产生了重要影响。一方面政治制度通过界定基本的所有权结构,形成城市空间发展的初始空间产权配置,形成不同的空间交易初始成本;另一方面政治制度决策模式的不同,影响了城市空间转换的交易成本,从而形成了不同的空间产权配置结果。具体而言,在权力集中的政治背景下,政治权力能够通过界定空间的所有权,形成有利于增长的初始空间产权配置,并且大大降低达成空间交易的(事前)成本,从而趋向于更有效率的空间产权配置结果,在形态上就体现出理性、几何的特征。而在权力分散的政治背景下,由于财产所有权受到保护,形成了明确的初始的空间产权配置。同时其多元的决策模式大大增加了空间交易的事前交易成本,导致城市空间趋向于一种"低效"的产权配置结果,在形态上就体现为非理性、自由的特征。

6.2 规划转型的经济分析——城市规划的绩效问题

6.2.1 规划理论形态的空心化

　　20 世纪 80 年代以后,西方城市规划理论界出现了"空心化"的局面,不仅理论研究的重点从关注物质空间逐渐偏向规划过程、城市规划的技术性逐渐让位于政治性和社会性,而且在实践上规划对城市的控制引导作用也有所弱化。吴志强、于泓指出:城市规划学者不但丧失了对城市发展的话语权,而更不幸的是,为了争夺这种话语权,或是试图进入决策者的语境,城市规划学科简单地"交叉"了政治学、管理学、经济学或者社会学诸领域的观点来武装自己。这种"交叉"在一定的时间内形成了规划理论研究的蓬勃局面(1960—1980 年),但随着相关研究的不断深入,城市规划却只能亦步亦趋,完全丧失了理论研究的主导地位,形成了规划理论的空心化局面[①]。

　　城市规划理论的空心化现象在历史上是第一次出现吗? 对于古希腊时期和中世纪所形成的城市形态特征,似乎无法将其归功于任何一种规划理论或学说。这两个时期的城市空间发展,不仅没有一种明确的、主导性的城市规划理论,甚至很难找到指导城市发展的代表性人物。在这两个时期产生过不少思想家、文学家、艺术家、建筑师,但似乎唯独缺乏规划师的角色。换句话说,这两个时期的城市空间形态发展并不受任何一种"自上而下"的城市规划的影响,而是自发地形成了"自由、有机、灵活"的空间形态。虽然这种情况并不意味着城市空间形态的发展没有受到任何控制和约束,但是,一种理论化、系统化的对城市空间进行控制的行为机制并不存在。

　　而相反,在希腊化—罗马时期、巴洛克时期、"二战"后至 20 世纪 60 年代的西方社会乃至中国古代的城市空间形态背后,则都有一系列相对明确的城市规划(设计)思想和理论进行支撑。例如,希波丹姆的理论和实践影响了希腊化—罗马时期的城市建设,阿尔伯蒂、勒·诺特、朗方等著名的建筑师或规划师对形成巴洛克时期的城市形态特征作出了重要贡献,而中国古代的城市规划则都贯彻了《考工记》的基本模式。米利都、罗马营寨城、巴洛克园林、首都规划,都是这些明确城市规划(设计)思想的代表作。尽管与现代城市规划相比,这些理论还相当不完善,但是这些时期的城市空间形态的形成,却明显地受到了一种自上而下的"规划思维"的指导。在这些时期,城市规划理论体现出一种明显的独立性,对于处理城市空间问题提出了明确的思想路线和技术方法,而不仅仅是一种抽象的社会意识形态。对于物质空间的关注,是这些城市规划理论研究和实践的核心。

　　为什么城市发展的历史上会分为"有规划"的时期和"没有规划"的时期? 为什么城市规划理论会一再地出现"空心化"的局面? 要回答这些问题,我们必须从制度的角度重新审视城市规划的基本作用。

6.2.2 城市规划的经济本质

1) 城市规划的制度属性

　　城市规划的基本目标就在于合理利用空间,因此也是一个限定空间产权的过程。更严格地

---

① 吴志强,于泓. 城市规划学科的发展方向[J]. 城市规划学刊,2005(6):2-9.

说,城市规划是通过政府强制的方式,对未来的空间产权配置进行限定的一种手段,其作用机制在于降低市场配置空间资源时出现的"交易成本",因此具有明显的制度特征。诺斯曾经指出:"经济学家在建构他们的模型时,对于这种专业化和分工所需要的成本一直忽略不计。这些交易成本支撑着决定政治—经济体制结构的那些制度。"①我们可以借用他的话说:城市规划师在描绘他们的蓝图时,对于空间形态转换所需要的成本一直忽略不计。这些交易成本支撑着调控城市空间形态的城市规划制度。

2) 城市规划的基本功能

城市规划作为一项制度,具有以下功能:

其一,由于个体的非理性、信息不对称、市场不健全等种种原因,市场在配置空间资源时会出现大量的交易成本,巨大交易成本的存在使市场配置无法达到效率最优的状态。这样,城市规划就具有了降低交易成本、提高经济效率的意义②。事实上,历史上出现的城市规划都具有显著的追求"效率"的目的:希腊殖民地的方格网、罗马时期的营寨城、曼哈顿的开放式格网都明显地体现出了这种经济意图。也正是在这一方面,城市规划体现了"科学性"的一面——需要寻找最具效率的方式,合理安排各项空间要素,使之产生经济上最佳的配置结果。这一目标的实现,是城市规划技术理性的集中体现。

其二,城市规划通过对未来空间产权配置进行限制,设置空间交易行为的框架,规范和限制市场配置空间资源的活动。市场配置空间资源时,往往会忽视某些价值因素,例如社会公平、历史风貌、空间品质、生态环境等。这些价值因素的损失虽然难以量化成具体的经济效益,但是仍然会造成潜在的损失,导致社会的总福利下降,因此也构成了交易成本的一部分——这实际上就是福利经济学中的所谓"外部性"问题。城市规划实际上通过明确界定这些价值因素的初始产权,人为地增加空间交易的一系列初始成本,以避免潜在的社会损失。正是由于城市规划设置了这些初始成本,避免了由市场配置空间资源经济利益最大化而导致的潜在的社会损失。因此,实现这一目标,是城市规划价值理性或社会理性的集中反映。

以历史街区的保护为例,历史街区的产权构成可以分为两部分:一是通常意义上的空间产权,即历史街区本身的使用价值,包括土地、建筑的使用权;二是需要保护的历史文化风貌。实行保护政策实际上是明确界定了后一种产权——判定历史风貌作为一种公有产权,私人对该产权无效,不得交易——从而避免了老城区的风貌受到破坏。如果实行保护政策、界定了历史风貌的产权,就形成了空间交易的门槛(初始成本),城市空间发展就会牺牲部分效率,形成对历史建筑进行保护的格局;如果判定历史风貌的产权无效,空间交易的初始成本就不存在,城市空间就会以最有效率的方式进行发展——历史街区被拆除代之以商业开发。红、蓝、绿、紫四线的设置以及基本农田的保护等,就明确界定了空间产权不得交易的界限。这些初始成本的设置很大程度上是一种价值判断。比如,对于特定空间形式和风格的偏好并非出自经济上的理性,而是出于政治、传统、美学

---

① 道格拉斯·C.诺斯.经济史上的结构和变革[M].厉以平,译.北京:商务印书馆,2007:1.
② 关于这个问题,孙施文曾经提出:效率问题由市场来解决,城市规划应该侧重公平问题。他认为:"城市规划如果以效率为先,那么还要政府、还要作为政府行为的城市规划干什么? 一切都可以交给市场去解决,而且可以肯定的是,市场在这方面要比政府、城市规划做得更好。"笔者认为,这是一个似是而非的观点。其结论建立在新古典经济学和福利经济学的思维范式基础之上,即认为市场配置资源无需交易成本。而在考虑交易成本的情况下,城市规划的首要经济目的就是减小交易成本,提高资源配置效率。参见:孙施文.城市规划不能承受之重:城市规划的价值观之辨[J].城市规划学刊,2006(1):11-17.

等角度的价值判断。正因为价值因素难以量化，"设计"的重要性才显得尤为重要。

因此，作为一项制度设计的城市规划，实际上就是通过界定一系列的空间产权关系，人为地设置"可交易"和"不可交易"的空间交易规则，——或者按照列斐伏尔的说法，设置空间"可生产"和"不可生产"的规则——使城市空间的发展在经济效率和理想价值之间找到一个平衡，从而起到规范市场行为、降低交易成本、提高社会总体福利的作用。① 这样，城市规划的制度成本也就取代了原本的交易成本，成为城市空间形态转变时所需要支付的新的交易成本（见图6-12）。

明确了城市规划行为的经济学概念以后，我们就可以建立起城市规划绩效分析的框架，对作为一项制度的城市规划"成本—收益"状况进行一个基本判断。

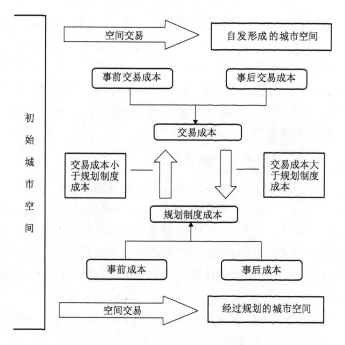

图6-12　城市规划制度的作用方式
图片来源：自绘

6.2.3　城市规划的成本和收益

制度变迁的最直接动力来源于人们对利益最大化的追逐，其条件是新制度能够带来比原有制度更高的收益。也就是说，"一旦对行为者来说创立和利用新的制度安排的净预期利益为正时，他们就会要求有这种新的安排。"②只要制度成本低于市场交易成本，人们就会趋向于建立或采用制度。这实际上也就是城市规划之所以存在的理由——简言之，当城市规划的制度成本小于由于缺乏规划而产生的损失，即制度收益时，城市规划就是有效的。反之，规划就会成了一项制度冗余，要么进行转型，要么干脆放弃。

因此，作为一种制度的城市规划，其合理性和有效性实际上取决于制度成本和制度收益的大小。让我们仔细分析一下城市规划活动中成本和收益的构成。

1）城市规划的制度成本

制度成本的高低，来源于两方面：一是事前成本，即建立制度的成本；二是事后成本，即使用和维护制度的成本。也就相当于经济分析当中的固定成本和可变成本（见图6-13）。

城市规划制度的事前成本（固定成本）可以分为两部分：一是建立规划的决策成本，二是城市规划本身设置的价值成本。决策成本在很大程度上取决于政治制度。政治权力集中的时期，强势的统治者或政府能够高效地推行一项制度和政策。由于决策成本相对较低，建立规划制度的成本

---

① 许多学者用"城市规划应该如何"来概括城市规划的作用，比如"城市规划代表公共利益""城市规划代表社会理性"。但是这些作用不足以解释城市规划行为的本质，"坏"的城市规划就不是规划了吗？只有搞清楚"城市规划实际如何"，才有可能在实践中解决不断出现的问题。
② V.奥斯特罗姆.制度分析与发展的反思[M].北京：商务印书馆，1996：138.

较小,远低于放任发展所可能导致的社会成本,这一时期都出现了明显的经过规划的城市空间形式。而在政治权力分散的时期,一项制度或政策的出台,需要各利益群体长期的博弈,决策成本相对高昂,因此建立和维持城市规划的成本也非常之高,甚至远远高于城市自由发展而可能带来的损失。在一定的政治制度背景之下,决策成本是相对固定的。城市规划的价值成本,则因具体的方案而异。不同的规划设计方案会有不同的价值判断,也就为未来的空间交易设置了不同的初始成本。不同的时期具有不同的基本价值判断、技术方法,形成了初始成本的时代性差异。如果价值成本设置不足,比如对文物保护、社会公平等因素考虑不足,尽管可以降低规划实施的门槛,但会使事后的使用成本迅速升高;如果设置过高的价值成本,则会提高城市规划的整个制度成本,从而使市场趋向于低效的空间资源配置①。

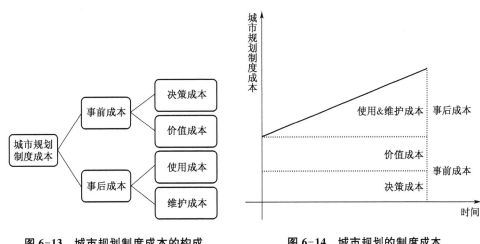

图 6-13　城市规划制度成本的构成　　　　图 6-14　城市规划的制度成本
图片来源:自绘　　　　　　　　　　　　图片来源:自绘

　　而城市规划制度的事后成本(可变成本),也可以分为两部分。一方面,随着城市规划的实行会引起新的城市问题,其造成的社会损失也就成了制度成本的一部分,即使用成本。一般说来,实行的时间越长,造成的问题越多。需要强调的一点是:供需关系的变化带来了要素相对价格的变化,会导致城市规划的使用成本出现长期增长的局面。在经济发展到一定程度,人们对于伴随经济发展而失去的价值会格外珍视,例如自然环境、空间特色、历史文脉、社会公平等因素,这也就在无形中提高了这些要素的相对价格水平,从而使现行城市规划的使用成本上升,并推动城市规划进行制度创新。这也是强调"滚动式"规划、"渐进式"规划,反对"蓝图式"规划背后的经济学原理——需要不断地降低城市规划在使用过程中的成本。另一方面是保障城市规划有效执行的成本,即维护成本。这种成本在很大程度上有赖于完善的外部制度环境,一个健全完善的法制体系和高效公正的司法制度——如果能够"便宜有效"地纠正违反规划的行为,这种成本就很低;反之,如果司法部门效率低、费用高,纠正违规的成本也就大大提高(见图 6-14 至图 6-16)。

　　2) 城市规划的制度收益

　　制度收益的大小,实际上也就是城市规划在其使用周期内所要克服和取代的交易成本。一方面,制度收益体现出一种明显的规模效应。同样建立一个制度,适用的范围越广,解决的问题越

_____

　　① 　比如,从美学或政治角度出发,不恰当地坚持某种几何化的空间形式,就增加了城市规划的成本,降低了潜在的经济收益。

多,制度收益也就越大。城市规划的制度收益与城市发展的速度正相关——城市发展越快,缺乏规划所可能出现的问题就越多,造成的社会成本或者机会成本也就越高,规划的制度收益也就越高。一旦城市发展陷入停滞或者衰退,规划收益也就随之下降。另一方面,如各项法律法规、建设规范等,能够保障市场的有序运行、降低交易成本。信仰、伦理、道德等社会习俗和价值取向所形成的非正式制度也有助于有效降低交易成本。比如,在中世纪城市空间的形成过程中,基督教伦理就起到了一种良性的规范作用。

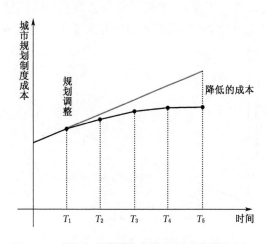

图 6-15 "滚动式""渐进式"规划取代"蓝图式"
规划的经济意义
图片来源:自绘

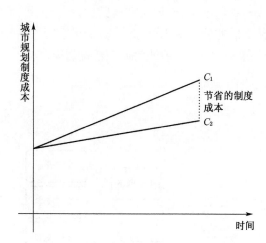

图 6-16 健全的外部制度条件能够有效降低
城市规划的制度成本
图片来源:自绘

6.2.4 城市规划的制度绩效分析

城市规划绩效也就是城市规划的制度收益减去制度成本后的剩余。我们可以通过历史上发生过的规划转型来对城市规划的绩效情况进行分析。

1)现代规划转型

以现代城市规划的出现为例:一方面,产业革命以后城市化的速度明显加快,伴随而来的是工业污染、住宅短缺、日照采光不足、交通拥堵等历史上前所未有的大量城市问题,交易成本急剧上升。城市化规模的扩大,也就使城市规划的预期制度收益迅速上升。另一方面,经过文艺复兴和启蒙运动的现代"祛魅",传统的信仰、伦理、道德等制约因素在实行资本主义自由经济的现代社会几乎完全失去了效力,这也造成了交易成本的上升。两方面的原因使得城市规划的制度收益明显提高,建立现代城市规划制度的经济合理性也就非常显著了(见图 6-17、图 6-18)。

至于城市规划由"艺术"向"技术"的转变,也是出于降低制度成本,增加制度绩效的考虑。因为"艺术化"地设计城市并不是完全理性的经济行为——追求特定的空间形式必定要付出更多的价值成本,减少潜在的经济收益——这也就使城市规划的制度成本居高不下。在城市规划的预期收益保持不变的情况下,用"技术过程"的规划取代"艺术过程"的规划,实际上大大降低了城市规划预设的价值成本,从而趋向于更高效的空间资源配置方式,并提高了城市规划的总体绩效。需要说明的是,这一过程实际上并非像某些理论家说的那样,在"二战"后才发生。事实上,经济理性替代价值判断的过程,也就是现代化的"祛魅"过程,从中世纪城市向巴洛克时期的转变过程中就能看到端倪,贯穿了城市空间发展的古代范式向现代范式转型的全过程。

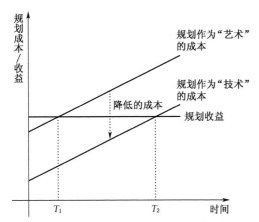

图 6-17　规划方式的转型带来的绩效提升
（将城市规划由艺术过程转型为技术过程,大大降低了其制度初始成本,从而在收益一定的情况下,使规划能够在更长的时间内维持并实现绩效）
图片来源:自绘

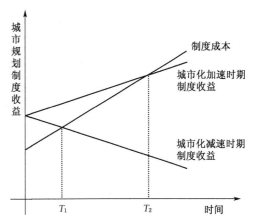

图 6-18　不同城市化发展阶段的城市规划绩效（城市化加速时期,规划收益上升;城市化减速时期,规划收益下降。同样的规划方式,在快速城市化时期能够实现更长时间的正绩效,体现其合理性）
图片来源:自绘

2) 后现代规划转型

我们再来看一看 20 世纪 60 年代前后现代城市规划所面临的成本—收益情况。

一方面,是理性综合规划的制度成本不断上升。随着民权运动的高涨,西方国家在政治结构上出现了从代议式民主向参与式民主的转变。公众参与等一系列制度变革,使城市规划的决策成本不断上升。同时,现代城市规划也在实行的过程中引发了新的社会问题,例如,支离冷漠的空间、城市功能的单一、人性化场所的丧失等。这些新问题使公众对城市规划的不满情绪日益增高——这些公众价值损失尽管难以用经济价值来量化,但是其相对价格的上升仍然在无形中极大地增加了城市规划的制度使用成本。

另一方面,理性综合规划的制度收益则不断降低。60 年代以后,西方国家扩张式的快速城市化已经基本完成,城市发展趋向于平稳。这就使得由于缺乏规划而可能导致的损失大大降低,城市规划的制度收益也因此日益递减。在这一升一降之间,传统城市规划的制度绩效也就出现了递减的趋势,其合理性也越来越受到质疑。注重物质空间的、自上而下的"现代规划"范式,在新的情况下,已经无法支付长期维持和使用这项制度的成本。

因此,当理性综合城市规划的制度收益归零时,理论和实践的转型也就成了必然。

尽管 20 世纪 60—80 年代西方的政治和经济结构与希腊时期、中世纪有很大的不同,但自上而下的城市规划却都面临着绩效归零的危机。因此,城市规划的理论和实践都出现了转型,城市研究的重点由物质空间转向社会领域,形成了所谓"空心化"的现象。因为在这一时期,关注物质空间、研究"最优布局",在制度收益递减的趋势下,对提高城市规划的总体绩效的作用已经非常有限。而形形色色的"后现代"城市规划理论之所以关注社会过程层面,是因为在新的形势下,降低城市规划的后续使用成本能够更有效地提高规划的总体绩效。传统的城市规划实际上是通过一种间接的方式——用"自上而下"的规划取代"自下而上"的市场行为所导致的高昂交易费用,后现代城市规划则是通过一种直接的方式——优化"自下而上"的谈判和决策过程,达到减少交易费用的目的。像"协作式规划"这样的规划理论,强调规划过程、强调公众参与、强调"利益相关者"的概念,从表面上看的确大大增加了单个项目的决策成本,但是一方面由于建设规模有限,总的制度事前成本并不高;另一方面,由于事先取得了社会公众的一致认同,很大程度上避免了日后可能产生的社会矛盾,从而大大降低了后续的使用成本。难怪从表现上看,后现代城市规划理论家们似乎越来越不像搞规划的了。

所以,城市规划理论上出现"空心化"的局面是随着西方国家经济政治结构的改变而必然出现的。其作用是降低城市规划在整个规划周期内的制度成本,以提高城市规划的总体绩效。这种状况并不是规划理论家们放弃物质空间这块"研究阵地"的结果,而是在新的形势下,"转移阵地"更有可能赢得整个战役的胜利(见图 6-19、图 6-20)。

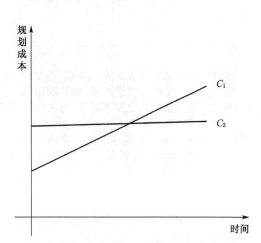

图 6-19 收益一定的情况下,不同规划方式的成本比较(C_1 为传统的自上而下规划,其成本随时间递增,C_2 为自下而上的参与式规划,其初始成本较高,但由于事前协调一致,有助于避免事后成本的飙升)

图片来源:自绘

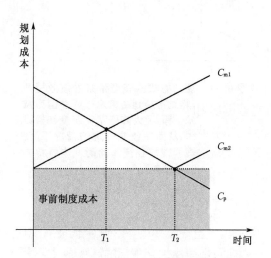

图 6-20 城市化趋缓时期,不同规划方式的成本改变(C_{m1} 表示自上而下的规划成本,其成本随时间上升。C_p 表示参与式的后现代规划成本曲线,随着建设量的减少,其成本趋减。在时间点 T_1 时,在综合成本方面对原规划模式已构成挑战,在 T_2 时,其初始成本开始具有优势,能够完成取代)

图片来源:自绘

6.2.5 制度绩效与范式转型

正如科斯所言:"一个制度安排的效率极大地依赖于其他有关制度安排的存在。"[1]诺斯进而指出:"所有权是交易的基本先决条件,所有权结构的效率引起经济增长、停滞或衰退。国家则规定着所有权的结构并最终对所有权结构的效率负责。"[2]外部制度环境的变化,特别是政治、经济结构的变化,会导致影响城市规划绩效的某些因素,如决策成本、维护成本、规划收益等,产生急剧变化,由此使城市规划的制度成本和收益发生重大影响,导致城市规划的总体绩效发生改变,最终促使城市空间发展出现范式转换。城市空间发展范式制度门槛的存在,也就是这种经济原理的直观表现(见图 6-21)。

从城市规划的绩效视角出发,城市空间发展范式的曲线也就能转换为城市规划作为一项制度的绩效曲线。一种特定的城市规划理论及其指导下的实践,收益大于成本,就形成了一种发展范

① R. 科斯,A. 阿尔钦,D. 诺斯. 财产权利与制度变迁[M]. 上海:三联书店,1994.
② 道格拉斯·C. 诺斯. 经济史上的结构和变革[M]. 厉以平,译. 北京:商务印书馆,2007.

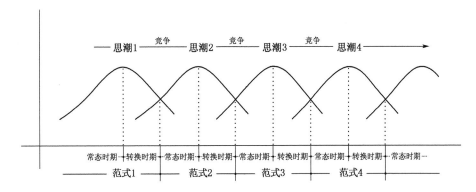

图 6-21 作为一项制度的城市规划绩效变迁
图片来源：自绘

式；当城市规划的制度绩效为正，且不断上升，就形成了范式的常态时期；而当城市规划的制度绩效逐渐递减，就形成了范式的转换时期；当城市规划的制度绩效出现负值时，那么作为一种制度的城市规划也就面临着转型或被放弃。制度成本和收益曲线在历史上此消彼长的交织过程，就清晰地说明了"有规划"和"没有规划"的时期交替出现的经济动因。从根本上说，城市规划制度绩效的长期变化决定了城市空间发展范式的演变过程。城市规划能否实现，取决于事前成本——只要跨越了事前成本的门槛，规划制度就能够被建立起来；而已被建立起来的城市规划是否合理，则取决于事后成本——只要规划制度的长期成本低于制度收益，规划制度就能够延续；这样，城市规划是否能够转型，就取决于规划的绩效——只要新的规划方式在新的外部制度环境下，能够形成比旧的规划方式更高的制度绩效，转型就能够发生。

因此，城市空间发展范式转换实际上就是城市空间交易规则转换。经济环境以及外部制度条件直接决定了交易成本，从而影响到具体空间形态的演化。常态时期的城市规划理论和方法都立足于某一种特定的社会政治结构之上，这种结构在一定的历史时期之内是相对稳定的，因此外部制度因素是一个不变的定量，空间发展的交易成本也是相对固定的。而在城市空间发展范式的转换时期，社会政治经济结构都出现了巨大的变革，因此外部制度因素成了一个变量，交易成本也出现显著改变。这就会使原有的空间交易无法完成，或者促生新的交易，城市规划制度形式也会因此产生根本性的变革。

结合空间发展的成本分析和城市规划的绩效框架，我们也许可以得出这样的结论：在城市化快速发展时期，城市建设以"增量空间"配置为主，产权变更及其产生的交易费用相对较少，因此趋向于产生高效率的空间配置结果，城市规划的关注重点也集中于物质空间层面，体现出更多的技术属性；而在城市化平稳发展时期，城市建设以"存量空间"改造为主，产权变更及其产生的交易费用相对较高，因此趋向于低效率的空间配置结果，城市规划的关注重点会向社会空间层面转移，体现出更多的价值属性。

6.3 本章小结

（1）从制度经济学的角度看，城市空间就可以定义为一组空间产权关系（权利）的集合。这样，形成城市空间形态的过程就是形成空间产权关系的过程；而城市空间形态的演变过程，也就是一种空间产权关系不断调整的过程。因此，城市空间形态的演变过程实际上是由一系列的空间交易行为构成的，空间形态的转换必然存在着交易成本的问题。

（2）从微观上看，城市空间的发展就是不同的城市功能趋向于选择预期总收益最高的区位或地段进行发展的过程，其演变过程经历了一个"发生空间交易—无法完成交易—进行新的交易"的经济过程，是不同的城市功能在预期成本—收益的判断基础上，进行城市空间的交易/生产行为的活动。城市空间的价值不仅取决于其本身的资源禀赋和使用者的实际需求，还取决于其产权形式。空间的产权形式是通过外部制度环境而赋予的，会随着外部制度环境的改变而改变。在城市内部—外部作用的共同影响下，只要空间交易的预期收益大于预期成本（包括初始成本和交易成本），那么空间形态的转变就有可能发生。这一规律不仅有效地兼容了原有的城市经济分析，还有助于解释衰退、演替等一系列原有框架内难以解释的问题。

（3）从宏观上看，在空间交易成本极小的情况下，制度和初始产权的作用并不显著，城市空间自然会趋向于相对高效的安排。而在考虑空间交易成本的情况下，政治制度对城市空间形态的发展就产生了重要影响。在权力集中的政治背景下，政治权力能够通过界定空间的所有权，形成有利于增长的初始空间产权配置，并且大大降低达成空间交易的（事前）成本，从而趋向于更有效率的空间产权配置结果，在形态上就体现出理性的、几何的特征。而在权力分散的政治背景下，由于财产所有权受到保护，因而形成了明确的初始的空间产权配置。同时其多元的决策模式大大增加了空间交易的事前交易成本，导致城市空间趋向于一种"低效"的产权配置结果，在形态上就体现为非理性的、自由的特征。这一规律有效解释了历史上城市空间形态特征与政治结构的关联。

（4）城市规划的经济本质和绩效问题。首先，从西方国家出现城市规划"空心化"这一现象出发，推导认为：城市规划是通过政府强制的方式，对未来的空间产权配置进行限定的一种手段，其作用机制在于降低市场配置空间资源时出现的"交易成本"，因此具有明显的制度特征。继而指出，作为制度的城市规划具有两大功能：其一，由于交易成本的存在使市场配置空间资源无法达到效率最优的状态，城市规划具有降低交易成本、提高经济效率的作用。这一功能，是城市规划体现"科学性"的方面，也是城市规划技术理性的集中体现。其二，城市规划通过对未来空间产权配置进行限制，设置空间交易行为的框架，规范和限制市场配置空间资源的活动。这一功能是城市规划价值理性或社会理性的集中反映。因此，城市规划的目标就是：通过界定一系列的空间产权关系，人为地设置"可交易"和"不可交易"的空间交易规则，使城市空间的发展在经济效率和理想价值之间找到平衡，从而起到规范市场行为、降低交易成本、提高社会总体福利的作用。

（5）指出城市规划的合理性和有效性取决于制度成本和制度收益的大小，并在此基础上提出并建构了基于制度成本—收益分析的城市规划制度绩效分析框架。城市规划制度成本分为事前成本和事后成本。事前成本可分为决策成本和价值成本，事后成本可分为使用成本和维护成本。城市规划绩效就是城市规划的制度收益减去制度成本后的剩余。

（6）本书进而对历史上出现的规划转型进行了绩效分析，用事实论证了理论框架的合理性，并指出西方城市研究的重点由物质空间转向社会领域并形成"空心化"的局面是随着西方国家经济政治结构的改变而出现的，是有效降低城市规划制度成本的必然选择。最终通过论证得出：城市规划制度绩效的长期变化决定了城市空间发展范式的演变过程。只要新的规划方式在新的外部制度环境下，能够形成比旧的规划方式更高的制度绩效，转型就能够发生。这样，就从经济学的角度揭示了城市规划转型得以发生的根本动因。

7 矛盾与转型
——快速城市化背景下的问题解析与城市规划转型

"观察罪犯,可以洞悉文明的现状。"

——陀思妥耶夫斯基

"在我们力图改善文明这个整体的种种努力中,我们还必须始终在这个给定的整体中进行工作,旨在点滴建设,而不是全盘的建构,并在发展的每一个阶段中都运用既有的历史材料,一步一步地改进细节,而不是力图重新建设这个整体。"

——哈耶克

我国改革开放以来的城市化进程,一方面伴随着经济体制由计划经济向市场经济转变,市场逐渐成为配置包括土地、资本、劳动力等一系列生产要素的主体;另一方面伴随着行政体制上中央不断向地方分权的过程。特别是 1994 年实行分税制以后,地方政府经济上的自主性大大增强,城市开发和建设的能力也相应提高,形成了高速的城市化发展态势。外部制度环境的变化,有力地推动了城市空间的发展,但高速的发展也产生了一系列的新问题。城市规划从理论到实践都面临着挑战,需要通过不断地变革和创新,以适应日益变化的社会需求。

作为一个外生现代化的社会,我国城市规划的转型既受到内部发展的实际需求,也受到西方城市规划发展经验的影响和启示。如何参考国外优秀经验使之结合中国实际,是城市规划理论界关注的核心问题之一。本章在空间发展成本、城市规划制度绩效的理论基础上,对我国快速城市化过程中产生的问题进行剖析,并系统地论述了我国快速城市化背景下城市规划的转型问题。通过对规划转型的基本目的、外部环境、路径选择和潜在冲突的论述,有针对性地提出了规划理论、规划技术、规划管理、规划教育创新的相关对策建议。

7.1 快速城市化背景下的城市特色危机[①]

如果说,随着经济全球化程度的不断加深和文化意识形态的不断整合,当代城市在物质空间形态上正变得日渐趋同。那么,城市规划显然已经被公众视为地域特色日渐消亡的罪魁祸首之一,正受到越来越多的责难。

无可否认,这些抱怨反映了部分现实,我国的城市规划从理论、设计、实施到管理的过程中,的确存在着不少问题。但是,我国也正经历着前所未见的快速城市化进程。在这样的背景下,如果不从根本上寻找城市空间同质化的原因,仅仅通过观察表象而发出痛心疾首的呼吁,那么这种揭露就会因为浅尝辄止而显得苍白无力。或者,即便在做出种种改善的努力之后,仍然不可避免地与设想的目标渐行渐远——我们不得不面对这样的事实:尽管近年来城市规划的地位已经大大提

---

① 本节内容已作为阶段性成果《生产、复制与特色消亡:"空间生产"视角下的城市特色危机》,发表于城市规划学刊 2009 年第 4 期,略有删改。

高,并且也涌现出不少吸引眼球的高水平建筑设计,但是城市总体特色的丧失却仍然没有减缓的趋势。如果危机的产生只是一个被动的结果,那究竟是什么力量抹平了原本千姿百态的城市形象,导致特色消亡的呢?

7.1.1 空间的生产和复制

1) 空间的生产

在研究资本运行规律时,新马克思主义(Neo-Marxism)学者将视角投向了空间。列斐伏尔在20世纪70年代提出了"空间生产"的概念,其基本出发点是:随着资本主义再生产的扩大,城市空间已经成了一种生产资料,加入了资本进行商品生产的过程中。在这样的一个过程中,资本通过占有、生产和消费空间,最终达到了增值的目的。因此,城市发展已经不仅仅是一个单纯的自然或者技术过程,而是资本利用城市空间实现再生产的一个过程,其中贯穿着资本的逻辑。在这一过程中,城市空间的发展实际也表现了资本对于空间占有、生产、流通和消费的增值循环,从某种程度上说,城市空间就是资本主义生产关系发展的产物。所以,卡斯泰尔斯(M. Castells)指出:"空间不是社会的反映(Reflection),而是社会的表现(Expression)。换言之,它不是社会的拷贝,空间就是社会。"

置身于这样一个增值循环中,城市空间与其说是自然生长出现的,不如说是有意识地被生产出来的。"空间作为一个整体,进入了现代资本主义的生产模式:它被利用来生产剩余价值。"并且,新马克思学者进一步说明,空间的生产是当代资本主义发展的必然选择和鲜明特征,是资本主义生产维持自身的一种方式,列斐伏尔指出:"这种过程是资本主义过度生产和过度积累的必然后果,为了追求最大的剩余价值,过剩的资本就需要转化为新的流通形式或寻求新的投资方式,即资本转向了对建成环境的投资,从而为生产、流通、交换和消费营造出一个更为完整的物质环境。"现代意义上的城市化进程本质上就是资本主义不断扩大再生产的过程。

以建成环境为投资对象的空间生产,耗资巨大,且承担很大风险,必须依靠金融资本的大量加入才能够进一步发展。同时,空间生产获利极为丰厚,与其他行业相比,有更加高额的剩余价值回报,因此也吸引了金融资本的大量涌进。资本进行空间生产的能力,随着金融资本的介入而得到了充分的发展,其逐利的天性也体现得更为明显。对这种现象,詹明信指出:"随着全球化的出现,金融资本已经成为晚期资本主义的区别性特征之一,换句话说,也是当今事物的区别性状态之一。"他进一步指出了这种情况在资本主义体系中出现的必然性:"就投资、资本抽逃的'趋势'这个概念而言,金融资本从制造业流向地产投机的变化不仅与造成整个领域不均衡投资可能性的矛盾分不开,而且尤其与这种状况的不可能消除分不开。"金融资本的加入说明了空间生产的过程在资本主义生产方式的体系中又加深了一步。

2) 空间的复制

随着空间成为生产资料,并通过资本的改造成了空间商品,它就与所有其他商品一样具有使用价值和交换价值,并且通过市场,进行消费。工业革命以后,资本和人口的积聚带来了城市的快速扩张。与其他商品的生产过程一样,规模化、标准化这种最具效率的生产方式也加入了城市空间的演变过程,适应这种生产方式的城市发展模式应运而生。典型的例子有纽约和旧金山的开放式方格网规划(Open-grid)(见图7-1),这种模式所体现出来的商业精神,"一方面强调正规和可以计算,另一方面又强调投机冒险和大胆扩张"。无差别的网格代替了曲折的街巷,以一种简单高效的方式,为空间的生产提供了标准化的原材料。

而在另一个层面,作为典型的资本密集型产业,房地产业需要不断加快"生产—消费—增值—再生产"的资本循环速度,并确保在空间商品的消费环节不出现问题,以保证资本增值的效率和资金链的安全。这就带来了两个直接后果:一方面,在建设周期和审批时间相对固定的条件下,尽可能压缩设计周期,以缩短整个项目周期。这样,设计师往往面对着急迫的设计任务,难以细致地对周边环境和地域特色做出合理的响应。另一方面,面对不确定的市场,已经被市场所检验并受到肯定的成熟模式,对数额巨大的空间投资而言,显然是最保险的。因此,复制和抄袭成为部分开发商默许甚至鼓励的行为。其结果是模式化、同质化的空间产品大批量地出现,这种现象在资金孱弱的中小型开发商那里最容易得到体现。复制,恰恰是空间资本在其成长初期的自身要求,也是迫切需要和现实可能相结合的产物。

然而,资本不仅仅在物质空间的层面上塑造着城市面貌,同时也在意识形态的层面上,潜移默化地构筑着空间生产的历史合理性。这种意识形态,简而言之,就是以增长,而不是人的实际需求作为出发点和最终目的。马克思称之为异化,是人的生产及其产品反过来统治人的一种社会现象。随着资本主义意识形态的生产和同化,人的异化也进一步地加深。霍克海默(Horkheimer)和阿多诺(Adorno)在《启蒙辩证法》中认为,大众文化一旦形成了"文化工业"的产品,那么渗透其间的生产关系,就会使大众失去批判和反抗的能力,进而心甘情愿地接受制度的合理性。随着大众文化也日益成为一种商品而进入了工业生产的轨道,则标志着资本主义的意识形态控制已经进入了大规模、工业化的新阶段。资本主义通过意识形态的改造,完成了一次启蒙,又迅速造就了一个新的神话。马克思曾写道:"它(资本主义)迫使一切民族——如果它们不想灭亡的话——采用资产阶级的生产方式;它迫使它们在自己那里推行所谓文明,即变成资产者。一句话,它按照自己的面貌为自己创造出一个世界。"如果说具体的建筑形象复制只是局部地改变城市的面貌,那么这种意识形态复制和同化则是城市特色危机的深层动力。不仅对于广大公众,而且对城市管理者、规划师和建筑师也产生了深刻的影响,使之不自觉地成了资本进行空间生产的共谋。

图7-1　1807年纽约曼哈顿方格网规划
图片来源:贝纳沃罗.世界城市史[M].薛钟灵,译.北京:科学出版社,2000.

7.1.2　特色危机的显现

20世纪90年代以后,我国的城市建设开始了高速的发展,城市面貌日新月异,各项城市基础设施不断完善,取得了举世瞩目的成就。但与此同时,各个城市之间的差异也随即迅速缩小,城市特色不断消亡,形成了千城一面的感受。在国外某城市论坛上,集中了多个国内大城市的照片,照片的内容几乎都是各地方政府引以为豪的宣传视角——高楼林立,车水马龙,灯火辉煌。但下面的评论却分化成两种声音:(1)中国现在可真是一个超级大国(Superpower)了!(2)但看上去都一个模样。这多少体现了普通公众对中国城市形象的直观感受,令人喜忧参半。如果以"空间生产"的视角加以解读,城市特色的消亡体现在多个层面上。

1)微观层面的特色危机

在微观层面,空间的产品化和商品化使建筑风格对地域文化难以充分响应。一方面,在市场的要求下,建筑风格和形式的多元化孕育而生。然而,这种风格的多元化,并非植根于当地的自然环境或者文化传统,更多的是作为一种流行的商业符号,其背后是因为其商品特殊性而产生的额外剩余价值。这种商业符号,突出地体现了大众文化的某种刻意生产的拼贴式痕迹。正如一度流行的"欧陆风情""地中海式""德国小镇""新古典主义"和其他形形色色不知所谓的"××主义",曾经引发了市场的极大热情,又被快速地抛弃。居伊·德波把这种符号化的空间生产行为称为"是庸俗化的扩展和集中的过程"。一旦风格失去了它所植根的土壤,成了一种表面化的标签,就丧失了其本来应当拥有的地域精神和文化内涵。并且,当这些所谓"风格"大量集体登场时,对城市真正需要的地域风格是一种毁灭性的打击。

另一方面,在竞争性心理的驱使下,盲目追求"标志性"。在阿尔多·罗西眼中,城市建筑存在着"普遍性"与"特殊性"的辩证关系,城市的总体特色通过"普遍性建筑"与"特殊性建筑"的图底关系而得以呈现。多元化是以统一化作为基础的,一旦"普遍性"消失,"特殊性"也无从谈起,城市特色的体现是"普遍性"与"特殊性"建筑之间的平衡状态。缺乏"特殊性"固然会导致城市空间过于均质,形成枯燥贫乏的感受,但空间形态多元化的异质汇聚一旦超过了限度,"标志性"泛滥成了"普遍性",混乱的图底关系也就终结了城市的整体性,导致城市的特色风貌无法显现。不仅是业主,建筑师也乐此不疲地参与其中,难怪弗兰普顿忧心忡忡地指出"建筑学的庸俗化及其与社会日益严重的脱离,使整个专业已被驱赶至孤立的境地,所以,目前我们面临着一种矛盾的情境"。

2) 中观层面的特色危机

在中观层面上,老城的完整性对于维持城市特色风貌有着不可替代的作用。以德国城市的战后重建为例,许多历史性城市在受到严重破坏之后,采取了原样重建的方式,如明斯特(Munster)、弗莱堡(Freiburg)等。也有部分城市在维持老城基本空间格局的基础上,进行了建筑物的新建和扩建。通过这一系列的方式,最大程度保存了历史信息和空间特色。而在我国,早期由于认识的不足,城市历史性空间曾大量被拆除,使城市空间肌理受到了不可复原的破坏。只有极少数城市采取了新旧区分开发展的模式,导致体现城市特色的历史性空间在快速发展的过程中,不断受到商业化开发的蚕食,其完整性受到损害。原本承载历史文化的城市空间容器被打破,并代之以一系列模式化的空间产品。目前,尽管对历史性街区的保护已经成了一种社会性的共识,但在实际操作过程中,仍然常常因为经济利益的巨大诱惑而步履维艰。

而作为城市特色骨架的自然风貌,例如山川、河流、湖泊等,是构成城市特色的重要自然要素。但这却是最好的空间生产对象——其特殊性是无法复制的独特卖点,能够成为超额剩余价值的有效保障。结果往往在开发的过程中成为私人领地,而淡化了其服务大众的公共属性。这样,一边是城市原有的特色空间的不断萎缩,一边是短期内标准化空间产品的大量涌现,存量与增量的巨大不平衡,已经超过了自然发展时期城市的自我调整和适应能力,空间特色也逐渐丧失。

3) 宏观层面的特色危机

从宏观的层面看,地方政府的"经营城市"策略出现了偏差。一方面,在城市发展策略上也存在着战略趋同的问题。在城市的发展方向问题上,往往对自身客观条件和优势研究不足,盲目复制和照搬其他城市的发展经验。一个成功的增长模式往往能够带来全国性的模仿,例如CBD、开发区、高教园区等项目的建设,也出现了低水平重复建设的现象。产业的相对单一和同构,使空间生产的能力在有限的领域爆发,加剧了空间同质化的趋势。这等于是从战略方向的层次上,预先设定了千城一面的目标。

另一方面,一度以追求经济增长作为唯一目标,过度强调发展的效率,而忽视了增长的质量和地域特色的营造。实行分税制以后,地方政府面对城市建设议题的压力和权力都大大增加。依靠大量批租土地而实现的"土地经济",成为地方政府的重要财政来源,在一定程度上导致了土地大规模的过度开发。甚至有的城市为了完成招商引资的目标,主动降低土地价格和审批门槛,为投机行为大开"绿灯",导致形成了许多空间资本"打一枪换一个地方"的低水平开发。

在这些同样的面具下,似乎隐藏着一种自我复制的本性,并且在这种本性的驱动和改造下,城市发展指导的思想变得高度统一。这样,不同城市的发展无可避免地驶入了单一化的轨道,带来了千城一面的直观感受。抽象的"现代化"目标,在经济迅速发展的迫切要求下,形成了具体化的标准的繁荣景象。这种标准景象以高楼大厦为图腾,以快速干道为骨架,以新区发展为增长极,在各大城市实践着空间生产的过程。

7.1.3　特色危机的反思

1）城市建设发展的高速

作为一种资本生产方式,"空间生产"的过程作为一种普遍现象和历史必然在全世界范围内展开。而在我国,城市特色消亡的趋势则显得尤为突出,这与我国现阶段城市化高速发展的现实国情是分不开的。

历史性城市的空间特色和格局,是经历了长时期的发展和积累逐步形成的。而进入资本主义时代以后的现代城市空间发展,则摆脱了自然生长的过程,成为一种资本激素催生的产物。资本运作的目标和手法是如此一致,再加上营造空间的技术手段日渐趋同,城市空间出现同质化的趋势是合乎逻辑的,从某种意义上说也是符合城市发展的历史进程的。然而,中国正经历着史无前例的大规模快速城市化进程。正是在这种令人惊叹的高速发展背景下,才使城市特色危机逐步浮现。这充分表明了规模增长和内涵提升之间的紧密联系和发展不同步的矛盾。短期内城市文化的积累沉淀,难以跟上高速度、大规模的城市建设,其结果必然导致城市特色的消隐。

2）市场平衡力量的缺失

现代城市的发展过程是资本、权力和公众等多种力量的博弈过程。对于这种过程,不同的学者有着不同的表述。齐康将城市利益主体分为四种类型:政府、开发商、市民和学者。张庭伟认为政府力、市场力和社区力这三种力量的交织,构成了20世纪90年代中国城市空间结构变化的动力机制。张兵认为推动城市空间结构发展的动力主体有政府、城市经济组织和居民三种类型。在城市空间发展的过程中,各种力量的相互制约和平衡至关重要。而一旦平衡力量出现了缺失,城市空间的发展就会过多贯彻市场意志,导致各种城市问题的出现,其中也包括城市特色危机。

在行政层面出现的干预能力缺失,一方面是由于各项规范市场的法律法规尚不健全,无法通过有效途径对资本行为加以限制。另一方面,曾经过度强调发展的效率,使发展质量和社会公平等问题居于次要位置。在某些开发议题上,地方政府往往表现得比开发商更急切,一定程度上形成了政府意志与资本意志的重叠,使公共利益和长远利益无法得到有效保障。此外,长官意志代替科学决策的现象时有发生,使行政干预反而成了一种影响城市健康发展的负面力量。而从公众的角度看,尽管目前许多城市在城市开发的议题上采用了民意调查、规划公示、代表参与等公众参与方式,但并没有形成一个制度化、常态化的机制,导致许多做法流于表面,使公众参与无法落到实处,阻碍了公众力量参与塑造城市空间的能力。

城市空间发展的转型结构和演变动因

此外,随着全球化和"文化工业"的发展,地域文化和传统文化已经逐渐成了一种附属性的因素。不但在快速现代化建设的过程中被边缘化,并且随着消费社会的兴起日益成为一种符号化的标签,与其内在实质分离。地域文化在城市发展过程中参与能力的下降,直接抑制了特色化城市空间的形成。而与此同时,人文精神的丧失,则表现为对于经济发展效率的崇拜和对美学价值的忽视。

3) 公众集体记忆的需求

芒福德曾指出:"城市从完整意义上来说是一种地理网络,一种经济组织,一种制度性进程,一个社会行为的场所,和一种集体性存在的美学象征。"所谓的"特色危机"与其说是一种真实的客观存在,不如说是一种普遍化的心理危机。这其中多少掺杂了一种转型期快速发展背景下的伤感怀旧心态和一种剧烈市场经济刺激下迸发出的人文主义情感。这一现象清楚地说明了公众的情感价值作为一种社会要素相对价格不断上升的趋势。

和许多现代城市相比,历史性城市在空间形态上更具有同构的特征。在许多欧洲城市的老城区,不仅平面布局上具有同构的特征,也有着相似的空间元素,例如曲折的街巷、宜人的广场、高耸的教堂,这似乎构成了另一种意义上的"千城一面"(见图7-2)。但旧城区在传承和展示丰富历史信息的同时,也成了城市生活、社会交往和观光旅游的中心,并没有引起人们的厌倦。中国的许多古代城市和村落亦是如此。

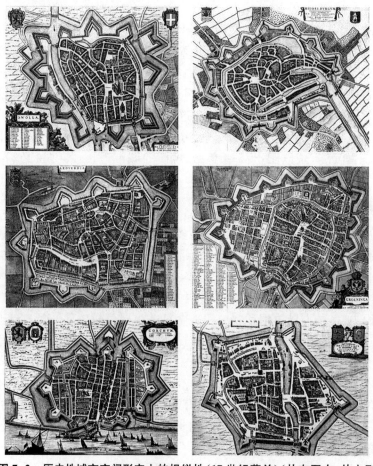

图7-2　历史性城市空间形态上的相似性(17世纪荷兰)(从左至右,从上到下依次为 Swolla, Middelbvrgvm, Leoverdia, Groeninga, Grochvm, Dockvm)

图片来源:http://www.hipkiss.org/cgi-bin/maps.pl

166

今天各大城市在空间格局和形态上的差异性,并不小于以往任何一个时期的历史性城市。因此,从形态学或类型学的角度看,"千城一面"的说法似乎成了一个伪命题。也就是说,公众反感的并不是空间形态上相似性,而是一种"现代化"城市空间所带来的支离、压抑和冷漠感。这种心理上的情感,自然而然地转化成了一种对人性化、多样化城市空间的缅怀。某种程度上,这些现象似乎是美国在20世纪60年代对现代主义城市规划大批判的翻版和投影——这也解释了为什么近年来,雅各布斯的《美国大城市的死与生》日益成为人们谈论的热点。这似乎意味着,与功能性需求和技术性问题相比,公众的社会认同也许是最终、最直观的规划评价方式。

4) 传统城市规划的无力

彼得·霍尔曾经指出:"现代城市规划和区域规划的出现,是为了解决18世纪末产业革命所引起的特定的社会和经济问题"。的确,现代城市规划的出现,就是为了解决自由市场条件下盲目扩张造成的无序和混乱,而作为一种调控手段出现的。并且在弗里德曼(J. Friedmann)看来,这种调控所遵循的不是经济发展所遵循的一般性"市场理性",而是一种保障城市经济更长远健康发展的"社会理性"。但这种"理性"在人文主义者眼中却代表着一种自以为是的狂妄,现代主义城市规划一度被认为是人性化空间消亡的罪魁祸首。雅各布斯曾刻薄地指责柯布西耶是"最知道怎样把反城市的规划融入进这个罪恶堡垒里的人",并讽刺他及他的追随者们"要求制度化、程式化和非个性化的口号,在他人看来,显得既愚蠢又狭隘"。

然而从根本上说,现代城市规划毕竟是生产方式和时代催生的产物,并不仅仅是霍华德或柯布西耶的个人创造。因此,城市规划始终无法摆脱社会经济结构的制约,最后往往成为资本和政治的代言人。哈维(D. Harvey)就尖锐地指出:城市规划实际上就是为了维护资本主义社会的再生产和资本积累。而塔夫里(M. Tafuri)则通过对现代建筑发展历史的阐述,证实了这一点——现代建筑和城市规划无论表现出何种乌托邦式的反抗姿态或是革命性的先锋姿态,都难以逃离其植根于资本主义体系的现实,而这一现实使得每一种试图彻底解决问题的尝试,都成为不切实际的幻想。芒福德则对这种困境有着形象的描述:"如果19世纪城市的历史是一部疾病的历史,那么,20世纪的城市历史也许可以叫作一部奇怪的医疗故事,这种治疗方法一方面寻求减轻痛苦,另一方面却孜孜不倦地维持着导致疾病的一切令人痛苦的环境——实际上产生的副作用像疾病本身一样坏。"并且,他悲观地预见道:"社会学家和经济学家的未来经济和城市扩展计划是以现在起作用的力量为基础的,他们只能指定加速这类力量的计划,得出这样的结论:特大城市将会普遍化、机械化、标准化,完全丧失人性,这是城市进化的最终目标。"

尽管"空间生产"作为一种批判性理论,对资本进行了入木三分的揭露,但是对空间生产带来的种种弊端,却难以提出一种建设性的解决方案——既然是体系本身不可避免的问题,那么似乎任何形式的技术性改良,都无法从根本上改变这种现状。在恩格斯那里,解决城市问题必须通过激进的社会和经济变革来解决,只有推翻资本主义生产方式,消除一切剥削,才能解决住宅缺乏之类的城市顽疾。而在部分新马克思主义者看来,既然城市空间的发展是"空间生产"的结果,那么要解决城市问题,就必须依靠以广大民众为代表的无产阶级,发出无产阶级的声音。例如,卡斯泰尔斯曾认为城市社会运动是"城市中变化和革新的源泉"。而列斐伏尔本人则提出以"自治"的原则,通过在"日常生活"中对资本主义的批判,满足人们的各项城市权利。这样的想法显然带有了浓厚的革命气质和乌托邦色彩,并带有一丝无政府主义的影子。

在这种背景下,早期现代主义和乌托邦式的城市规划,在20世纪60年代遭到了严厉的批判,并引发了广泛的公众抗议活动。他们所要求的,不仅仅是政治上的权利,也包含了情感价值上的认同。这促使人们对城市规划的本质进行了反思,城市规划理论也逐渐从单纯关注功能性的技术过程,转向了重视价值判断的社会过程。

5) 规划实践思想的更新

西方经过 20 世纪 60 年代激烈的社会运动之后,开始逐渐意识到,用阶级对抗的手段去达成社会目标,将付出巨大的社会代价,并试图通过和解和沟通来获得目标的达成。倡导性规划(Advocacy Planning)在西方城市规划领域逐步兴起,其主要目的就是扭转规划界原有的那种对公众不加重视的精英主义观念,使规划师以倡导者的身份促进公众对规划过程的参与。哈贝马斯(Habermas)则在他的"交往行为理论"(Theory of Communicative Action)中指出,交往体现的是人与人之间的关系,行动者试图理解行动状况,以便行动计划和行动得到意见一致的安排。通过交往沟通,能够促进知识的普及掌握,并通过合作使社会形成有机整体,使个体认同社会规范和价值取向,以实现社会的共同目标。吉登斯(Giddens)则提出了"第三条道路"(The Third Way)的政治口号,希望能够超越传统政治格局中的"左"和"右",在尊重多元化思想的基础上,考虑各利益集团的要求,建立一种包容协作的新型社会关系。

在这种历史、思想和政治背景下,近年来西方国家兴起了"协作式规划"(Collaborative Planning)的理念,通过不同"利益相关者"(Stakeholder)的参与,强调在政策制定和实施过程中开展协作与互动,使城市规划的任务从"建造场所"(Building Places)的物质空间设计过程,转变为共同参与"场所营造"(Place-making)的制度化进程。例如,瑞士的苏黎世西部工业区(Zurich-West)更新规划就体现了政府"自上而下"主导和公众"自下而上"参与的融合。其在改造更新的原则中明确提出,该地区的发展将实现一个"包括全部土地所有者和利益相关者在内的合作过程"。从实施的效果看,通过当地民众的参与,一方面能够保障各方的经济利益,另一方面在充分了解"地方性知识"(Local Knowledge)的基础上,满足当地居民的情感需求,从而也较大程度地维持了城市的独特地域风貌,并构成了独特的城市记忆。尽管这种模式导致论证、审批和建设的周期较长,但是通过广泛深入的公众参与,无形中把城市规划的社会评价环节提到了建设环节之前,最大程度消减了发展带来的利益冲突和情感失落,用效率换取了质量和公平,使项目能够获得良好的公众认同。

我国目前的城市规划实践,大多还停留在传统的蓝图式规划——这是一种可读性强,可实施性高,目标明确具体化的方式,是城市快速发展的实际要求所决定的。然而,这种由政治和技术精英自上而下制定的规划,试图以一种"客观、科学、理性"的姿态,使公众接受城市规划的理论和权威。在这其中,不乏有些打着科学的旗号,使规划的技术分析手段成了一种政策解释工具,以至受到了"伪科学"的嘲讽。而这种横亘在规划和公众之间的技术壁垒,使得城市规划和普通公众长期处于两种不同的话语体系之中。当城市发展和信息传播水平达到一定程度以后,则引起了社会认同的逐渐分化。这种分化也存在于规划师的意识之中,规划理论与规划实践的脱节,使规划师本身也处在了一个尴尬的两难境地——挣扎在美好理想和服务对象的矛盾之间,表现出一种身不由己的状态。

西方国家经过多年发展,其城市化发展水平和各项基础设施已经达到了很高的标准,目前城市发展的速度也相对较为缓慢,因此其城市规划的关注重点是"质量"和"社会公平"。而我国是一个发展中国家,城市化正处于快速发展的阶段,因此对发展"效率"的追求也是理所当然的。但是,强调效率并不意味着以损失地域特色为代价,更不应以损失发展质量和社会公平为代价。在"和谐社会"和"科学发展观"理论的指导下,城市规划需要转变姿态,提高规划知识的普及和规划信息的透明,逐步从精英式自上而下的控制,转变为全民型自下而上的参与。规划师也需要从单纯的研究者、制定者的角色,转变为一个地域文化保护者、规划知识倡导者和各方利益协调者。

今天,在全球性经济危机的背景下,人们有机会也有理由对整个资本主义体系进行适时的反思。"空间生产"作为当代城市空间发展的方式,仍将持续存在。而从城市发展的历史看,地域文化尽管处于弱势状态,却以一种不断冲突的方式与全球化维持着共生的状态。从融合到裂变,从均质到异质,达到一种动态的平衡。这也解释了恰恰是在全球化和现代性的背景下,地域文化的价值才愈发得到凸显。

如果用"空间生产"来解读城市的特色危机,那么在剥除城市空间的神秘感和特殊性后就会发现,城市空间和其他传统制造业所出的产品,本质上并没有多大差别。事实上,特色危机并不仅仅体现在城市空间上。同质化和单一化也是现阶段我国工业产品所面临的普遍问题。如果说所谓的"山寨"文化已经成为一种广泛的社会现象,那么它当然也渗透到了城市的空间中。城市面貌的雷同和建筑形象的泛滥就是"山寨"文化在城市空间上的体现。也许,这种现象能令人更加清醒地认识到我国城市目前所处的阶段和位置。

"空间生产"的理论提供了从资本角度观察城市特色危机的一个窗口——尽管从这个窗口所看到的情况未必全面。它以一种批判性的姿态揭示了一种结构性的矛盾,并由于高速的发展而显得倍加突出。这种矛盾在马克思那里,预示着一种变革的需要;在芒福德笔下,形成了一种悲剧性的历史宿命;而在哈贝马斯那里,进行沟通和协作的必要性则显露无遗。尽管"空间生产"理论或多或少地揭示了城市特色危机的结构性根源,但作为规划师,却没有理由认为自己摆脱了社会责任。作为一种职业性的理想主义者,规划师有责任坚持原则,有义务抵制来自资本和行政的过分需求,并且应当有能力协调不同利益群体的诉求,在"效率、质量、公平"三者之间找到平衡。

7.2 快速城市化背景下的规划失效

规划失效就是城市空间的实际发展突破了规划的制约,使城市规划失去应有效力的现象。近年来,控制性详细规划已经成了规划失效现象的"重灾区",在编制方法、实施效果等一系列环节都遭到一系列的非议。业内人士对控规的讨论,集中在控规是否应法定化,控规的编制和审批是否科学,控规编制和审批过程中的公众参与是否能真正落实,控规修编的权力是否应受到监督等。这些讨论从理论和实践上对控规的问题进行了深入的分析,然而讨论的结果却令人更加迷茫——城市规划似乎陷入了一种身不由己的状态,在理想和现实的交锋中笼罩上了一层强烈的悲剧色彩。

为什么大量精心编制的规划,最后会沦落到"墙上挂挂"的境地?为什么现实的城市空间发展会一再突破城市规划的框架?为什么城市规划在某些管理者看来会成为经济发展的桎梏?利用前文建立城市空间转换成本概念和城市规划制度绩效分析框架,有助于从理论上解释我国当前出现的大量"规划失效"问题。

7.2.1 规划失效的本质

城市规划通过界定和限制初始的空间产权,对城市空间的发展进行引导和控制。它遵循一个经济规律——在鼓励发展的地区降低空间交易的成本,在限制发展的地区提高空间交易的成本。实际上是使用经济的手段对市场的空间交易(生产)行为产生影响。由于市场遵循利益最大化原则,具有"区位择优"发展的规律,自然趋向于选择成本低、收益大的地块。

从城市空间转换成本和城市规划制度绩效分析框架的角度看,规划失效就是城市规划在编制和实施过程中,出现制度成本高于制度收益的状态,导致城市规划绩效归零甚至出现负值,并因此失去经济合理性的状态。其后果是,在利益最大化的驱使下,市场选择支付较低的市场交易成本,而拒绝支付较高的规划成本,从而突破了规划设置的空间交易框架,并因此获得更高的经济收益的空间交易行为。

由于在一定的外部环境下,城市规划的制度收益是相对稳定的,并不会出现明显的变化,城市规划绩效下降的原因就在于制度成本过高。从这个认识出发,"规划失效"就基本可以归结为两类原因:一是城市规划自身技术上的先天问题,使城市规划无法适应社会需求;二是受到了外部制度环境的影响和制约,以至于城市规划无法发挥预期的作用。也就是说,一方面是在规划编制的过程中,不合理地设置了过高的成本,使潜在的城市空间交易无法达成,另一方面是在规划实施的过程中,使用和维护规划制度的成本过于高昂。这两方面的原因导致在某些地块中城市规划的制度成本急剧攀升,规划绩效随之下降。

7.2.2 控规失效的解析

1) 制度成本的高昂

城市空间的发展是一个空间产权形成和发展的过程,因此城市规划就成了界定未来空间产权关系的一种制度,其目的是降低市场配置空间资源所造成的事前事后交易成本。控规之所以重要,最根本的原因,在于控规直接界定了土地的发展权,也就决定了土地的市场价值,因而对房地产市场乃至经济发展起着举足轻重的作用。然而在现实的控规编制中,规划师常常对空间产权十分漠视。

首先,地块划分过程中对空间产权的漠视带来了控规制度成本的高昂。控规地块划分往往与土地的产权边界不一致。城市建设行为是以产权地块作为基本单位的,而目前地块划分则主要考虑现状功能、道路河流等自然界限。在现状调研不充分的情况下,控规编制时往往会忽略复杂的土地产权关系,甚至出于美观或方便而将不同权属的土地进行合并。产权单一而土地使用性质混合的地块,开发往往容易进行,矛盾较小;土地使用性质相同,而产权不一的地块,可能在开发中面临不同的意向,会出现许多操作上的不便,一旦其中一个产权主体有调整意图,另一个产权主体也必须被迫捆绑在一起进行论证和调整。[①] 这就等于规划师无视已经存在的"初始产权配置",而人为地进行了新的产权预设。在新区控规的编制中,这种问题也许还不突出,但是在老区控规的编制中,如果不仔细调查核实土地边界,那么未来所面临的产权纠纷问题就会极大地增加城市规划的制度成本。因此在市场经济的条件下,土地产权应当作为地块划分的基本依据,形成以产权地块为基本单元的规划编制和管理模式。

其次,指标设置的随意也大大增加了控规的制度成本。2006年施行的《城市规划编制办法》着重强调了控规的强制性作用,控规规定各地块的主要用途、建筑密度、建筑高度、容积率、绿地率、基础设施和公共服务设施配套规定应当作为强制性内容,是建设主管部门(城乡规划主管部门)做出建设项目规划许可的依据。[②] 在影响土地经济价值的众多因素中,土地功能和容积率是最重要的指标,直接决定了土地的市场价值,因此也成为控规编制的重点。然而在实际的编制中,关键指标的确定仍然缺乏科学性,很多时候是规划师"拍脑袋"的结果。随意的指标设置,实际上是为市场配置空间资源的行为设置了不合理的框架,人为地预设了过高的空间交易的成本。

---

① 沈德熙. 关于控制性规划的思考[J]. 规划师,2007(3):73-75.
② 《城市规划编制办法》第二十四条和第四十二条。

此外,指标缺乏弹性导致在实际使用中带来大量的指标调整工作,大大增加了制度的使用和维护成本。弹性的缺失使得规划管理部门在实际操作中,或忽视控规所制定的指标而根据个案情况重新确定指标体系,或收到大量涉及关键性指标的调整申请,不仅使得控规的权威性受到挑战,而且滋生管理过程中的寻租现象,使得指标的调整成为某些管理者谋取自身私利的工具。控规指标调整一方面适应了社会经济不断发展变化对于实施城市规划的新要求,完善了城市规划的适应力,调整了城市用地结构,优化了城市土地配置,完善了城市功能;另一方面可以增加城市土地有偿使用的收益,有助于推进城市土地的集约化高效利用。在控规指标设置本身不合理的情况下,如果一味强调指标的刚性,实际上是人为增加了市场追逐合理利益的成本,规划的"刚性"也就变成了经济发展的阻碍。

2)刚性弹性的错位

由于混淆了规划目标和管理手段的差异,规划的刚性和弹性出现了错位。具体反映为片面追求可操作性,却导致城市整体失控的状态。一方面,控规编制出现了"只见树木、不见森林"的技术化倾向。把巨大的精力投入到微小的地块当中,而忽视了本应该关注的总体性、战略性目标。导致控规与总规无法有效衔接,总体规划的战略意图无法实现,总规战略意图在各个分散的区块控规编制或调整中被"肢解",分地块控制指标累积后突破上一层次规划要求,造成宏观上的失控和无序。另一方面,从现实中的控规调整和土地违规情况看,最重要的内容就是具体经济指标的变更,诸如土地性质变更和容积率提高等。频频面临指标调整的控规由此被地方官员认为是束缚经济发展的桎梏,导致其在实际的操作中被边缘化。

从控规的地位来看,在我国目前的规划体系中,总规是基础,控规是核心。在整个规划管理流程中,控规具有可操作性,是最主要的规划手段[①]。总规是战略行为,控规是战术行为,战术一定要贯彻战略意图。而从控规的作用来看,控规是具体引导和控制建设行为的手段,是在总体规划的基础上具体地对未来城市空间的发展建立规则、设置框架。在这个框架中,空间产权可以通过市场配置的方式达到最佳效率。也就是说,控规界定了市场在城市空间资源中的作用范围。控规的目的绝不应该是取代市场的资源配置作用,而是作为市场机制的补充,通过规范市场行为最终优化空间资源配置的一项制度。控规的目的不是降低市场配置空间的效率(尽管客观上降低了效率),而是贯彻对城市发展进行引导的战略意图,维护一系列被市场忽略的基本价值,避免潜在的社会损失。

由此可见,控规中刚性的部分应该是规划所设定的基本价值原则。这些原则是城市规划的核心目标,相当于城市建设活动的"宪法",应该始终得到贯彻和维护;而具体的指标则应该是弹性的部分。因为指标控制是为实现规划目标采用的手段,应根据实际情况灵活调整,而不应过于拘泥指标本身。换句话说,规划的弹性范围就是市场的界限,规划的刚性范围就是规划的目标。然而在现实中情况却颠倒了过来——技术指标成了必须遵守的刚性条件,而城市规划的价值目标却成了可有可无的弹性原则。这种现象就导致一方面控规频频被突破,另一方面总体的规划目标却没有能够实现。城市规划的科学性和严肃性也因此而受到损害,不得不承受越来越多的社会质疑和指责。

正是由于控规的刚性和弹性出现了错位,使得控规在实践中一味压缩事前成本,导致事后成本飙升,造成了控规整体绩效下降,出现了失效的状态。

---

① 仇保兴.城市经营、管治和城市规划的变革[J].城市规划,2004(2):8-22.

7.2.3 两种范式的比较

1）形成指标的成本

理论上,只要不突破规划设置的原则框架、符合城市建设的各项规范、对相邻地块的权益不构成损害,容积率、建筑密度等具体指标完全没有必要设置——因为具体指标只是控制的手段,而不是控制的目的。满足了上述要求,规划的目的也就达到了,而市场会发现最合理的成交价格(建设内容和强度)。实际上,这就是后现代城市规划理论强调"公众参与、多元决策、渐进滚动、自下而上"所力图追求的一种状态——通过多方博弈的市场机制寻找符合各方利益的"最优解"。以苏黎世为例,项目建设的审批和论证通常采取个案研究的方式,并不预设过多的指标框架。通过多方参与的一次次方案评选、论证、公示,最终形成最合理的实际方案。毫无疑问,对于城市而言,这种"具体问题具体研究"的方式肯定能够形成最好的方案。许多学者因此开始呼吁"规划转型",希望通过"公众参与"等方法的引入,改变城市规划的管理和决策模式,形成各方都能满意的规划结果。

既然如此,为什么还需要进行指标控制呢?交易成本问题!

因为具体指标实际上决定了土地的最终价值,所以发现最适宜指标的过程,实际上就是市场中的交易各方通过"讨价还价"发现成交价格的过程。

在不考虑交易成本的情况下,市场在规划的原则框架内达到"最佳"配置当然是最好的。然而在真实的世界里,这一过程是需要付出成本的。比如,如果没有具体指标的限定,开发商又无法透彻理解规划所提出的价值规则,往往会一次一次地提出高强度的方案,需要经过多次论证和优化才能最终形成各方都接受的"最佳"方案。而发现并界定各个利益群体的合理诉求,即界定产权,也需要付出巨大成本。在苏黎世西区将要建设的地标性建筑"PRIME TOWER",由于受到居民的反对而进入了漫长的司法程序,尽管反对最终被驳回,但项目仍然被迫延期数年。这种相对漫长的过程就导致了效率的下降和管理成本的上升,形成了巨大的交易成本。西方发达国家已经进入了城市化平稳发展的时期,建设项目较少,因此能够用精雕细琢的方式来进行论证。苏黎世 2008年整个一年的建设项目(包括改建在内)仅七十余个,所以尽管单个项目的交易成本很高,但由于总量有限,总的成本并不高。而在我国快速城市化的背景下,面对大量的建设审批项目,这种制度成本就会因为乘法效应而变得非常高昂。换句话说,尽管采用这种方法的制度长期成本较低,但是其高昂的初始成本却形成了一道门槛。此外,这种原则化的控制方式一方面依赖于规划管理者的管理水平。管理者的专业素质及其对城市规划原则的理解在形成决策的过程中起到很大的作用。另一方面,也需要完善的外部制度环境配合。由于规划管理者具有较大的裁量权,也有赖于一个完善的权力监督和制衡机制。而这些保障市场配置资源的必要外部条件,恰恰是我国城市化过程中缺乏的。

而在考虑了交易成本的情况下,将控规数字化、指标化就成了最具有操作性,也是最为高效的管理方式。这实际上就是理性综合的现代规划范式的基本思维模式——相信能够通过技术理性和对各种因素的综合考量,通过自上而下的严格贯彻,最终形成社会理性的结果。在可操作性上,这种规划范式有着明显的优势:一方面,这种方式不需要通过市场反复的"讨价还价"确定最终的成交价格,而是通过"政府定价"或者"限价"的方式确定价格的上限,因此节省了大量的管理成本和时间成本,具有显著的"可操作性";另一方面,这种方式有效地限定了规划管理者的自由裁量权,因此也压缩了"权力寻租"导致腐败的空间。

问题是,目前控规指标的确定往往是规划师凭经验,用"一刀切""拍脑袋"的方式,并且缺乏弹性。如果由这种"定价机制"所形成的关键指标与市场的实际需求相差过大,就会形成与市场背离的局面,从而带来大量的后续调整工作。比如,假设一块土地的"最佳"容积率为2,那么当政府设容积率为1时,市场就会通过种种合法或非法的途径追逐这一部分损失的价值——只要调整的收益大于调整所付出的成本。这就是现实中发生着的:一方面控规指标频频通过合法程序被突破,另一方面关于土地改变关键指标或性质的钱权交易和违规事件屡屡发生。而当政府设容积率为3时,一种情况是导致了规划原则的突破,高强度的项目建设对城市总体产生负面影响,另一种情况就是违背市场规律,揠苗助长——这样的情况在现实中也不少见,例如某些地方政府为了"出形象",要求开发商在某些特定地段建造高层建筑或者难以盈利的项目,从而造成了巨大的浪费。

2) 两种范式的矛盾

按照前文的描述,控规在操作上似乎形成了一个悖论:一方面,如果按照多元参与的后现代规划范式的思路,通过多方协商达到最佳的土地利用方式,效果虽好但事前成本高昂。因此在外部制度环境尚未完善的情况下,就形成了一道成本门槛,不利于在快速城市化时期进行有效管理。另一方面,如果按照理性综合的现代规划范式,采用自上而下的指标控制,则在降低事前成本的同时伴随着日趋增长的事后成本。由此形成"一刀切"式的僵化控制难以适应变化着的城市空间发展需求。两种不同的要求形成了控规编制的深层次矛盾,然而快速的城市化建设又迫切地要求政府对城市空间加以必要的调控,控规到底何去何从?

从某种意义上说,两种不同规划范式之间的矛盾实际上就是计划和市场之间的矛盾,其核心问题就类似于经济学中政府定位和角色问题。正如在经济学中,凯恩斯主义和新自由主义对政府的角色和定位有着完全不同的认识;在城市规划理论方面,现代范式和后现代范式讨论的焦点实际上就集中于:城市规划的理性究竟应该在多大程度上介入到具体的空间安排之中。在强调理性综合的现代规划范式中,"自上而下"形成关键控制指标的过程,与自由主义经济学家们长期批判的计划经济模式几乎有着如出一辙的思路——在计划经济时代,政府对价格的管制事无巨细,却难以适应不断变化着的市场需求,形成了一种低效的资源配置模式。政府控制价格是希望消除市场带来的"外部性"问题,然而这一问题的完美解决是以牺牲市场得以实现的,它的副产品就是扼杀了经济的活力——正如规划所遭到的指控一样。因此,缺乏合理的"定价"机制,导致了目前控规的编制与实际市场的脱节。控规指标屡屡被突破,就反映了一种政府定价机制与市场价格机制的矛盾。

综上所述,控规乃至整个城市规划的转型实际上是我国经济结构转型的大背景中产生的必然要求。城市规划转型的目的,就是有效地降低城市规划在编制、使用和维护周期内的总体制度成本,从而在经济效益、社会效益以及生态效益三者之间取得平衡,使城市空间的交易或生产行为实现最大的社会总体福利。当然,由于受到外部制度环境的制约,规划转型不是一蹴而就的,而是一个长期而渐进的过程。

7.3 快速城市化背景下的规划转型

7.3.1 规划转型的基本目的

1) 动态提高制度绩效

一项新的制度安排之所以能够出现,是因为人们对它的预期收益超过预期成本,只有当这个条件得到满足时,我们才可能发现在一个社会内改变现有制度和产权结构的企图。城市规划转型的根本目的在于：在外部制度环境不断变革的背景下，通过修正理论、方法和管理过程，不断维持并提高城市规划的制度绩效，使其在引导约束城市空间发展的过程中发挥更为积极的作用。

一方面，处于转型期的城市规划需要不断适应外部制度环境进行着的变革。

就新制度经济学的观点而言，"应该如何"的讨论是建立在特定外部制度基础之上的，抽象地讨论空间资源配置应该"交给市场"还是"交给政府"并不具有实际的意义。赵燕菁指出："什么是好的城市规划？不同的制度，答案不同。规划的合理与否，取决于不同的制度。没有制度，规划甚至谈不上好坏。"在斯蒂格利茨（J. E. Stigliz，2001 年诺贝尔经济学奖获得者）看来，市场和政府并非一种非此即彼的对立关系，他指出："越自由的市场越有效率的说法没有理论基础支持；每个成功的市场经济体都在市场和政府之间取得适度的平衡"。事实上，任何一种成功的制度形式都是多种制度的混合，"原教旨主义"式的单纯制度形式在现实中并不常见。判断一项具体制度合理与否，关键在于这种制度是否能够实现一种有利于社会总体福利增长的产权配置。在我国市场经济体制逐步建立和完善的背景下，经济体制、政治体制以及城市建设模式等各方面都出现了显著的变化。这就为城市空间的交易和生产行为树立了全新的规则，也对城市规划的制度成本—收益状况产生了重大影响。产生于计划经济时期的我国城市规划需要在理论和实践上通过不断的改革创新提高制度绩效，才能在新的形势下有效促进城市发展，协调城市建设中的各种矛盾和利益冲突。

另一方面，城市规划需要适应由于空间要素相对价格的变化而导致的制度绩效长期递减。

从现代城市规划的发展历史看，工业化时代的市场一元规划范式主要强调了经济效益，从而导致了贫民区、住宅短缺、公众健康等问题，因此很快被更加注重社会效益的现代城市规划范式所取代。而强调系统综合的现代规划范式，系统地考虑了城市面临的经济和社会问题，却忽略了社会多元价值的诉求，形成僵化、刻板和冷漠的城市形象，以致受到了社会的非议。正是在实现社会多元价值的诉求这一点上，后现代城市规划范式实现了比理性综合规划范式更低的制度成本。近年来，生态问题越来越成为人们关注的重点，只有实现了环境友好、资源节约，才能实现真正意义上的可持续发展，生态

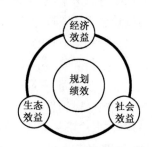

图 7-3　规划绩效的综合构成
来源：自绘

效益越来越成为影响城市规划制度成本的重要方面。而从我国社会经济的发展过程看，人民日益增长的物质、文化需求使一系列的城市要素的相对价格发生了显著变化——对于历史文化、空间特色、生态环境、社会公平等方面提出了越来越高的要求。因此，城市规划的制度绩效绝不能够仅仅理解为单纯的经济效益，而是包括经济效益、社会效益和生态效益在内的"社会总体福利"（见图7-3）。

总之，城市规划需要动态地适应外部制度环境正在发生的转型过程，动态地适应由于经济发展而带来的各种社会要素相对价格变化，通过理论和实践的创新，维持并提高规划行为的制度绩效。

2）不断降低制度成本

在高速城市化的既定背景下，只要城市建设需求维持在一定的规模水平上，城市规划的制度收益就是相对稳定的。在制度收益相对不变的前提下，要提高城市规划的制度绩效、优化其对于城市建设行为的规范作用，就需要不断降低规划的制度成本。而当城市化发展到一定程度，建设规模开始缩减时，城市规划的制度收益就开始下降，这时候就更需要通过不断压缩制度成本，以维持规划作为一项制度的正绩效。

在传统的城市规划中往往只关注规划的事前成本,而忽略了由于规划自身的问题所带来的事后成本。比如,在控制性详细规划中过于强调操作性、采用"拍脑袋"的方式确定指标,就是出于降低决策、审批、管理等事前交易成本的考虑。然而,对于城市规划绩效的评价需要经过时间的考验,是对城市规划整个使用周期内的制度成本作出判断。如果把"规划失效"这种高昂的事后成本考虑在内,那么城市规划在整个使用周期内的制度成本就仍然居高不下。因此,片面地降低决策成本、降低审批管理成本等事前成本,并不能有效地节省城市规划的制度成本。只有合理地平衡事前成本与事后成本的关系,才能降低城市规划在整个使用周期内的总成本。

当然,制度成本由于涉及种种价值判断,因此难以进行有效的量化。关于这个问题,张五常给出了很好的解释,他写道:"有人说研究交易费用是白费心思,因为这些费用往往无从量度。这个观点是错的。基本上,量度是以数字排列次序,而量度的精确性只能从不同观察者的认同性来衡量。说成本或费用可以量度,甚或说可以量度得精确,意思不是说可以用金钱来量度的。如果我们可以说,其他情况不变,某种交易费用在甲情况下会比乙情况为高,而不同的观察者会作出同样的排列,交易费用是被量度了——起码在边际上。可以验证的假说于是可以推出。"①也就是说,虽然我们也许很难通过建立数学模型的方式精确地判断制度的成本,但是可以通过制度比较的方式,用排序来判断不同制度的优劣。因此,新制度经济学走的是一条注重实际的、讲求实证的研究路线,而不是一种预先设定一个目标然后进行推理的规范性研究②。在笔者看来,这就是制度经济学的务实之处——不是寻找抽象的"最优"模式,而是寻找现实的"更优"模式。

综上所述,城市规划转型的目标并不是理论和方法的"先进"与否,而是在特定的制度环境背景下,寻找能够提供最小制度成本、最大规划制度绩效的新模式。

7.3.2 规划转型与社会转型

正如前文所归纳的,城市空间发展范式的形成是建立在一定外部制度基础之上的,外部制度环境对城市规划方式的选择和具体城市空间形态的生成,具有基础性、决定性的影响。诺斯曾对这种制度的嵌套效应进行了精辟的论述,"制度变迁的过程可以表述为:一种相对价格的变化使交换的一方或双方(不论政治的还是经济的)感知到:改变协定或契约将能使一方甚至双方的处境得到改善,因此,就契约进行再次协商的企图就出现了。然而,契约是嵌套于规则的层面结构之中的,如果不能重构一套更高层面的规则(或违反一些行为规范),再协商或许就无法进行。在此情况下,有希望改进自身谈判地位的一方就极有可能投入资源去重构更高层面的规则。"③因此,能否实现真正意义上的规划转型,最终取决于外部制度环境能否实现结构性的转型。

1) 经济转型与城市规划转型

我国正在发生的经济结构转型对城市规划转型产生了根本性的影响,其对于规划转型的推动主要来自三个方面:一是经济制度上由计划经济模式转向市场经济模式;二是经济发展上由粗放型发展转向集约型发展;三是城市化水平的不断发展。经济结构的转变在城市规划转型的过程中

① 张五常. 经济解释[M]. 北京:商务印书馆,2000:520.
② 规范性研究:哲学或方法论上与实证性相对,规范性理论着眼于应该是什么,它以目标为起点,推演出应采取的措施或行为。关于世界的表述有两种类型:一种类型是实证的,他们作出关于世界是什么的表述;另一种类型是规范的,规范表述是命令性的,他们作出关于世界应该是什么的表述。实证和规范的主要差别是我们如何判断它们的正确性。
③ 道格拉斯·C.诺斯. 制度、制度变迁与经济绩效[M]. 刘守英,译. 上海:三联书店,1994:119

起到了基础性的作用。

首先,在经济制度转型方面。

1992年中共十四大报告明确指出,中国经济体制改革的目标是建立社会主义市场经济体制,以利于进一步解放和发展生产力。1993年八届全国人大一次会议将《宪法》第十五条修改为"国家实行社会主义市场经济",社会主义市场经济第一次写进中国的宪法。2002年中共十六大报告指出,中国社会主义市场经济体制已初步建立。当然,我国市场经济的建立和完善还需要一个不断推进和深化的过程。随着经济制度的转型,投资建设的主体和模式都出现了重大的变革。在土地利用和空间资源配置的过程中,市场机制的作用越来越大,而政府计划和行政指令的作用则越来越小。城市规划作为一种政府行为,需要逐渐摆脱计划经济体制下的陈旧方式,灵活掌握和运用恰当的政策手段和经济杠杆,成为适应市场经济体制的有效调控手段。

需要强调的是,我国的经济制度转型面临的是与西方国家完全不同的情况:现代城市规划的产生是西方国家从自然经济演变到市场经济时期的过程中出现并完善的,而包括土地在内的财产私有制并没有发生变化,不需要进行所有制的改革。而我国则是从高度集中的计划经济体制向市场经济体制转型,涉及复杂的产权所有制变革,其复杂性和特殊性都是前所未有的。由于经济转型的根本路径不同,所以城市规划转型的路径也必然不同,遇到的问题也更为复杂。因此,无论是理论还是实践都不能简单地照搬西方的经验,而应当充分结合实际国情和改革进程,走出一条具有中国特色的规划转型之路。

其次,在经济发展转型方面。

2003年10月,党的十六届三中全会提出了"以人为本、全面协调可持续发展的科学发展观"。全面发展、协调发展、可持续发展的核心理念成为我国未来经济发展转型的战略指导方针。党的十七届五中全会指出"转变经济发展方式必须贯穿经济社会发展全过程和各领域。坚持把建设资源节约型、环境友好型社会作为加快转变经济发展方式的重要着力点,提高发展的全面性、协调性、可持续性,实现经济社会又好又快发展。"这意味着城市发展需要从过去的粗放式发展逐步转向内涵式发展的轨道,摆脱仅注重发展效率的发展路径,转向效率、质量、公平并举的发展模式。

一方面,环境和资源的约束使得土地、能源和原材料等资源要素的相对价格大幅上升;另一方面,经济发展模式的转变带来了基本价值观的转型,使生态环境、社会公平、空间质量等空间要素的相对价格也逐渐发生了变化。在这种背景下,城市规划无论在理念上还是在方法上,都需要更多地考虑社会和生态成本,从而极大地影响现行城市规划的制度成本。城市规划绩效递减的趋势,是推动城市规划创新和转型的基本动力。

再次,在城市化发展方面。

随着经济发展理念由外延式发展转向内涵式发展,随着城市化程度的不断提高,城市发展的重点将逐渐由增量空间建设转向存量空间改造,这就涉及许多更为复杂的空间利益调整。在诺斯看来,资本存量的改变引起制度多方面的变革:资本存量变动越快,现存的制度体系便越不稳定,制度也就面临着日益迫切的变革需求。由城市空间存量改造带来的空间产权的变更,将会使现行的自上而下的综合理性规划面临着越来越高的制度成本,需要通过不断地创新,维持并提高制度绩效。

当然,我国目前的城市化率为45%左右,距离70%以上的城市化目标还有很大一段距离,仍然处于城市化的快速发展阶段。因此,在强调城市应当内涵式、集约式发展的同时,必然还会伴随着量的扩张。在笔者看来,对这一基本现状的认识,是判断城市规划如何转型的关键。

2）政治转型与城市规划转型

中国的经济发展和城市化进程也是资本存量迅速增加的过程,在这种过程中,政治体制和经济体制之间的矛盾,会导致调试的过程十分漫长。诺斯指出:"连续渐进性变迁的关键因素,是一个能使交换双方的新一轮谈判与妥协成为可能的制度环境。政治制度(正式或非正式的)能为演化性变迁提供适宜的框架。如果这种制度框架尚未演化完成,则交换双方就可能缺少一个解决争端的框架,交换的潜在收益也无法实现。"[①]因此,政治制度的革新对于城市规划转型起到了关键性的作用,成为实现转型的门槛。

为适应经济体制改革,1987 年党的十三大把政治体制改革提上了议事议程。中国政治体制改革的长期目标是建立高度民主、法制完备、富有效率、充满活力的社会主义政治体制。党的十七大报告指出:政治体制改革作为我国全面改革的重要组成部分,必须随着经济社会发展而不断深化,与人民政治参与积极性不断提高相适应。在笔者看来,城市规划能否实现成功转型有赖于以下方面的改革成效。

一是行政体制的改革。

2008 年十七届二中全会提出了到 2020 年建立起比较完善的中国特色社会主义行政管理体制的奋斗目标,即通过改革,实现三个根本转变:实现政府职能向创造良好发展环境、提供优质公共服务、维护社会公平正义的根本转变;实现政府组织机构及人员编制向科学化、规范化、法制化的根本转变;实现行政运行机制和政府管理方式向规范有序、公开透明、便民高效的根本转变。改革的目的就是提高行政效率,降低行政成本,形成公正、廉洁、高效的行政管理体制。

在我国城市规划转型的过程中,需要把握国家行政体制改革和政府职能转换的机遇,改革现有城市规划的决策和管理制度程序,逐步建立适应市场经济要求的城市规划行政制度。随着机构改革和行政改革的推进,城市规划实现绩效的途径也产生着变化。城市规划需要通过城市规划行政制度的改革,在不断转变的外部制度环境下,不断降低制度成本、提高规划制度绩效。在现阶段,如何规范和优化行政审批程序,形成相互制衡的规划权力监督,处理好区域—地方的权限和职能,将是今后一个时期我国城市规划行政制度改革的重点。

二是法治体系的完善。

健全完善的法治体系是市场经济体制健康运行的重要保障。因此,城市规划需要依靠和运用完善的法律体系来规范市场化的城市建设行为,改变计划经济模式下以行政命令直接干预城市发展的做法。

目前,城市规划的立法工作虽然已有突破,但仍然远远不能满足实际发展中的要求。《中华人民共和国城乡规划法》作为一项国家颁布的法律,更多的只是作为一种基本的法律原则,明确了城市规划体系的法律地位。就整个城市规划的法律体系而言,《中华人民共和国城乡规划法》是其主干,整个法律体系还有待进一步的完善和健全。这种状况当然是由我国目前社会现实所决定的,吴邦国同志曾指出:"对实践经验尚不成熟但现实中又需要法律进行规范的,先规定得原则一些,为引导实践提供规范和保障,并为深化改革留下空间,待条件成熟后再修改补充。对改革开放中遇到的一些新情况新问题,用法律来规范还不具备条件的,先依照法定权限制定行政法规和地方性法规,先行先试,待取得经验、条件成熟时再制定法律。"[②]因此,要实现城市规划法制化的可操作性,仅有指导原则是不够的,还需要在实践中建立健全一系列具体的实施细则。这就要求以城乡

---

① 道格拉斯·C.诺斯. 制度、制度变迁与经济绩效[M]. 刘守英,译. 上海:三联书店,1994:123.

② 参见十一届全国人大四次会议常委会工作报告相关内容。

规划法为核心,尽快完善配套行政法规和地方性法规,充实整个城市规划法律法规体系,使城市规划的实施管理真正有法可依。

三是决策体制的改革。

决策和监督制衡机制的改革是政治体制改革的核心,其主要任务是,建立系统完备的权力监督制衡机制,使权力的运作高度透明,防止利用公共权力谋私腐败。党的十六大提出要完善重大决策的规则和程序,通过民主程序决策重大事项;实行决策的论证制和责任制,把科学论证作为必经的决策程序,使决策权力和责任相统一;完善专家咨询制度,建立多层次、多学科的智囊网络;建立重大事项社会公示制度和听证制度,建立社情民意反映制度,进一步提高人民群众的参与程度。

随着城市空间资本存量的逐渐积累,城市建设行为将涉及越来越多的利益调整;而随着社会经济的发展,社会公众对于城市空间出现了多元化的价值取向。忽视这些利益和价值,将会在城市规划的使用过程中形成极其高昂的事后成本。因此从长远来看,公众参与不仅具有政治合理性,也具有显著的经济合理性。它有利于调节城市发展过程中出现的利益和价值冲突,更有利于社会的稳定协调发展。当然,公众参与的程度需要根据现实情况循序渐进地推动,其根本判断依据是:是否能有利于提升整个规划运行周期的总体制度绩效。总之,城市规划需要建立一个科学、透明、民主的城市规划决策机制,在城市发展过程中实现多元利益和多元价值的平衡,避免由于决策失误而导致的高昂制度成本。

7.3.3 规划转型的路径选择

1)改革历程的启示

对于从计划经济向市场经济的转型路径,自改革开放以后我国已经开展了 30 多年的摸索,在许多领域积累了成功的转型经验。改革的目的,就是通过制度调整,压缩制度运行的成本,使市场交易行为能够创造更大的社会总体福利。

在笔者看来,中国的经济改革的成功之处在于,一是采用"试一试、看一看"的策略,通过局部试点,取得成功经验以后开始推广。通过实践的比较,寻找最佳的方式。这种方法实际非常符合新制度经济学的研究特征——尽管无法通过量化等方法对不同的制度绩效进行评价,但是可以通过两相比较的方式进行排序,以寻找"更优"的制度形式。二是"摸着石头过河",通过渐进改革,逐步过渡,避免了激进变革所导致的高昂社会成本。最典型的例子就是价格"双轨制"①的实施,从计划经济时代的政府定价机制,逐渐放开到市场经济时代的市场定价机制。与此相对应的例子是苏联和东欧国家的"休克疗法"和激进私有化改革,在外部制度环境尚未完善之时就强行照搬西方私有化产权的制度,导致了巨大的社会动荡和分裂。因此,城市规划转型面对的必然是一个长期、曲折的过程,这是由我国渐进式的外部制度变革过程所决定的。我国快速城市化阶段的城市规划,不是一种单一理论范式的选择,而是多种理论范式的综合。

2)规划转型的阶段性

根据我国的城市化发展现状,实现城市规划转型可分为三个步骤:

规划转型的第一步,可以称为"现有范式的精湛化"。

---

① 双轨制的一个基本逻辑是允许自发型的新制度安排在不对旧利益格局构成本质影响的前提下合法地获取制度外的收益。"双轨制"长期以来被认为是中国体制改革的成功典范,它较顺利地解决了旧体制对新制度的激烈排斥而可能导致的改革失败问题。

按照范式的原理,一个偶然的"例外"或"反常"现象也许预示着范式的危机,但并不意味着范式转换将会立刻来临。范式同样拥有自我完善的潜力,这体现在范式中的理论在现有的平台和框架下,能够通过理论修正和完善来寻求问题的答案,并适应新的条件。

目前我国城市规划在实践中出现的一系列问题,诸如规划失效和城市特色危机等,一方面当然是由于其理论范式与生俱来的固有缺陷,另一方面是目前我国城市规划在理论、方法以及配套制度体系上还显得相当不完善,在现有范式可利用的框架内远远没有发挥其最大潜能——种种"拍脑袋"的行为,既不理性,也不系统,更不科学。因此,在当前快速城市化的基本背景下,一出现问题就急于改造和否定整个城市规划理论和技术体系,显然不是一种合理的选择。正如哈耶克所指出的:"在我们力图改善文明这个整体的种种努力中,我们还必须始终在这个给定的整体中进行工作,旨在点滴建设,而不是全盘的建构,并在发展的每一个阶段中都运用既有的历史材料,一步一步地改进细节,而不是力图重新建设这个整体。"①在现有的制度和方法体系尚未发挥其最大潜能之时,最优的转型路径不是将其立刻抛弃,而是在现有范式的理论和技术基础上进行完善化、精湛化的技术改良。其作用是降低城市规划的制度成本、产生更高的绩效,使现有的城市规划方法能够在更长的使用周期内保持合理性。

从这个意义上说,物质空间规划仍然是现阶段城市规划研究和实践的重点。理性综合的现代规划范式在我国快速城市化的背景下,不仅没有过时,并且仍然需要花大力气深入研究。段进就曾指出:"回顾我国现代城市规划与设计,对空间发展规律和规划方法的研究和重视是少了,而不是多了。既没有跟上学科发展的系统空间理论,也没有跟上时代发展的实用设计方法,才出现了今天的许多失误。从以往传统的空间设计走向今天现代空间规划的多项维度综合,从先进的理念到系统的规划设计方法,还有许多工作要做,而且十分迫切。如果认为老的物质空间规划方法有问题,而又不研究新的,物质空间规划还要进行,怎么办?"②在城市化高速发展的时期,由于规模效应的作用,自上而下的综合理性规划具有显著的事前成本优势——尽管制度成本庞大,但众多的建设项目摊薄了个体的成本。并且,空间"增量资产"不断扩大的现实需求,也决定了当前的城市规划仍然必须关注物质空间。纵观城市发展的历史,在任何一个快速城市化时期,城市规划关注的重点必然是物质空间——因为物质空间规划在增量空间资源的配置上,不但具有显著的现实合理性,也能够提供最高的制度绩效。因此,这一阶段城市规划转型的重点,一是要认真研究城市中的具体问题,寻找特定背景下的"最优解",以降低城市规划的事前成本;二是要不断进行规划管理体制创新,完善配套制度建设,通过降低制度使用和维护成本,从而降低规划在整个使用周期内的总成本。

规划转型的第二步,可以称为"竞争范式的系统化"。

新的城市规划理论如果没有形成系统性的理论框架,不具备面向实践的技术和方法,那么新的理论就无法对旧的理论产生替代效应。一个完整的城市规划理论体系,应当既包括"规划的理论",也包括"规划中的理论"。两者是相互依赖的整体,只有两者相结合,才能形成认识论和方法论的统一,才能有效地指导城市规划的实践工作。因此,需要积极探索在现有制度环境下实现多元参与和决策的途径和模式。

城市规划理论和实践的转型,不能仅仅停留在口头上。知道"WHAT"相对简单,知道"HOW"

① 哈耶克.自由秩序原理[M].邓正来,译.北京:生活·读书·新知三联书店,1997.
② 段进.中国城市规划的理论与实践问题思考[J].城市规划学刊,2005(1):24-27.

却很难。① 高速城市化背景下的城市规划迫切地需要具有建设性、可操作性的具体优化策略,为城市规划设计和管理提供"一揽子"解决方案。口号式的"公众参与""多元决策",以及情绪化的道德批判无助于真正改善城市规划的制度绩效。只有当新的规划理论和价值具备了可操作的技术方法,才能够得到广大规划师群体的普遍认可和接受,成为指导城市规划实践的准则。在这一过程中,最具有说服力的方式就是通过实践进行检验——示范性的案例的出现意味着新的规划理论已经逐渐成熟,具备了在一定条件下完成新旧范式的替代的能力。这一过程,实际上就是竞争性范式打破原有范式路径依赖,逐渐支付改革制度成本的过程。笔者认为,这一阶段城市规划转型的研究重点,应关注在我国的基本政治制度背景下,私有产权保护、空间决策民主化的具体方法和路径。

规划转型的第三步,就是范式转型的最终完成阶段。

如果随着经济或政治外部环境的改变,在现有的理论架构之下无论如何优化都无法维持规划的制度绩效,那么旧范式也就走向了崩溃。真正完成范式转换需要跨越制度门槛,这道门槛有一方面是经济上的,另一方面是政治上的。经济上的门槛主要体现在城市化阶段上:当城市化基本完成,开始进入平稳发展时期。由于建设项目量的缩减,理性综合规划的事前成本优势下降,而事后成本劣势凸显,形成了制度冗余。相比之下,多元参与式的后现代城市规划高昂的个体成本由于总量缩减的效应而变得可以接受。如果新的规划方式能够提供比原有方式更高的制度绩效时,真正意义上的规划转型就具备了经济基础。政治上的门槛主要体现在社会主义民主制度的建设上:当政治体制上的变革赋予了公众更高的参与权利,并且完成了相应制度框架和保障体制的建设时,城市空间交易的基本规则和初始产权配置关系将发生根本性的改变,从而使受到政治制度制约的城市规划制度形式出现转型。

规划的转型过程也会存在阶段性和地域性的差异。由于我国幅员广阔,各地城市经济发展的阶段不同,城市规划的基本目标也不完全相同。东部城市化水平较高的发达地区,市民社会较为成熟,有条件率先进行规划转型的试点。而中西部地区,城市化尚在扩张发展之际,因此自上而下的综合理性规划仍然会占据主导地位。同时,城市内部也面临扩张和更新的双重需要,因此有必要对空间存量和空间增量采取不同的规划模式。但必须强调的是:如果规划转型第一、第二步的工作还没有完成,就急于迈出第三步,那么不仅不能有效地提高城市规划的制度绩效,还会因为突然增高的制度成本而在现实中受到极大的阻力——因为改革的目的是降低制度成本,释放由于高昂成本所损耗的经济潜力,而绝非增加制度成本,使发展陷于停滞。

3) 转型过程中的冲突

城市规划理论的合理性存在于范式之中。由于制度背景和理论基础完全不同,只有在同一范式之内的理论才具有相互比较的平台,而从范式之外的视角观察时,却可能是荒谬的。因此,城市规划的转型注定会在长期不断的争论中进行。

从价值观的角度看,范式的常态时期往往是价值观较为统一的时期,而范式转型时期则对应着多元价值的激烈冲突。理性综合规划与多元参与规划属于两种完全不同的理论范式,因此也具有两种截然不同的价值观。我国目前城市规划领域价值观的混乱,恰恰是其身处范式转型历史阶

---

① 赵燕菁指出:城市规划必须面对真问题,尤其应当避免目前学术界喜欢在抽象和烦琐的讨论中故弄玄虚(诸如所谓的理性/非理性、科学/伪科学之争)的做法。现在太多人在告诉我们应当到什么地方去(比如要"统筹""可持续发展""以人为本"等),但很少有人能告诉我们应当如何去。参见:赵燕菁. 制度经济学视角下的城市规划(下)[J]. 城市规划,2005(7):17-27.

段的明证。"统一规划师群体的价值观"仅仅是一种美好的愿望,在转型的背景之下,价值观的统一既无可能,也无必要。从某种意义上说,多元价值的冲突和交锋在学术上形成了"百家争鸣"的局面,对城市规划学科的发展未必不是一件好事情。特别是在高速城市化背景下,这种局面使任何一种投入实践的规划理论都有可能接受多方面的评判和检验。"硬碰硬"的较量有助于通过实践寻找和发现最佳的解决方案。如果我们在理论研究上不能开启"多元参与"的局面,又怎么能希望在更为复杂的现实中协调多元利益的诉求呢?

从利益角度看,在市场经济社会各个群体的利益诉求也不尽相同。在某些经济学家看来,完善的产权制度(包括明晰的产权界定、交易和保护)可以大大降低交易费用,使得以市场为资源配置基础的产权交易可以顺利地进行。在这个问题上,笔者认为应充分认识我国快速城市化的历史阶段性。基于国情和社会经济发展阶段的不同,应该深入分析国情、寻找主要矛盾,而不宜直接采用西方发达国家的标准。在城市化仍在快速发展、各项基础设施尚未完善的背景下,强调过于细致的"公民权利"就很容易形成发展的瓶颈。因为界定权利的过程实际上就是详细界定产权的过程,不仅需要付出大量成本,也会为以后的发展形成"初始产权配置",其结果必然会导致空间交易的成本急剧上升,使涉及长远利益的城市建设遇到极大的阻碍。

沙里宁曾经为城市改造中出现的土地产权和利益调整进行了辩护,他指出:"地产权的转移在很大程度上意味着同时把居民从城市的一处,转移到另一处。这一点对立法当局来说,可能是立法工作的一个主要障碍,因为这种住处的义务性迁移,很容易被人当作侵犯人权和违反公民自由权。……如果真把这种住处的义务性变动,当作侵犯人权和自由,那么,城市的改建工作就几乎无法进行了。应当知道,差不多每一项城市的改建工作,都要迫使一些人,以这种或那种方式,变动他们的居住地点。换言之,如果承认了上面那种对人权与自由的解释,就会把发展中城市的大部分人民获得良好生活条件的'人权与自由'剥夺殆尽了。所以,谁都知道,像上面那种解释,其实是对人权与自由的真正意义缺乏理解。"①

在笔者看来,"不争论"也许会忽视某些群体的合理诉求,这的确构成了制度的成本;但在特定情况下,特别是在高速城市化阶段,能够节省大量的(事前)交易成本,形成"社会主义集中力量干大事"的制度优势。赵燕菁通过分析民主机制的经济意义,指出最优的民主程度,就是民主带来的交易收益减去民主运行带来的交易成本最大化时的民主程度。……民主并非越多越好,而是应当和潜在的财产损失相对应。这是因为"民主"也是有成本的,民主越多,社会的决策成本就会越高。"花费"大量的"民主",去保护较小的财产,同样意味着社会财产的耗散。因此,不管是私人权利保护,还是民主决策机制,其发展程度应当与实际面对的问题相对应,否则就会形成"民主的滥用"(Abuse of Democracy)。那些简单套用西方模式、认为只要采取"公众参与"就能解决城市规划问题的想法,没有从经济的角度真正理解城市规划的制度本质。

可以想象,如果中国的城市化进程在一开始就采取了"先进"的"自下而上的、多元参与"的后现代城市规划范式,那么其高昂的事前成本就足以成为一道难以跨越的门槛。虽然有可能规避伴随发展而出现的社会公平和资源环境问题,但显然无法取得今天的城市发展成就。与此相对应的是,许多实行了西方式民主制度的发展中国家,如印度、东南亚的一些国家,在基础设施和城市化水平尚未完善之时就采用了发达国家的私人产权标准,就为城市发展设置了过高的门槛,难以形成能够促进增长的制度结构。城市规划应在经济发展和公众利益之间取得平衡,单纯强调任何一方而忽略另一方,都会带来问题。美国近年来出现的越来越多的"NIMBY(Not in My Backyard)"

---

① 伊利尔·沙里宁. 城市:它的发展衰败和未来[M]. 顾启源,译. 北京:中国建筑工业出版社,1986:264.

问题,也令政府头疼不已。2008年金融危机以后,美国等发达国家希望通过投资高铁等基础设施建设来刺激经济复苏,结果由于受到了极大的阻碍,至今没有下文。曾经宣称"历史的终结"的弗朗西斯·福山(F. Fukuyama)在《金融时报》(*Financial Times*)撰文认为中国的政治体制最重要的优点就是能够迅速做出众多复杂的决定,而且决策的结果还不错,至少在经济政策方面如此。相比之下,美国体制陷入僵化,没什么好教给中国的。[①]

当然从长远来看,随着资产存量的增长和城市发展重点的转移,公众参与和多元决策是一种必然的趋势。但是,远期目标的实现是以做好近期工作为基础的,不能以发展停滞的方式来减缓发展中带来的副作用。仇保兴曾指出:"我国的城市化正步入高潮期,而国外发达国家的城市化已经结束,可以说国外城市规划是城市化以后的城市规划,我们是城市化中间的城市规划。所以,我们的城市规划变革必须要应对城市化的高潮,解决城市化高速发展中出现的各类问题。"[②]在现阶段的快速城市化背景下,城市规划在遵循经济规律、体现其历史合理性的同时,也必然会承受道德上的批判。中国当代的规划师,没有理由回避应当承担的职责,必须完成历史所交予的使命。

7.4 转型过程中的城市规划创新

很多的外部事件都能够导致利润的形成,但是现有的经济制度的安排又不可能使我们获取这些利润,只有通过制度创新形成规模经济、使外部性内部化、规避风险和降低交易费用,才能使人们的总收入增加,创新者才可能在不损失任何人利益的情况下获取利益,而这种利益的驱动力正是制度变迁的原因。城市规划转型是一个系统的过程,也是一个打破对原有模式路径依赖的过程,需要付出一系列的成本。如果新的规划范式无法支付转换所产生的社会成本,那么规划转型也就无法完成。由于这种成本存在于城市规划的各个环节,需要在各个方面不断进行创新,以打破路径依赖效应,实现最终转型。其中,规划理论创新是前提,只有完善对城市规划的认知才能对规划实践提供有效的指导;规划技术创新是核心,理论需要有效运用于实践才能实现认识论和方法论的统一;规划管理创新是保障,只有规范有效的管理才能使城市规划发挥其应有的作用;规划教育创新是基础,新的规划理论和实践需要具有全方位专业知识的规划师群体来实现。

7.4.1 规划理论创新

城市规划的理论创新一方面应完善对城市规划本体的认识,突破传统的认识论与本体论界限;另一方面需要从借鉴走向创新,形成适应我国国情的本土化城市规划理论。

1) 完善对规划本体的认识

城市规划的理论创新首先应从认识层面突破城市规划的研究传统,实现多角度、全方位的城市规划本体认知。

---

① 在文中福山指出:美国人以宪法的制衡原则为豪,制衡原则基于不信任中央集权政府的政治文化。这种体制确保了个人自由和私营部门充满生机,但现在却变得两极分化、思想僵化。目前,美国无意解决其面临的长期财政挑战。美国民主可能拥有中国体制缺乏的与生俱来的合法性,但如果政府内部出现分裂,且无力治理国家,那么它对任何人来说都不是什么好模式。原文参见:金融时报2011年1月17日。

② 仇保兴.城市经营、管治和城市规划的变革[J].城市规划,2004(2):8-22.

不同的时代、不同的外部制度环境对城市规划提出了不同的要求,因此关于"什么是城市规划"的讨论将随着时代的发展而延续。这一现实要求规划师必须理解城市规划中存在着"社会—空间"的主客体互动过程,必须研究经济政治等外部制度条件对城市规划产生的影响与制约,必须不断更新对城市规划本体的认识。计划经济时期的城市规划是实行经济计划的技术手段,而在市场经济的条件下,城市规划理论研究需要加强对经济规律和市场规律的认识和理解,通过合理的经济手段,有效地规范市场运行中出现的问题和矛盾。尽管城市规划的外延在不断地扩大,但是城市规划的基本内涵始终不会发生改变,这是城市规划作为一个学科、一项事业所必须具备的基本内核。正是这种历久不变的显著特征支撑着城市规划的不断发展。因此,需要从不同的角度归纳出城市规划内涵的不同方面,完善对城市空间和城市规划基本规律的认知,使之更好地发挥应有的作用。

笔者认为,植根于特定经济基础之上的城市规划,具有明显的经济属性,它存在的合理性直接受到经济规律的制约。无论城市规划表现为艺术、技术或是公共政策,无论城市规划的实施者是贤主或是暴君、集权政治或是民主政府,无论城市规划的效果是好是坏,它的出现、存在和演进表明了一种最基本的经济理性——人们相信,采用这种手段最终能够产生收益,而不是造成损失。这一简单的经济诉求构成了城市规划之所以存在和发展的核心内涵,古今中外,莫不如此。外部制度环境的变迁带来了空间产权结构和交易成本的改变,从而影响了城市空间形态发展的轨迹。这种基础性的影响改变了城市规划的运作模式,使其产生了鲜明的时代性特征,也随着历史的发展不断地扩大城市规划的外延。如果不理解城市规划作为一项制度的经济本质、忽视城市空间发展和城市规划的成本问题,就难以真正理解现实中频频发生的"规划失效"问题,也无法真正有效地在实践中提高城市规划的合理性。

2)形成本土化的规划理论

城市规划的理论转型,最重要的环节就是从借鉴走向创新,形成本土化规划理论。

外部制度环境是城市规划活动产生的基础,不同经济、政治条件下,城市规划定义不尽相同,城市规划的制度收益和制度成本也完全不同。段进指出,目前我国城市规划"缺少理论的本土化、建立虚假前提、脱离国情,忽视了我国目前所处的社会经济和城市发展阶段,混淆了现在和将来的时态。考察现代西方城市规划理论的发展,每一个理论、概念和方法的提出都与当时、当地的社会经济与政治文化背景的演变密切相关。城市规划理论绝非数理式的纯理论可以脱离社会历史自成系统运行。超越当前社会现实的理论与方法研究的前提是对未来问题的预设。这种预设有可能发生,也可能不发生,因此绝不能作为发展规律简单地应用于实践。"[①]我国正处在快速城市规划的历史阶段,同时又面临着深刻的外部制度转型,其社会背景是前所未有的,没有先例可循。如果照搬西方发达国家"先进"的城市规划理论,罔顾其赖以存在的外部制度环境,将其生硬地嫁接应用于我国城市规划的实践,不仅会在理论上对"规划转型"的问题形成错误的结论,也会在实践中因为巨大的制度成本而遭遇挫折。

建立城市规划理论不是概念的套用,而应立足现实的社会背景,从多种研究角度实现城市规划认识论与方法论的本土化。处于快速城市化背景下的中国城市规划,需要深入研究城市空间发展的规律,应对现实而紧迫的建设需求;处于外部制度变革中的中国城市规划,需要强化市场经济背景下政府与市场、私人权利与公共利益、经济效益与社会效益、发展与自然之间的关系研究,以

---

① 段进. 中国城市规划的理论与实践问题思考[J]. 城市规划学刊,2005(1):24-27.

实现城市规划制度绩效的不断提升。

7.4.2　规划技术创新

城市建设中出现的一系列问题可以大致分为两类。一种是由于城市规划在技术上的失误,导致了问题的发生;另一类就是受到外部制度因素的制约,导致空间上的矛盾越来越突出。前一类问题是能够通过规划师的努力,加以改善,是在规划师的能力和业务范围之内的。而后者则超出了规划师的能力范围,这也是规划师在实践中产生"力不从心"的职业怀疑的根本原因。尽管城市规划的制度成本受到外部制度结构的制约,但这仍然不妨碍规划师和城市研究者通过技术创新对现有城市规划范式进行优化,创造特定体制、机制和制度背景下的最优选项。

规划技术创新的目的,就是寻找高效合理配置空间资源的途径,有效降低城市规划的制度成本。要实现规划技术创新,一是问题导向:需要面对实际出现的问题,提出具有可操作性的技术方案,解决城市发展过程中的紧迫问题。二是价值导向:需要立足城市规划的基本价值,通过有效手段,实现战略意义上的总体控制。

1) 针对现实问题,提高分析预测能力

在现有范式的理论基础上创新规划技术,完善对城市空间客观规律的认知,并在此基础上科学地进行分析预测,能够有效地降低城市规划的制度成本,使现有的城市规划体系在更长的使用周期内保持合理性。

理性综合的城市规划范式在我国的实践中处于一种尚未成型就面临危机的状态,许多实际问题尚未展开深入研究,理论界就有战略转移的倾向。然而,城市空间在快速发展的背景下面临着一系列紧迫的问题,需要城市规划拿出技术性的解决方案。在新的技术背景之下,对空间分布、人口预测、城市交通、生态节能等一系列难题,仍然需要花大力气深入分析研究。城市规划在这方面的作用,就是城市规划"科学性"的集中体现。不管决策模式、规划过程如何改变,这种基于科学的分析预测能力是城市空间问题展开讨论的基础,也是城市规划学科的核心内涵。

这种现实需要我们以科学的态度加强对城市空间发展规律的研究,利用各种技术和信息平台提高城市规划分析预测能力。不能因为这种方式在西方已经"落伍",便不顾城市发展的阶段性,匆忙地转移或放弃研究阵地。规划师把自己应当承担的职责转嫁给未在实践中加以检验的"先进"理念,是对时代的不负责任。

2) 立足价值基础,加强专项规划编制

城市规划的基本目标是实现城市空间的协调、有序、可持续发展,维护一系列被市场忽略的基本价值,避免潜在的社会损失。要实现这一目标需要立足价值基础,逐步通过各类专项规划的编制,对规划的基本原则形成有操作性的刚性约束,有针对性地保护和界定规划控制要素的空间产权,在宏观上确保城市空间基本架构的实现。

仇保兴指出:"规划编制和管理的重点从确定开发建设项目,转向各类脆弱资源的有效保护利用和关键基础设施的合理布局。"①目前,我国城市规划中对"六线"的刚性控制已经取得基本成效,城市中最关键的部分已经能够基本控制住。下一步应当对公共空间、地下利用、配套设施、高度控制、风貌控制等方面进行规划控制的方法策略和实施途径研究,进一步加大对城市空间宏观调控的力度,逐渐走上"轻指标,重效果"的总体规划控制轨道。在苏黎世西区的规划建设中,规划当局

---

① 仇保兴.城市经营、管治和城市规划的变革[J].城市规划,2004(2):8-22.

在多方协商的基础上提出了 12 条详细的空间规划原则,包括交通、景观、公共空间、地标营造、地下设施等方面,为详细设计提出了具有可操作性的控制准则。

通过对复杂系统中各个因素的分别控制,将抽象的"公共利益""总体利益"具体化为可实施的技术文件,有助于降低操作难度并达到完成整体性控制的目的。在这一过程中,需要探索不同层次、不同类型规划的整合机制,应用高效的信息化平台提高规划编制和管理的效率。

7.4.3 规划管理创新

城市规划管理是城市规划编制、审批和实施等管理工作的统称。城市规划需要通过城市规划管理体制的不断创新,以适应不断转变中的外部制度环境,以达到降低规划制度成本、提高规划制度绩效的目的。

1)建立和完善配套制度体系

城市规划模式弹性和刚性的差异,类似于法律体系中"大陆法系"(Civil Law System)和"英美法系"(Common Law System)的区别——前者编制有系统的法典,法官只能通过援引合适的成文法律进行判决,法律解释也需受成文法本身的严格限制;而后者一般不倾向系统的法典形式,法官既可以援用成文法,也可以在一定的条件下根据立法精神进行法律解释和法律推理形成判例。这两种体系各有优劣,前者需要通过不断地立法完善法律体系,并根据实际情况对不适宜的法律进行修改;而后者则因为法官的裁量权较大,因此需要法官具备较高的专业素养和道德品质,并通过完善的规则限制其权力。城市规划管理不管采取何种模式,都必须加快和完善城市规划的"立法"工作,建立完善的配套保障制度体系,填补城市规划的制度空白。

一是完善技术标准体系。

科学全面地制定城市规划的指标控制体系,有助于城市规划在现有的外部制度环境下有效降低制度成本,获得最好的控制效果。编制指标体系的目的,是在快速城市化的背景下降低市场(包括规划管理部门在内)发现成交价格(具体指标)的交易成本。它是一个阶段性的措施,适用于大量性、日常化的审批决策过程。当然,指标体系无法保证这些指标对每个地块都是"最优"的,但它无疑可能会比"拍脑袋"拍出来的指标更加"趋近于"科学合理。也就是说,完善指标体系并非最优选择,而是出于降低制度使用成本的现实选择。

由于我国东、中、西地区差异较大,经济和城市发展阶段不尽相同。同时,自然气候、地区习惯等因素的不同也导致建筑形式、日照间距、朝向等基本布局原则的差异。这些因素都决定了规划指标体系的确定应当以地方为主。需要通过归纳统计、调查分析、实际模拟等手段,根据实际情况确定统一的地方技术规范和综合指标体系。通过用地性质、用地面积、所处区位、控制高度等因素的界定,形成一个涵盖多种类型的控制指标体系,其适用对象可以涵盖大部分的开发和建设行为。建立系统的指标体系和技术规范,不仅能够在一定程度上降低规划成本,也有助于使规划管理人员能够"有法可依",推动城市规划管理走向法治化、科学化的轨道。

二是完善相关的政策体系。

在我国城市规划转型的过程中,需要逐步建立和完善适应市场经济要求的城市规划政策体系。在转型的背景下,仅仅强调"执法必严"而不改革原有的管理体制,无助于真正解决城市空间发展过程中出现的利益冲突,只会增加市场追逐合理利益的成本。城市规划管理需要充分尊重市场配置空间资源的基础性地位,认识和掌握城市空间发展中蕴含的经济规律。通过制度设计和经济手段制定一系列相关政策,为各项城市空间权力通过市场机制进行交易和流转提供一个完善的制度平台。例如美国区划中的"发展权转移"①，新加坡的"白色地段"②，香港的"勾地制度"③等，都是成熟市场经济条件下值得认真研究的经验。

三是建立决策监督体系。

增加规划的弹性有助于提高规划的适应能力，但也意味着扩大规划管理的自由裁量权，在权力监督机制不完善的情况下就容易滋生"权力寻租""权钱交易"等腐败现象。当前在规划决策和管理过程中存在着急功近利、长官意志等现象，严重制约着城市规划的科学化和民主化发展。因此，迫切需要建立完善的权力监督和制衡机制，城市规划中专家评审、公众参与、规划督察、行业管理等制度的逐步建立和完善，将确保规划管理人员合理行使裁量权，避免由于决策失误而导致的高昂制度成本。

2）强调动态渐进的规划过程

实施动态渐进的规划过程有助于在面对不确定的发展前景时，通过问题反馈和规划修正的机制，调节城市规划的适应能力，从而不断降低城市规划的制度成本，维持其长期绩效。

一方面，在规划编制上需要通过不断的规划调整和修编，以动态地适应城市空间发展的客观需求。由于对未来的预测具有不确定性，城市规划面对市场经济瞬息万变的需求，投入使用即意味着新问题的出现。实行的时间越长、灵活性越小，其产生的事后制度成本也就越高。同时，经济发展带来了要素相对价格的变化，也导致了规划的制度成本出现长期增长。"蓝图式"规划在城市高速发展的既定背景下，面临着成本急剧增长的困境。因此，必须发展出一种动态的、渐进的、不断调整的规划编制和管理模式，以降低城市规划在使用过程中的成本。

另一方面，指标体系和技术标准也需要进行动态修正，以适应不断更新的建设模式和建设理念。指标体系的规定值与实际可能的"最优值"肯定有所差距，这种潜在损失就成了建立指标体系的制度成本。因此，需要不断提高指标研究的科学性和系统性，通过动态的修正降低其制度成本。目前，我国许多技术规范、指标体系甚至还在沿用计划经济时代的成果，一成不变的僵化标准已经难以适应日新月异的建设和发展需求。④

---

① "发展权转移"，即对历史建筑、农田或其他环境保护用地由于区划而损失的开发权，通过建立发展权转移制度及交易市场，这些用地的所有者可以将他们拥有的土地发展权出售给其他发展商，这样，发展商就可以在政府的许可下在指定区域内进行高密度的开发利用，而被限制发展权的土地所有者也通过这种转移间接地实现了自己的权益。

② "白色地段"，即在规划允许的情况下，开发活动可以超过规定的开发强度或变更规定的区划用途，但必须支付开发费，使得土地增值的一部分收归国有，从而使得开发控制具有较强的适应性与针对性。其目的是为发展商提供更为灵活的建设发展空间。

③ "勾地制度"，即在政府的土地供应计划内，允许有兴趣的开发商提出规划条件，政府会在土地出让前综合考虑开发者的意愿，进行规划调整，土地一旦拍卖后，开发商没有资格调整规划。

④ 深圳曾在借鉴香港经验的基础上，结合国家有关技术规范和标准，制定了综合性的《深圳市城市规划标准与准则》（以下简称《深标》），该地方标准与国家标准相比，在一些方面进行了创新和突破，在指导城市规划编制方面发挥了巨大作用。但在《深标》颁布后，并没有专门的部门跟踪检讨其适用性，自 1998 年颁布实施以来，《深标》仅修订过一次。反观香港，其城市发展早已进入稳定时期，却仍然根据发展需求对其《规划标准与准则》进行频繁的修订，2000—2006 年已累计修订 19 次，体现了高效务实的管理风格。

7.4.4 规划教育创新

1) 形成系统的规划知识结构

外部环境的变化导致对规划人才要求的转变。规划师在面对全新的建设局面和问题挑战时，受传统城市规划知识结构的制约，往往显得束手无策。"处于职业知识需求爆炸的时代，现今的城市规划教育暴露出理论教学相对封闭、职业技能培养更新不足的问题。"[①]为适应现实的发展需求，规划师需要接受新的知识，掌握新的技能，打破对原有知识、技术和方法体系的路径依赖。在这一过程中，规划教育应不断创新，走在转型的最前列。

随着城市规划成为一级学科，无论其学科结构、课程设置和实践环节都面临着完善和充实。城市规划教育需要在认识快速城市化这一基本背景的基础上，把握规划转型的长期趋势，为社会输送能够解决实际问题、具有综合业务能力的规划从业者。面对快速城市化的发展现实，规划师必须牢固地掌握物质空间规划方面的专业知识，这是城市规划作为一门职业和技艺的立身之本；而面对规划转型的长期趋势，规划师还需要掌握必要的经济、社会和政策分析能力，这是城市规划得以不断提升绩效的必然要求。城市规划教育既不能一成不变地固守"物质空间设计"的传统，拒绝多学科的交融；也不能一味地通过理论嫁接，丧失空间研究的阵地。如何在规划人才的培养中，既能够保持和强化城市规划学科的核心内涵，又能够适应学科外延不断扩大的趋势，是摆在当代中国城市规划教育面前的一项重大课题（见图7-4）。

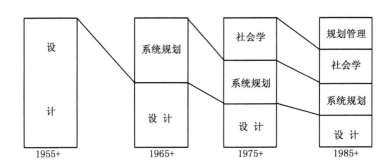

图7-4　英国城市规划基础内容的变化
图片来源：刘博敏. 城市规划教育改革：从知识型转向能力型[J]. 规划师,2004(4)：16-18.

2) 加强规划师群体的职业道德

面对城市规划遭遇的问题，呼唤规划师的道德自律也许是无力的，但绝非是徒劳的。在市场经济条件下，法律法规等正式制度是维护市场的刚性因素，而信仰、伦理、道德等社会习俗和价值取向所形成的非正式约束是弹性因素，也有助于有效降低交易成本，是习惯法的重要构成。我们当然希望，能够通过成熟完善的制度环境，使任何利欲熏心之辈都没有犯错的机会。然而在这样的机制尚未建立之时，规划师共同体的职业操守和道德自律就成为保障城市规划质量的最后一道防线。

价值和道德标准是因时而变的，与社会结构密不可分。西方通过宗教改革实现道德标准向"新教伦理"的转换，本身就是政治重构的过程，也带来了经济上的变革。然而伴随着社会转型，旧的约束机制失效，新的约束机制又未建立，自然问题丛生。在中国社会快速转型的过程中，规划师

---

① 刘博敏. 城市规划教育改革：从知识型转向能力型[J]. 规划师,2004(4)：16-18.

价值观的混乱不仅是时代的缩影,也是转型的先声。重构价值标准、规范职业道德也许是一个漫长的过程,然而一旦建立,其作用将是持久稳定的,规划转型也具有了坚实的基础。张庭伟总结了美国规划师的价值观的五个要点:(1)规划师的工作必须体现社会公正、公平,为市民提供经济福利,在使用资源时要讲求效率。(2)理解在民主社会中政府的角色定位,重视、保证公众参与。在保护个人权利的同时保证集体的利益和公众的权利。(3)尊重多元的观点,尊重不同意识形态的共存。(4)保护自然资源,保护蕴藏在建筑环境中的重要的社会文化遗产。(5)遵守专业实践和专业行为中的职业道德,包括规划师和业主的关系,规划师和公众的关系,注意在民主决策过程中市民参与的地位。① 尽管所处的背景不同,但是我们仍然能够从中受到启发。中国规划师需要不时从忙碌的项目中抬起头来,审视高悬在头顶的道德戒律。

但是必须强调,规划师的职业道德建立在良好的职业素养之上。在奔向规划理想的道路上,规划师的职业技能提供了动力,而职业道德则把握着方向。空泛的道德批判和痛心疾首的呼吁无助于解决现实中的矛盾,规划师需要用过硬的能力在现实中实现价值追求。

7.5　本章小结

1) 快速城市化背景下的城市特色危机分析

利用"空间生产"的理论,将新马克思主义的政治经济学原理与新制度经济学的框架相结合,论述了产生城市特色危机的根本原因,并进行了反思,总结了原因。指出城市特色危机是在生产方式制约下必然产生的历史现象,是我国城市化发展所处的阶段性决定的。

2) 快速城市化背景下的规划失效分析

指出规划失效的本质是城市规划在编制和实施过程中,出现制度成本高于制度收益的状态,导致城市规划绩效归零甚至出现负值,并因此失去经济合理性的状态。控规失效的根本原因一方面在于过高的制度成本:地块划分过程中对空间产权的漠视、指标设置的随意、指标缺乏弹性等问题增加了控规的制度成本;另一方面在于混淆了规划目标和管理手段的差异,使规划的刚性和弹性出现了错位。一味压缩事前成本而导致事后成本飙升,造成控规整体绩效下降。控规失效,反映了一种政府定价机制与市场价格机制的矛盾,两种不同的要求形成了控规编制的深层次矛盾。

3) 快速城市化背景下的规划转型目标分析

在规划制度成本和绩效的理论基础上,本书提出规划转型的基本目的:在外部环境不断变革的背景下,通过修正理论、方法和管理过程,不断维持并提高城市规划的制度绩效。城市规划转型的目标并不是理论和方法的"先进"与否,而是在特定的制度环境背景下,寻找能够提供最小制度成本、最大规划制度绩效的新模式。本书指出,只有合理地平衡事前成本与事后成本的关系,才能降低城市规划在整个使用周期内的总成本。

4) 快速城市化背景下的规划转型趋势分析

由于外部制度环境对城市规划方式的选择和具体城市空间形态的生成具有基础性、决定性的影响,能否实现真正意义上的规划转型,最终取决于外部制度环境能否实现结构性的转型。本书进而对我国正在发生的社会变革进行分析,从经济和政治结构转型两方面指出城市规划制度成本

---

① 张庭伟. 转型期间中国规划师的三重身份及职业道德问题[J]. 城市规划,2004(3):66-72.

不断上升的趋势。

5）快速城市化背景下的规划转型路径分析

从提高制度绩效的角度看，针对我国改革过程中渐进过渡的经验和特征，提出了快速城市化背景下城市规划转型的"三步走"的具体路径：第一步，可以称为"现有范式的精湛化"。物质空间规划仍然是现阶段城市规划研究和实践的重点。第二步，可以称为"竞争范式的系统化"。重点应关注在我国基本政治制度的背景下，私有产权保护、空间决策民主化的具体方法和路径。第三步，就是范式转型的最终完成阶段。规划的转型过程会存在阶段性和地域性的差异。本书对城市规划转型过程中潜在的冲突也进行了剖析，指出私人权利保护和民主决策机制，其发展程度应当与实际面对的问题相对应。

6）转型过程中的城市规划创新

城市规划转型是一个系统的过程，城市规划需要在各个方面不断进行创新，以打破路径依赖效应，实现最终转型。规划理论创新一方面应完善对城市规划本体的认识，突破传统的认识论与本体论界限；另一方面需要从借鉴走向创新，形成适应我国国情的本土化城市规划理论。规划技术创新一方面应立足问题导向，提出具有可操作性的技术方案；另一方面应立足价值导向，通过各类专项规划的编制形成刚性约束。规划管理创新一方面需要建立完善包括技术标准体系、相关政策体系、决策监督体系在内的配套制度体系；另一方面需要强调动态渐进的规划过程，通过问题反馈和修正的机制，调节城市规划的适应能力。规划教育创新一方面需要形成系统的规划知识结构，使规划师接受新的知识，掌握新的技能，打破对原有知识、技术和方法体系的路径依赖；另一方面需要加强规划师群体的职业操守和道德自律。

8 结论与展望

8.1 主要研究结论

8.1.1 西方城市空间发展演变的历史结构

本书通过历史分析的方法,对西方历史中社会结构与城市发展之间的互动进行了深入分析和总结。利用范式理论概括和描述城市空间、城市规划思想以及社会结构发展互动的历史,从而完成了对城市空间发展的历史结构建构。

判断城市空间发展范式转换的依据有以下三点:一是新的规划理论是否形成了一个替代原有理论框架的完整体系,并且能够在实践上对城市规划活动进行指导。二是规划师共同体是否出现了价值取向上的集体性转变。三是形成城市空间形态的社会基础是否出现了结构性的变化。据此,本书把西方城市发展的历史分为古代和现代两大基本范式。古代范式包括希腊范式、希腊化—罗马范式、中世纪范式和巴洛克范式,各自对应着截然不同的社会结构、空间形态和指导思想。现代范式分为前现代(市场一元)范式、现代(市场—政府二元)范式和后现代(市场—政府—公众三元)范式,城市规划的实施机制和指导思想出现了显著变化。通过范式体系的建构,总结出城市空间发展过程中的以下特征和规律:

一是常态时期和转换时期交替演进。常态时期是一种或一个体系的城市规划理论占据主导地位,有效地指导城市发展和建设活动,并且在城市空间形态上形成鲜明时代特征的时期。转换时期是一种或一个体系的城市规划理论在实践中遭遇越来越多的问题,开始难以适应日渐变化的社会政治结构,受到竞争性城市规划理论的挑战,并逐渐丧失主导地位的过程。常态时期和转换时期交替演进的范式结构合理地解释了城市规划理论和实践的不同步现象,也形成了城市空间形态历史演变的实际结构。

二是城市发展理论的有限合理性。城市发展理论的合理性存在于范式之中,并且只有在同一范式之内的理论才具有相互比较的平台。城市发展理论的合理性是历史的也是相对的,是一种受到制约的有限合理性。城市空间发展范式体系的建立,为分析和研究各种城市规划理论设立了一个坐标系。

三是城市空间发展的路径依赖效应。长时间转换时期的存在体现出一种路径依赖效应。新的竞争性理论要想取代旧理论的地位,必须打破对原有价值、技术、知识和方法体系的路径依赖。

四是城市空间发展范式的门槛效应。只有新的制度开始出现时,新型理论指导下的实践才能得以展开,因此外部制度的变革构成了城市空间发展和城市规划范式转换的临界条件。其中,经济结构对城市空间形态的发展和范式的形成转换起到了基础性的作用。第一次经济革命产生了城市。第二次经济革命所带来的产业变革形成了资本主义经济制度,使城市发展的速度和根本逻辑发生了改变,形成了城市空间发展古代和现代的基本范式。政治结构不仅定义了包括空间在内的一系列产权关系,也支持或发展出了与权力结构相适应的意识形态,在理论和实践两方面都对城市空间形态的发展产生了影响,起到了关键性的作用。

8.1.2 城市空间形态变迁的成本问题分析

在西方城市空间发展演变过程中,出现了"约束与自由"这种不同形态特征交替出现的现象,许多学者试图在空间和社会结构之间寻找联系。针对这一现象,本书通过引入新制度经济学的原理和研究成果,从空间产权和空间交易成本的角度对其进行剖析,以寻找城市空间发展与社会结构互动的规律。

首先,从微观的经济角度把城市空间形态定义为一组空间产权关系(权力)的集合。这样,形成城市空间形态的过程就是形成空间产权关系的过程;而城市空间形态的演变过程,也就是一种空间产权关系不断调整的过程。因此,城市空间形态的演变过程实际上是由一系列的空间交易行为构成的,空间形态的转换必然存在着交易成本的问题。

然后,在此基础上通过交易成本和科斯定理的引入,从经济的角度对城市空间形态的微观和宏观演变进行了历史实证的分析,从而发现并证实了城市空间发展在经济规律支配下存在的客观规律,并得出如下结论:

从微观上看,城市空间的发展就是不同的城市功能趋向于选择预期总收益最高的区位或地段进行发展的过程,是一个"发生空间交易—无法完成交易—进行新的交易"的经济过程,是不同的城市功能在预期成本—收益的判断基础上,进行城市空间的交易/生产行为的活动。城市空间演变的成本取决于其初始产权形式,随着外部制度环境的改变而改变。在城市内部—外部作用的共同影响下,只要空间交易的预期收益大于预期成本(包括初始成本和交易成本),那么空间形态的转变就有可能发生。

从宏观上看,在空间交易成本极小的情况下,制度和初始产权的作用并不显著,城市空间自然会趋向于相对高效的安排。而在考虑空间交易成本的情况下,政治制度对城市空间形态的发展就产生了重要影响。在权力集中的政治背景下,政治权力能够通过界定空间的所有权,形成有利于增长的初始空间产权配置,并且大大降低达成空间交易的(事前)成本,从而趋向于更有效率的空间产权配置结果,在形态上就体现出理性的、几何的特征。而在权力分散的政治背景下,由于财产所有权受到保护,形成了明确的初始的空间产权配置。同时其多元的决策模式大大增加了空间交易的事前交易成本,导致城市空间趋向于一种"低效"的产权配置结果,在形态上就体现为非理性的、自由的特征。

8.1.3 基于制度成本—收益分析的城市规划绩效框架

首先,从西方国家出现城市规划"空心化"这一现象出发,在前文讨论的基础上,推导认为:城市规划是通过政府强制的方式,对未来的空间产权配置进行限定的一种手段,其作用机制在于降低市场配置空间资源时出现的"交易成本",因此具有明显的制度特征。

继而指出,作为制度的城市规划具有两大功能:其一,由于交易成本的存在使市场配置空间资源无法达到效率最优的状态,城市规划具有降低交易成本、提高经济效率的作用。这一功能,是城市规划体现"科学性"的方面,也是城市规划技术理性的集中体现。其二,城市规划通过对未来空间产权配置进行限制,设置空间交易行为的框架,规范和限制市场配置空间资源的活动。这一功能是城市规划价值理性或社会理性的集中反映。

因此,城市规划的目标就是:通过界定一系列的空间产权关系,人为地设置"可交易"和"不可交易"的空间交易规则,使城市空间的发展在经济效率和理想价值之间找到平衡,从而起到规范市场行为、降低交易成本、提高社会总体福利的作用。城市规划的制度成本也就取代了原本的交易成本,成为城市空间形态转变时所需要支付的新的交易成本。

随后,从城市规划的制度定义出发,对城市规划的有效性和合理性进行了讨论,认为城市规划的合理性和有效性取决于制度成本和制度收益的大小,并在此基础上提出并建构了基于制度成本—收益分析的城市规划制度绩效分析框架——城市规划制度成本分为事前成本和事后成本。事前成本可分为决策成本和价值成本:政治权力集中的时期决策成本相对较低,政治权力分散时期决策成本相对高昂。不同的规划设计方案会有不同的价值判断,也就为未来的空间交易设置了不同的初始成本。事后成本分为使用成本和维护成本:使用成本是因为城市规划的实行而造成的社会损失。实行的时间越长,造成的问题越多。供需关系的变化带来了空间要素相对价格的变化,会导致城市规划的使用成本出现长期增长的局面。维护成本是保障城市规划有效执行的耗费。制度收益具有规模效应,与城市发展的速度正相关。城市规划绩效就是城市规划的制度收益减去制度成本后的剩余。

本书进而对历史上出现的规划转型进行了绩效分析,用事实论证了理论框架的合理性,并指出:西方城市研究的重点由物质空间转向社会领域,形成"空心化"的局面,是随着西方国家经济政治结构的改变而出现的,是有效降低城市规划制度成本的必然选择。

最终通过论证得出:城市规划制度绩效的长期变化决定了城市空间发展范式的演变过程。城市空间发展范式转换实际上就是城市空间交易规则转换。常态时期外部制度环境稳定,空间发展的交易成本相对固定。转换时期,外部制度因素成为变量,交易成本也出现显著改变。导致原有的空间交易无法完成,或者促生新的交易,城市规划制度形式也会因此产生根本性的变革。只要新的规划方式在新的外部制度环境下能够形成比旧的规划方式更高的制度绩效,转型就能够发生。这样,就从经济学的角度揭示了城市规划转型得以发生的根本动因。

结合空间发展的成本分析和城市规划的绩效框架,可以得出:在城市化快速发展时期,城市建设以"增量空间"配置为主,产权变更及其产生的交易费用相对较少,因此趋向于产生高效率的空间配置结果,城市规划的关注重点也集中于物质空间层面,体现出更多的技术属性;而在城市化平稳发展时期,城市建设以"存量空间"改造为主,产权变更及其产生的交易费用相对较高,因此趋向于低效率的空间配置结果,城市规划的关注重点会向社会空间层面转移,体现出更多的价值属性。

8.1.4 快速城市化背景下的城市问题解析

一是快速城市化背景下的城市特色危机分析。

首先,利用"空间生产"的理论,将新马克思主义的政治经济学原理与新制度经济学的框架相结合。论述了资本主义生产方式下城市发展是资本利用城市空间实现再生产的一个过程,其中贯穿着资本的逻辑。随后,对城市中微观、中观和宏观角度的城市特色危机进行了分析。

本书对城市特色危机进行了反思,认为其出现有以下原因:(1)城市建设发展的高速。"空间生产"作为一种资本生产方式是一种普遍现象和历史必然。我国城市特色消亡趋势尤为突出,与城市化高速发展的现实国情是分不开的。(2)市场平衡力量的缺失。在城市空间发展的过程中,资本、权力和公众等各种力量的相互制约和平衡至关重要。而一旦平衡力量出现了缺失,城市空间的发展就会过多贯彻市场意志,导致各种城市问题的出现,其中也包括了城市特色危机。(3)公众集体记忆的需求。公众的情感价值作为一种社会要素,出现了相对价格不断上升的趋势。意味着在新的历史时期,公众的社会认同是最终、最直观的规划评价方式。(4)传统城市规划的无力。由于自上而下的城市规划无法摆脱社会经济结构的制约,最后往往成为资本和政治的代言人。这导致城市规划理论需要逐渐从单纯关注功能性的技术过程,转向重视价值判断的社会过程。(5)通过分析西方规划实践思想的更新,指出城市特色危机是在生产方式制约下必然产生的历史现象,是我国城市化发展所处的阶段性决定的。

二是快速城市化背景下的规划失效分析。

首先,从制度绩效的原理出发,指出规划失效的本质:即城市规划在编制和实施过程中,出现制度成本高于制度收益的状态,导致城市规划绩效归零甚至出现负值,并因此失去经济合理性的状态。表现为市场在利益最大化的驱使下,选择支付较低的市场交易成本,而拒绝支付较高的规划成本,从而突破了规划设置的空间交易框架,并因此获得更高的经济收益的空间交易行为。

然后,分析出现规划失效的根本原因。一方面在于过高的制度成本:地块划分过程中对空间产权的漠视、指标设置的随意、指标缺乏弹性等问题大大增加了控规的制度成本。另一方面在于混淆了规划目标和管理手段的差异,使规划的刚性和弹性出现了错位。具体反映为片面追求可操作性却导致城市整体失控,一味压缩事前成本而导致事后成本飙升,造成了控规整体绩效下降,出现了失效的状态。

最后,对控规的指标问题进行讨论,比较了自上而下的理性综合与自下而上的多元参与两种不同的指标形成方式。指出:按照多元参与的后现代规划范式的思路,通过多方协商达到最佳的土地利用方式,效果虽好但事前成本高昂。按照理性综合的现代规划范式,采用自上而下的指标控制,则在降低事前成本的同时伴随着日趋增长的事后成本。两种不同的要求形成了控规编制的深层次矛盾。控规失效,反映了一种政府定价机制与市场价格机制的矛盾。

8.1.5 快速城市化背景下的城市规划转型

在规划制度成本和绩效的理论基础上,本书提出规划转型的基本目的:在外部环境不断变革的背景下,通过修正理论、方法和管理过程,不断维持并提高城市规划的制度绩效。城市规划转型的目标并不是理论和方法的"先进"与否,而是在特定的制度环境背景下,寻找能够提供最小制度成本、最大规划制度绩效的新模式。在传统的城市规划中,往往只关注规划的事前成本,而忽略了由于规划自身的问题所带来的事后成本,本书指出只有合理地平衡事前成本与事后成本的关系,才能降低城市规划在整个使用周期内的总成本。

由于外部制度环境对城市规划方式的选择和具体城市空间形态的生成具有基础性、决定性的影响,能否实现真正意义上的规划转型,最终取决于外部制度环境能否实现结构性的转型。本书进而对我国正在发生的社会变革进行分析,从经济和政治结构转型两方面指出城市规划制度成本不断上升的趋势。

经济结构的转变对城市规划转型起到了基础性的作用。一是在经济制度转型方面。城市规划需要摆脱计划经济体制下的陈旧方式,灵活掌握和运用恰当的政策手段和经济杠杆,成为适应市场经济体制的有效调控手段。二是在经济发展转型方面。经济发展转型会带来资源要素的相对价格上升,使城市规划出现了绩效递减的趋势,并因此推动城市规划创新和转型。三是在城市化发展方面。随着城市建设重点逐渐由增量空间建设转向存量空间改造,将涉及复杂的空间产权变更,使规划面临越来越高的制度成本,需要通过不断地创新维持并提高制度绩效。

政治制度的革新对于城市规划转型起到了关键性的作用。一是行政体制的改革。要求城市规划改革现有城市规划的决策和管理制度程序,逐步建立适应市场经济要求的城市规划行政制度。二是法治体系的完善。要求城市规划以城乡规划法为核心,尽快完善配套的行政法规和地方性法规,充实整个城市规划法律法规体系,使城市规划的实施管理真正有法可依。三是决策体制的改革。要求城市规划建立一个科学、透明、民主的城市规划决策机制,在城市发展过程中实现多元利益和多元价值的平衡,避免由于决策失误而导致的高昂制度成本。

在此基础上,针对我国改革过程中渐进过渡的经验和特征,提出了快速城市化背景下城市规划转型"三步走"的具体路径:第一步,可以称为"现有范式的精湛化"。在现有的制度和方法体系的基础上进行完善化、精湛化的技术改良。物质空间规划仍然是现阶段城市规划研究和实践的重点。第二步,可以称为"竞争范式的系统化"。新的规划理论和价值需要具备可操作的技术方法。重点应关注在我国的基本政治制度背景下,私有产权保护、空间决策民主化的具体方法和路径。第三步,就是范式转型的最终完成阶段。需要迈过经济和政治上的门槛才能真正实现城市规划的转型。规划的转型过程会存在阶段性和地域性的差异。

本书对城市规划转型过程中潜在的多元价值观和利益冲突也进行了详细剖析。指出不管是私人权利保护,还是民主决策机制,其发展程度应当与实际面对的问题相对应。

8.1.6 转型过程中的城市规划创新

城市规划转型是一个系统的过程,城市规划需要在各个方面不断进行创新,以打破路径依赖效应,实现最终转型。其中,规划理论创新是前提,只有完善对城市规划的认知才能对规划实践提供有效的指导;规划技术创新是核心,理论需要有效运用于实践才能实现认识论和方法论的统一;规划管理创新是保障,只有规范有效的管理才能使城市规划发挥其应有的作用;规划教育创新是基础,新的规划理论和实践需要具有全方位专业知识的规划师群体来实现。

规划理论创新一方面应完善对城市规划本体的认识,突破传统的认识论与本体论界限;另一方面需要从借鉴走向创新,形成适应我国国情的本土化城市规划理论。

规划技术创新一方面应立足问题导向,提出具有可操作性的技术方案,以科学的态度加强对城市空间发展规律的研究,提高城市规划分析预测能力;另一方面应立足价值导向,通过各类专项规划的编制形成有操作性的刚性约束,有针对性地保护和界定规划控制要素的空间产权,实现战略意义上的总体控制。

规划管理创新一方面需要建立完善包括技术标准体系、相关政策体系、决策监督体系在内的配套制度体系,填补城市规划的制度空白。另一方面需要强调动态渐进的规划过程。通过问题反馈和修正的机制,调节城市规划的适应能力,从而不断降低城市规划的制度成本。在规划编制、指标体系和技术标准等方面进行动态的修正,以适应城市空间发展的客观需求。

规划教育创新一方面需要形成系统的规划知识结构,使规划师接受新的知识,掌握新的技能,打破对原有知识、技术和方法体系的路径依赖。在这一过程中,需要在保持和强化学科内涵的同时,适应学科外延不断扩大的趋势。另一方面需要加强规划师群体的职业道德。在外部制度环境尚未完善之时,规划师共同体的职业操守和道德自律是保障城市规划质量的最后一道防线。

8.2 不足与展望

8.2.1 完善城市空间发展范式体系

限于能力、精力以及学识的制约,本书对城市空间发展历史范式体系的建构还较为笼统,某些部分也许存在争议。比如,19 世纪末期到 20 世纪早期的城市空间发展和规划理论,是否形成了所谓"范式"? 常态时期和转型时期的时间节点如何精确界定? 目前西方出现的规划理论动向是否表明其与传统的现代规划出现了本质区别? 从更长远的历史角度看,产业革命以来的城市空间发展是否能够分为三个范式? 新的理论动向是否能够带来新一轮的范式革命?

对此,笔者认为:一方面,对于历史的归纳和认识,相隔距离越远越清晰。现代城市规划的真实演变结构,也许需要更长的历史纵深才有可能窥其全貌。而另一方面,正如丘吉尔所言:一切历史都是当代史。对于历史的叙述难免会加入作者的主观认识,关键在于利用正确的历史资料,归纳并发现在纷繁复杂的历史表象下隐藏着的规律和结构。因此,笔者需要不断地加强理论学习,跟踪把握理论动向,通过更多的知识积累和更深入的理论分析去归纳和构建历史的实际结构。

8.2.2 结合具体方向展开深入研究

本书主要通过历史实证的分析方式,通过逻辑推理进行归纳和演绎。本书的主要目的是利用制度经济学的原理,建构一个总体性的规划转型分析框架。"城市规划绩效"是一种研究城市规划本体的理论,并不能直接解决城市规划实践中出现的问题。因此,本书虽然观点和结论非常明确,但在方向和建议上是比较原则化的。

城市规划在具体城市发展过程中的许多方面,都面临着制度设计的问题。比如,旧城改造中如何平衡不同群体的利益;历史文化街区保护过程中,如何进行产权、使用权分离的设计;保障性住房的建设除了建筑设计以外,如何在所有权角度进行制度创新,等等。所有这些问题表明,作为一种制度的城市规划,需要在现实中进一步结合实践,提出有针对性的制度设计解决方案。当然,许多问题的解决已经远远超出了城市规划师的职业能力范围。但是,如果规划师能在实践中意识到制度的重要作用,并有意识地通过空间安排来实现其作用,就会取得事半功倍的效果,也能更好地适应改革和发展的需要。所有这些工作都需要结合具体的方向,在实践中不断运用和发展理论。

8.2.3 定性分析和定量分析相结合

新制度经济学的理论和技术方法是本书最主要的分析工具之一。其核心问题在于,交易成本(制度成本)难以有效量化。特别是城市规划的成本和收益,不仅包括经济效益,还包括社会效益和生态效益。由于涉及广泛的价值判断,三者之间的关系很难用一种定量的方式通过建立数学模型、选择因子、确定权重,形成"科学化"的评判体系。因此,本书主要采用制度比较的方式,通过对各种影响要素的长期变化趋势作出判断,进行宏观的定性分析。

对于经济学与城市规划以及空间形态研究的结合,自 20 世纪 60 年代 Alonso 的"级差地租—空间竞争"理论之后并未出现突破性进展,这种情况与新古典主义经济学的固有缺陷是分不开的。新制度经济学突破了传统经济学的思维范式,通过"交易成本"的概念把市场的"外部性"因素"内部化",这就使得经济分析模型与现实社会结构的结合有了可能。而传统城市形态分析所提出的种种"阻碍因素",例如 Conzen 提出的所谓"边缘地带"(Fringe Belt)、"固结界线"(Fixation Line)等概念,都可以用交易成本的概念加以替代和完善。因此,城市空间发展的经济规律和城市规划绩效分析有必要进一步结合微观案例,才能更具科学性和可操作性,也极有可能形成城市空间形态经济分析模型的进一步突破。

在今后的研究工作中,希望能结合具体案例,进一步深化对城市空间发展交易成本和城市规划制度成本的构成分析。在一定条件下,通过不同导向的研究和计算方法,建立部分量化的绩效评价框架,以提高理论指导实践的能力。

8.3 结语

城市空间发展的机制一直是城市研究的重点,普遍的观点是:城市空间的发展是一个经济、政治、文化、技术等多种因素共同影响下的复杂过程。正因为这样,要说清楚城市空间发展的规律,并将其纳入一种完整的分析框架之中,就显得困难无比——因为任何一个单一孤立的角度都无法准确全面地描述城市空间发展的规律,而若把所有因素都纳入考量又会显得异常庞杂而不切实际。城市空间发展机制的问题,也衍生出了"城市规划机制"的问题,城市规划的本质属性直到今天仍然是理论讨论的热点。显然,如果病理得不到解释,也就无法有相对应的医疗手段;而如果城市空间的发展机制无法被准确概括,寻找城市规划的机制也就无从下手。

正如在物理学中,所有的问题都归结于能量,在社会科学的研究中经济学也越来越体现出更为广泛的解释能力。在传统的城市发展研究中,那些基于古典经济学的经济分析框架很好地解释了城市发展的一般规律,但它无法解释不同时代、不同地域的城市发展所表现出的差异。这种思维的理论基础,描述了一种忽略了"摩擦力"的理想状态,而这种状态与真实的世界相距甚远。随着新制度经济学的出现,国家、制度、传统、意识形态等一系列传统经济学所忽视的要素也被纳入了经济分析的框架之中,从而使经济学的模型更加趋近于实际,也为城市空间的研究提供了全新的平台。是否能够借助新的经济理论,更全面,同时也更简单地概括城市空间发展的机制? 是否能够利用制度经济学的工具,解释城市空间和城市规划发展历史上的历次转型? 西方城市空间与规划理论的发展路径能否适用于中国的城市化进程? 这些问题是本书关注的核心。

在本书中,笔者立足于这样一个基本认识:无论是城市空间发展还是城市规划发展,其出现、存在和演进都贯彻着一种基本的经济理性——人们相信,采用某种行动能够产生收益,而不是造成损失。在人们贯彻这种基本意图的过程中,受到了外部制度环境的制约,并因此产生了时代性、地域性的差异,影响了城市空间发展的轨迹。

要准确观察和描述这种轨迹,则有必要放宽历史的纵深,进行全景式的回顾。因为虽然城市和城市规划的快速发展始于产业革命之后,但在此之前的漫长岁月中,城市和城市规划已经走过了一段几经沉浮的历程。若仅以百余年现代城市的发展来归纳城市空间和城市规划的发展机制和自身规律,是缺乏说服力的。因此,需要在那些发生着变革的时代中,寻找一个承前启后的基点,以一个更为宽广的历史跨度去考察城市空间发展和城市规划机制之间的联系。

本书的突破点在于:一旦将城市空间视为一组空间产权(权力)的集合,空间分析的"物质性"和"社会性"也就结合在了一起;而一旦将产权转换过程中产生的交易成本考虑在内,城市空间演化的多元复杂机制也就能够统一在经济学的分析框架之中——城市空间的形成和发展过程是空间产权形成和转换的过程,这一过程通过交易(生产)行为得以发生,并朝着利益更大化的方向转化,绝无逆向发生的可能。空间交易会带来成本,而外部制度环境直接决定了交易成本,并影响了空间的交易行为。顺着这一思路,城市规划正是一种在空间交易过程中降低交易成本、减小"摩擦力"的机制。由于建立、维系、使用这种机制都会付出成本,城市规划的合理性取决于其绩效——有利可图抑或入不敷出——这是历史上城市规划兴盛的原因,也是某些时期城市规划职业衰退的根源。这一简单的经济诉求构成了城市规划之所以存在和发展的核心内涵,贯穿古今。

正如在经济学中,纯粹的市场只存在于理论之中,而真实的市场是多重社会制度约束下的产物。城市空间发展和城市规划的自身规律也同样是在外部制度环境的制约下形成的,而脱离这种约束的乌托邦式构想,从历史的经验来看,始终只能停留在纸面上——这是规划师这一职业化的理想主义者产生悲剧性体验的根本肇因。

我国正处于城市化快速发展、外部制度剧烈转型的历史时期,无论是城市空间发展还是规划理论发展,都处于积极的活跃状态。城市规划面对的问题之多,面临的任务之重是历史上前所未有的。在这种背景下,如果不理解城市规划作为一项制度的经济本质、忽视城市空间发展和城市规划的成本问题,就难以真正理解现实中频频发生的"规划失效"问题,也无法真正有效地在实践中提高城市规划的合理性。

城市,作为人类文明最复杂的产物,其规律也许永远难以被完整认识。从制度角度对城市空间和城市规划的演变进行研究,本书所做的工作尚属初步。然而,这扇崭新的窗口毕竟提供了一个不同的视野,使人们有可能从中感受到更多的城市风景。

参考文献

外文原著

[1] Werner H, Elbert P. The American Vitruvius: an architectures' handbook of civic art [M]. NewYork: Princeton Architecture Press, 1988.

[2] William A. Location and land use[M]. Cambridge: Harvard University Press, 1965.

[3] Conzen M R G. Alnwick, Northumberland: a study in townplan analysis[J]. Institute of British Geographers, 1960(27): iii+ix-xi+1+3-122.

[4] Conzen M R G. The plan analysis of an English city centre[C]. Proceedings of International Geographical Union Symposium in Urban Geography, 1960: 383-414.

[5] Lindblom C E. The science of "muddling through" [J]. Public Administration Review, 1959, 19(2): 79-88.

[6] Davidoff P. Advocacy and pluralism in planning [J]. Journal of the American Institute of Planners, 1965, 31(4): 331-338.

[7] Sherry R A. A ladder of citizen participation [J]. Journal of the American Institute of Planners, 1969, 35(4): 216-224.

[8] Faludi A. Planning theory[M]. Oxford: Pergamon Press, 1973.

[9] Healey P, McDougall G, Thomas M J. Planning theory: prospects for the 1980s[M]. Oxford: Pergamon Press, 1979.

[10] Henri L. The production of space[M]. Oxford: Blackwell, 1991.

[11] Henri L. Writings on cities[M]. Oxford: Blackwell, 1996.

[12] Genocchio B. Postmodern cities & spaces[M]. Oxford: Blackwell, 1995.

[13] Henri L. The survival of capitalism [M]. NewYork: St. Martins Press, 1976.

[14] Henri L. Reflections on the politics of space [J]. Antipode 8, 1976(2): 30-37.

[15] Soja E W. The socio-spatial dialectic [J]. Annals of Association of American Geographers, 1980, 70(2): 207-225.

[16] Soja E. Postmodern geographies[M]. London: Verso, 1989.

[17] Mamdel E. Marxist economic theory[M]. New York: Monthly Review Press, 1965.

[18] Harvey D. The urban process under capitalism: a framework for analysis [J]. International Journal for Urban and Regional Research, 1978(2): 101-131.

[19] Harvey D. Social justice and the city [M]. Baltimore: The Johns Hopkins University Press, 1973.

[20] Harvey D. The condition of post modernity: an enquiry in the origins of cultural change [M]. Oxford: Blackwell, 1989.

［21］Alan P. UK planning reform：a regulationist interpretation［J］. Planning Theory & Practice，2005，6(4)：465-484.

［22］Forester J. Planning in the face of power［M］. Berkeley：University of California Press，1989.

［23］Leonie S. Towards cosmopolis：planning for multicultural cities［M］. New York：John Wiley & Sons,1998.

［24］Leonie S. Twists and turns：the dance of explanation［J］. Planning Theory & Practice，2006，7(3)：241-244.

［25］Brendan M. Collaboration，equality and land-use planning［J］. Planning Theory & Practice，2004，5(4)：453-469.

［26］Scott C，Susan S F. Introduction：the structure and debate of planning theory［A］// Reading in Planning Theory. Oxford：Blackwell，1996.

［27］John F. Planning theory revisited［J］. European Planning Studies，1998，6(3)：245-253.

［28］John F. The utility of non-Euclidian Planning［J］. Journal of the American Planning Association，1994，60：3.

［29］John F. Toward a non-Euclidian mode of planning［J］. Journal of the American Planning Association，1993，59(4)：482-485.

［30］John F. Planning in the public domain：from knowledge to action［M］. Princeton：Princeton University Press，1987.

［31］Jiang H，Zhang S W. Renewal strategies for old industrial areas in the post-industrial age：take "Zurich-West" in Switzerland as an example［J］. Science in China (Series E：Technological Sciences)，2009，52(9)：2510-2516.

［32］Jiang H，Zhang S W，Qian F. Production，duplication and characteristics extinction：an analysis on crisis of city characteristic with theory of "production of space"［J］. China City Planning Review，2010(3)：40-49.

［33］Entwicklungsplanung Zurich-West Leitlinien Fur Die Planerische Umsetzung［R］. Zurich：Stadt Zurich，2007.

外文译著

［34］修昔底德. 伯罗奔尼撒战争史［M］. 谢德风，译. 北京：商务印书馆,1960.

［35］希罗多德. 历史［M］. 王敦书，译. 北京：商务印书馆,1959.

［36］亚里士多德. 政治学［M］. 吴寿彭，译. 北京：商务印书馆,1959.

［37］塔西佗. 历史［M］. 王以铸，崔妙因，译. 北京：商务印书馆,1981.

［38］M. 罗斯托夫采夫. 罗马帝国社会经济史［M］. 马雍，厉以宁，译. 北京：商务印书馆,1985.

［39］爱德华·吉本. 罗马帝国衰亡史［M］. 黄宜思，黄雨石，译. 北京：商务印书馆,1997.

［40］阿诺德·汤因比. 历史研究［M］. 刘北成，郭小凌，译. 上海：上海世纪出版集团,2005.

［41］斯塔夫里阿诺斯. 全球通史：从史前史到 21 世纪［M］. 7 版. 吴象婴，梁赤民，董书慧，等译. 北京：北京大学出版社,2005.

［42］刘易斯·芒福德. 城市发展史：起源、演变和前景［M］. 刘俊岭，倪文彦，译. 北京：中国建筑工业出版社,2005.

[43] 亨利·皮雷纳. 中世纪的城市[M]. 陈国樑,译. 北京:商务印书馆,2006.

[44] 埃比尼泽·霍华德. 明日的田园城市[M]. 金经元,译. 北京:商务印书馆,2000.

[45] 伊利尔·沙里宁. 城市:它的发展衰败和未来[M]. 顾启源,译. 北京:中国建筑工业出版社,1986.

[46] 斯皮罗·科斯托夫. 城市的形成[M]. 单皓,译. 北京:中国建筑工业出版社,2005.

[47] 肯尼斯·弗兰姆普敦. 现代建筑:一部批判的历史[M]. 张钦楠,等译. 北京:生活·读书·新知三联书店,2004.

[48] 舒尔茨. 西方建筑的意义[M]. 李路珂,欧阳恬之,译. 北京:中国建筑工业出版社,2005.

[49] 阿尔多·罗西. 城市建筑学[M]. 黄士钧,译. 北京:中国建筑工业出版社,2006.

[50] 柯林·罗,弗瑞德·科特. 拼贴城市[M]. 童明,译. 北京:中国建筑工业出版社,2003.

[51] 凯文·林奇. 城市意象[M]. 方益萍,何晓军,译. 北京:华夏出版社,2001.

[52] 凯文·林奇. 城市形态[M]. 林庆怡,陈朝晖,邓华,译. 北京:华夏出版社,2001.

[53] 迈克·詹克斯,伊丽莎白·伯顿,凯蒂·威廉姆斯. 紧缩城市:一种可持续发展的城市形态[M]. 周玉鹏,龙洋,楚先锋,译. 北京:中国建筑工业出版社,2004.

[54] 简·雅各布斯. 美国大城市的死与生[M]. 金衡山,译. 南京:译林出版社,2005.

[55] E. N. 培根. 城市设计[M]. 黄富厢,朱琪,译. 北京:中国建筑工业出版社,2003.

[56] 约瑟夫·里克沃特. 城之理念:有关罗马意大利及古代世界的城市形态人类学[M]. 刘东洋,译. 北京:中国建筑工业出版社,2006.

[57] 尼格尔·泰勒. 1945 年后西方城市规划理论的流变[M]. 李白玉,陈贞,译. 北京:中国建筑工业出版社,2006.

[58] 彼得·霍尔,马克·图德-琼斯. 城市与区域规划[M]. 邹德慈,李浩,陈长青,译. 北京:中国建筑工业出版社,1985.

[59] 彼得·霍尔. 明日之城:一部关于 20 世纪城市规划与设计的思想史[M]. 童明,译. 上海:同济大学出版社,2009.

[60] 利维. 现代城市规划[M]. 5 版. 张景秋,等译. 北京:中国人民大学出版社,2003.

[61] J. B. 麦克劳林. 系统方法在城市和区域规划中的应用[M]. 王凤武,译. 北京:中国建筑工业出版社,1988.

[62] 霍布斯·利维坦[M]. 黎思复,黎延弼,译. 北京:商务印书馆,1985.

[63] 卢梭. 社会契约论[M]. 何兆武,译. 北京:商务印书馆,2003.

[64] 洛克. 政府论(下册)[M]. 北京:商务印书馆,1995.

[65] 孟德斯鸠. 论法的精神(上册)[M]. 北京:商务印书馆,1961.

[66] 马克思,恩格斯. 马克思恩格斯选集[M]. 北京:人民出版社,1995.

[67] 马克斯·韦伯. 新教伦理与资本主义精神[M]. 陈平,译. 西安:陕西师范大学出版社,2002.

[68] 皮亚杰. 结构主义[M]. 倪连生,王琳,译. 北京:商务印书馆,2009.

[69] 托马斯·库恩. 科学革命的结构[M]. 金吾伦,胡新和,译. 北京:北京大学出版社,2003.

[70] 克鲁泡特金. 互助论[M]. 李平沤,译. 北京:商务印书馆,1997.

[71] 哈耶克. 自由秩序原理[M]. 邓正来,译. 北京:生活·读书·新知三联书店,1997.

[72] 哈耶克. 个人主义与经济秩序[M]. 贾甚,文跃然,译. 北京:经济学院出版社,1989.

[73] 哈耶克. 通往奴役之路[M]. 王明毅,译. 北京:三联书社,1997.

［74］哈耶克.科学的反革命［M］.冯克利,译.上海:译林出版社,2003.

［75］哈耶克.致命的自负:社会主义的谬误［M］.冯克利,胡晋华,译.北京:中国社会科学出版社,2000.

［76］贝克尔.人类行为的经济分析［M］.上海:三联书店,1991.

［77］康芒斯.制度经济学［M］.于树生,译.北京:商务印书馆,1962.

［78］肯尼思·阿罗.社会选择与个人价值［M］.成都:四川人民出版社,1987.

［79］罗纳德·科斯.社会成本问题.财产权利与制度变迁:产权学派与新制度学派译文集［M］.上海:三联书店,1998.

［80］罗纳德·科斯.论生产的制度结构［M］.上海:三联书店,1994.

［81］道格拉斯·C.诺斯.经济史上的结构和变革［M］.厉以平,译.北京:商务印书馆,2007.

［82］道格拉斯·C.诺斯.制度、制度变迁与经济绩效［M］.刘守英,译.上海:三联书店,1994.

［83］奥利弗·E.威廉姆森.资本主义经济制度［M］.段毅才,王伟,译.北京:商务印书馆,2002.

［84］斯蒂格利茨.经济学(上册)［M］.北京:中国人民大学出版社,1997.

［85］斯蒂格利茨.政府为什么干预经济——政府在市场经济中的角色［M］.北京:中国物资出版社,1998.

［86］斯蒂格里茨.政府经济学［M］.北京:春秋出版社,1998.

［87］曼瑟尔·奥尔森.集体行动的逻辑［M］.上海:上海三联书店,2004.

［88］塞缪尔·亨廷顿.变革社会中的政治秩序［M］.北京:华夏出版社,1988.

［89］西蒙.管理决策新科学［M］.秦绘山,译.北京:商务印书馆,1988.

［90］詹姆斯·S.科尔曼.社会理论的基础［M］.北京:社会科学出版社,1999.

［91］W.W.罗斯托.经济增长的阶段:非共产党宣言［M］.郭熙保,王松茂,译.北京:中国社会科学出版社,2001.

［92］王逢振.詹姆逊文集［M］.北京:中国人民大学出版社,2004.

［93］詹明信.晚期资本主义的文化逻辑——詹明信批评理论文选［M］.陈清侨,等译.北京:生活·读书·新知三联书店,1997.

［94］罗伯特A.戈尔曼.新马克思主义研究辞典［M］.北京:社会科学文献出版社,1989.

［95］戴维·哈维.后现代的状况［M］.阎嘉,译.北京:商务印书馆,2003.

［96］大卫·哈维.希望的空间［M］.胡大平,译.南京:南京大学出版社,2006.

［97］大卫·哈维.巴黎城记:现代性之都的诞生［M］.黄煜文,译.南宁:广西师范大学出版社,2010.

［98］居伊·德波.景观社会［M］.王昭凤,译.南京:南京大学出版社,2006.

［99］特瑞·伊格尔顿.文化的观念［M］.方杰,译.南京:南京大学出版社,2006.

［100］特里·伊格尔顿.后现代主义的幻想［M］.华明,译.北京:商务印书馆,2000.

［101］赫伯特·马尔库赛.单向度的人［M］.刘继,译.上海:上海译文出版社,2005.

［102］哈贝马斯.公共领域的结构转型［M］.曹卫东,译.北京:学林出版社,2004.

［103］哈贝马斯.交往行动理论·第二卷［M］.洪佩郁,蔺青,译.重庆:重庆出版社,1994.

［104］安东尼·吉登斯.现代性的后果［M］.田禾,译.南京:译林出版社,2002.

［105］安东尼·吉登斯.第三条道路:社会民主主义的复兴［M］.郑戈,译.北京:北京大学出版社,2000.

[106] 安东尼·吉登斯. 超越左与右:激进政治的未来[M]. 李惠斌,译. 北京:社会科学文献出版社,2000.

[107] 马克斯·霍克海默,西奥多·阿道尔诺. 启蒙辩证法[M]. 渠敬东,曹卫东,译. 上海:上海世纪出版集团,2005.

[108] 阿尔都赛. 保卫马克思[M]. 顾良,译. 北京:商务印书馆,2006.

[109] 亨利·列斐伏尔. 空间与政治[M]. 李春,译. 上海:上海人民出版社,2008.

[110] 曼纽尔·卡斯特. 网络社会的崛起[M]. 夏铸九,王志弘,等译. 北京:社会科学文献出版社,2001.

[111] 让·鲍德里亚. 消费社会[M]. 刘成富,全志钢,译. 南京:南京大学出版社,2000.

[112] 让·鲍德里亚. 生产之镜[M]. 仰海峰,译. 北京:中央编译出版社,2005.

[113] 罗尔斯. 正义论[M]. 何怀宏,译. 北京:中国社会科学出版社,2001.

[114] 汉娜·阿伦特. 人的条件[M]. 竺乾威,译. 上海:上海人民出版社,1999.

[115] 伯特兰·罗素. 西方的智慧[M]. 亚北,译. 北京:中央编译出版社,2007.

中文专著

[116] 沈玉麟. 外国城市建设史[M]. 北京:中国建筑工业出版社,1989.

[117] 吴明伟,孔令龙,陈联. 城市中心区规划[M]. 南京:东南大学出版社,1999.

[118] 段进. 城市空间发展论[M]. 南京:江苏科学技术出版社,1999.

[119] 齐康. 城市建筑[M]. 南京:东南大学出版社,2001.

[120] 王建国. 现代城市设计理论与方法[M]. 南京:东南大学出版社,1999.

[121] 许学强,朱剑如. 现代城市地理学[M]. 北京:中国建筑工业出版社,1988.

[122] 周一星. 城市地理学[M]. 北京:商务印书馆,1995.

[123] 陈秉钊. 当代城市规划导论[M]. 北京:中国建筑工业出版社,2002.

[124] 赵民,陶小马. 城市发展和城市规划的经济学原理[M]. 北京:高等教育出版社,2001.

[125] 张兵. 城市规划实效论[M]. 北京:中国人民大学出版社,1998.

[126] 孙施文. 城市规划哲学[M]. 北京:中国建筑工业出版,1997.

[127] 孙施文. 现代城市规划理论[M]. 北京:中国建筑工业出版社,2007.

[128] 武进. 中国城市形态:类型、特征及其演变规律的研究[D]. 南京:南京大学,1988.

[129] 顾朝林. 城市社会学[M]. 南京:东南大学出版社,2002.

[130] 洪亮平. 城市设计历程[M]. 北京:中国建筑工业出版社,2002.

[131] 黄亚平. 城市空间理论与空间分析[M]. 南京:东南大学出版社,2002.

[132] 包亚明. 现代性与空间生产[M]. 上海:上海教育出版社,2002.

[133] 张五常. 经济解释[M]. 北京:商务印书馆,2000.

[134] 蔡禾. 城市社会学:理论与视野[M]. 广州:中山大学出版社,2003.

[135] 高鉴国. 新马克思主义城市理论[M]. 北京:商务印书馆,2006.

[136] 徐大同. 现代西方政治思想[M]. 北京:人民出版社,2003.

[137] 杨万忠. 经济地理学导论[M]. 上海:华东师范大学出版社,1999.

[138] 张京祥. 西方城市规划思想史纲[M]. 南京:东南大学出版社,2005.

[139] 赵伟. 城市经济理论与中国城市发展[M]. 武汉:武汉大学出版社,2005.

[140] 李翅. 走向理性之城:快速城市化进程中的城市新区发展与增长调控[M]. 北京:中国建

筑工业出版社,2006.

[141] 马文军.城市开发策划[M].北京:中国建筑工业出版社,2005.

[142] 童明.政府视角的城市规划[M].北京:中国建筑工业出版社,2005.

[143] 朱喜钢.集中与分散——城市空间结构演化与机制研究[D].南京:南京大学,2000.

[144] 张勇强.城市空间自组织研究——深圳为例[D].南京:东南大学,2003.

[145] 熊旭.城市规划过程中权力结构的政治分析[D].上海:同济大学,2005.

[146] 吴远翔.基于新制度经济学理论的当代中国城市设计制度研究[D].哈尔滨:哈尔滨工业大学,2009.

中文期刊

[147] 齐康.城市的形态(研究提纲初稿)[J].南京工学院学报,1982(3):14-27.

[148] 邹德慈.论城市规划的科学性[J].城市规划,2003(2):77-79.

[149] 邹德慈,石楠,张兵,等.什么是城市规划?[J].城市规划,2005(11):6.

[150] 段进.中国城市规划的理论与实践问题思考[J].城市规划学刊,2005(1):24-27.

[151] 段进.城市形态研究与空间战略规划[J].城市规划,2003(2):45-48.

[152] 赵民,吴志城.关于物权法与土地制度及城市规划的若干讨论[J].城市规划学刊,2005(3):52-58.

[153] 胡俊.重构城市规划基础理论体系初探[J].城市规划汇刊,1994(3):12-16+64.

[154] 何明俊.西方城市规划理论范式的转换及对中国的启示[J].城市规划,2008(2):71-77.

[155] 仇保兴.城市经营、管治和城市规划的变革[J].城市规划,2004(2):8-22.

[156] 仇保兴.市场失效、市场界限与城市规划调控[J].城市发展研究,2004(5):1-7.

[157] 陈锋.转型时期的城市规划与城市规划的转型[J].城市规划,2004(8):9-19.

[158] 刘博敏.城市规划教育改革:从知识型转向能力型[J].规划师,2004(4):16-18.

[159] 马武定.制度变迁与规划师的职业道德[J].城市规划学刊,2006(1):45-48.

[160] 马武定.城市规划本质的回归[J].城市规划学刊,2005(1):16-20.

[161] 张兵.城市规划理论发展的规范化问题:对规划发展现状的思考[J].城市规划学刊,2005(2):21-24.

[162] 张庭伟.1990年代中国城市空间结构的变化及其动力机制[J].城市规划汇刊,2001(7):7-14.

[163] 张庭伟.转型期间中国规划师的三重身份及职业道德问题[J].城市规划,2004(3):66-72.

[164] 张庭伟.规划理论作为一种制度创新——论规划理论的多向性和理论发展轨迹的非线性[J].城市规划,2006(8):9-18.

[165] 张庭伟.转型时期中国的规划理论和规划改革[J].城市规划,2008(3):15-25+66.

[166] 张庭伟.后新自由主义时代中国规划理论的范式转变[J].城市规划学刊,2009(5):1-13.

[167] 赵燕菁.当前我国城市发展的形势与判断[J].城市规划,2002(3):8-14+16-15+17.

[168] 赵燕菁.制度经济学视角下的城市规划(上)[J].城市规划,2005(6):40-47.

[169] 赵燕菁.制度经济学视角下的城市规划(下)[J].城市规划,2005(7):17-27.

[170] 赵燕菁.城市的制度原型[J].城市规划,2009(10):9-18.

[171] 唐子来.西方城市空间结构研究的理论和方法[J].城市规划汇刊,1997(6):1-11+63.

[172] 吴志强.介绍David HARVEY和他的一本名著[J].城市规划汇刊,1998(1):48-49

＋66.

[173] 吴志强. 百年现代城市规划中不变的精神和责任[J]. 城市规划,1999(1)：6.

[174] 吴志强.《百年西方城市规划理论史纲》导论[J]. 城市规划汇刊,2000(2)：9-18＋53-79.

[175] 吴志强,于泓. 城市规划学科的发展方向[J]. 城市规划学刊,2005(6)：2-10.

[176] 孙施文. 城市规划不能承受之重:城市规划的价值观之辨[J]. 城市规划学刊,2006(1)：11-17.

[177] 孙施文,王富海. 城市公共政策与城市规划政策概论——城市总体规划实施政策研究[J]. 城市规划汇刊,2000(6)：1-6＋79.

[178] 孙施文. 后现代城市规划[J]. 规划师,2002(6)：20-25.

[179] 孙施文. 英国城市规划近年来的发展动态[J]. 国外城市规划,2005(6)：11-15.

[180] 孙施文. 土地使用权制度与城市规划发展的思考[J]. 城市规划,2003(9)：12-16.

[181] 孙施文. 城市总体规划实施的政府机构协同机制[J]. 城市规划,2002(1)：50-54＋65.

[182] 张庭伟. 构筑规划师的工作平台:规划理论研究的一个中心问题(续)[J]. 城市规划,2002(11)：16-19.

[183] 张庭伟. 政府、非政府组织以及社区在城市建设中的作用[J]. 城市规划汇刊,1998(3)：14-18＋21-64.

[184] 张京祥,崔功豪. 城市空间结构增长原理[J]. 人文地理,2000,15(2)：15-18.

[185] 张京祥. 论中国城市规划的制度环境及其创新[J]. 城市规划,2001(9)：21-25.

[186] 吴缚龙. 市场经济转型中的中国城市管治[J]. 城市规划,2002,26(9)：33-35.

[187] 帕齐·希利,熊国平,刘畅. 一位规划师的一天:沟通实践中的知识与行动[J]. 国际城市规划,2008,22(3)：92-100.

[188] 管驰明,崔功豪. 中国城市新商业空间及其形成机制初探[J]. 城市规划汇刊,2003(6)：33-36＋95.

[189] 周岚. 西方城市规划理论发展对中国之启迪[J]. 国外城市规划,2001(1)：34-37.

[190] 邹吉忠. 论现代制度的秩序功能[J]. 学术界,2002(6)：62-82.

[191] 周国艳. 西方新制度经济学理论在城市规划中的运用和启示[J]. 城市规划,2009(8)：9-17＋25.

[192] 石崧. 城市空间结构演变的动力机制分析[J]. 城市规划汇刊,2004(1)：50-52＋96.

[193] 周建军. 论新城市时代城市规划制度与管理创新[J]. 城市规划,2004(12)：33-36.

[194] 杨帆. 从政治视角理解和研究城市规划[J]. 规划师,2007(3)：65-69.

[195] 沈德熙. 关于控制性规划的思考[J]. 规划师,2007(3)：73-75.

[196] 王洪. 中国城市规划制度创新试析[J]. 城市规划,2004(12)：37-40.

[197] 蒋荣,胡同泽. 中国城市经营动因的制度变迁分析[J]. 重庆大学学报(社会科学版),2005(5)：12-15.

[198] 王凯. 从西方规划理论看我国规划理论建设之不足[J]. 国外规划研究,2003(6)：66-71.

[199] 田莉. 我国控制性详细规划的困惑与出路:一个新制度经济学的产权分析视角[J]. 城市规划,2007(1)：16-20.

[200] 江泓,张四维. 后工业化时代城市老工业区发展更新策略:以瑞士"苏黎世西区"为例[J]. 中国科学(E辑:技术科学),2009(5)：863-868.

[201] 江泓,张四维. 生产、复制与特色消亡:"空间生产"视角下的城市特色危机[J]. 城市规划

学刊,2009(4)：40-45.

　　[202] 董金柱.国外协作式规划的理论研究与规划实践[J].国外城市规划,2004(2)：48-52.

　　[203] 易华,诸大建.学科交叉 以人为本 制度创新——中国城市规划学科发展论坛观点综述[J].规划师,2005(2)：24-26.

　　[204] 易华,诸大建.从学科交叉探讨中国城市规划的基础理论[J].城市规划学刊,2005(1)：21-23.

　　[205] 吴志城,钱晨佳.城市规划研究中的范式理论探讨[J].城市规划学刊,2009(5)：28-35.